国家级职业教育规划教材
对接世界技能大赛技术标准创新系列教材
全国技工院校工业机械自动化装调专业教材

机构制作

人力资源社会保障部教材办公室　组织编写

中国劳动社会保障出版社

内 容 简 介

本书为全国技工院校工业机械自动化装调专业教材，主要内容包括冲床机构制作、气动马达机构制作、连杆折弯机构制作、万向滑块机构制作、棘轮机构制作和精密机用虎钳制作。

图书在版编目（CIP）数据

机构制作 / 人力资源社会保障部教材办公室组织编写 . -- 北京：中国劳动社会保障出版社，2021

对接世界技能大赛技术标准创新系列教材　全国技工院校工业机械自动化装调专业教材

ISBN 978-7-5167-5098-8

Ⅰ.①机⋯　Ⅱ.①人⋯　Ⅲ.①机构 – 技工学校 – 教材　Ⅳ.①TH112

中国版本图书馆 CIP 数据核字（2021）第 217105 号

中国劳动社会保障出版社出版发行

（北京市惠新东街 1 号　邮政编码：100029）

*

北京市艺辉印刷有限公司印刷装订　新华书店经销

787 毫米 ×1092 毫米　16 开本　16 印张　260 千字

2021 年 12 月第 1 版　2021 年 12 月第 1 次印刷

定价：32.00 元

读者服务部电话：（010）64929211/84209101/64921644

营销中心电话：（010）64962347

出版社网址：http://www.class.com.cn

http://jg.class.com.cn

对接世界技能大赛技术标准创新系列教材

编审委员会

主　任：刘　康

副主任：张　斌　王晓君　刘新昌　冯　政

委　员：王　飞　翟　涛　杨　奕　张　伟　赵庆鹏
姜华平　杜庚星　王鸿飞

工业机械自动化装调专业课程改革工作小组

课 改 校：江苏省常州技师学院
广西机电技师学院
淄博市技师学院
徐州工程机械技师学院
成都市技师学院
金华市技师学院
新昌技师学院

技术指导：宋军民

编　　辑：姜华平

本书编审人员

主　编：赵龙阳

参　编：陈博范　郑　涛　王玲明　郭郁汀　周　建

主　审：戴文博

序

世界技能大赛由世界技能组织每两年举办一届，是迄今全球地位最高、规模最大、影响力最广的职业技能竞赛，被誉为“世界技能奥林匹克”。我国于 2010 年加入世界技能组织，先后参加了五届世界技能大赛，累计取得 36 金、29 银、20 铜和 58 个优胜奖的优异成绩。第 46 届世界技能大赛将在我国上海举办。2019 年 9 月，习近平总书记对我国选手在第 45 届世界技能大赛上取得佳绩作出重要指示，并强调，劳动者素质对一个国家、一个民族发展至关重要。技术工人队伍是支撑中国制造、中国创造的重要基础，对推动经济高质量发展具有重要作用。要健全技能人才培养、使用、评价、激励制度，大力发展技工教育，大规模开展职业技能培训，加快培养大批高素质劳动者和技术技能人才。要在全社会弘扬精益求精的工匠精神，激励广大青年走技能成才、技能报国之路。

为充分借鉴世界技能大赛先进理念、技术标准和评价体系，突出“高、精、尖、缺”导向，促进技工教育与世界先进标准接轨，完善我国技能人才培养模式，全面提升技能人才培养质量，人力资源社会保障部于 2019 年 4 月启动了世界技能大赛成果转化工作。根据成果转化工作方案，成立了由世界技能大赛中国集训基地、一体化课改学校，以及竞赛项目中国技术指导专家、企业专家、出版集团资深编辑组成的对接世界技能大赛技术标准深化专业课程改革工作小组，按照创新开发新专业、升级改造传统专业、深化一体化专业课程改革三种对接转化原则，以专业培养目标对接职业描述、专业课程对接世界技能标准、课程考核与评价对接评分方案等多种操作模式和路径，同时融入健康与安全、绿色与环保及可持续发展理念，开发与世界技能大赛项目对接的专业人才培养方案、教材及配套教学资源。首批对接 19 个世界技能大赛项目共 12 个专业的成果将于 2020—2021 年陆续出版，主要用于技工院校日常专业教学工作中，充分发挥世界技能大赛成果转化对技工院校技能人才的引领示范作用。在总结经验及调研的基础上选择新的对接项目，陆续启动第二批等世界技能大赛成果转化工作。

希望全国技工院校将对接世界技能大赛技术标准创新系列教材，作为深化专业课程建设、创新人才培养模式、提高人才培养质量的重要抓手，进一步推动教学改革，坚持高端引领，促进内涵发展，提升办学质量，为加快培养高水平的技能人才作出新的更大贡献！

2020 年 11 月

目 录

任务五　棘轮机构制作

任务六　精密机用虎钳制作

任务一

冲床机构制作

学习目标

1. 能熟悉冲床机构的组成、工作原理和功能。

2. 能读懂零件图并分析加工工艺过程。

3. 能按照零件图要求正确选择刀具、工具、量具，并对零件进行加工。

4. 能根据零件图技术要求，对零件的加工质量进行检验。

5. 能读懂装配图，了解零件之间的装配关系，理解装配图技术要求，掌握基本零件的装配方法，有确定装配工艺顺序的能力。

6. 能正确使用量具、工具，按照冲床机构装配与调整的标准进行几何精度检测并调整。

7. 能熟悉车间安全操作规程，做到安全文明生产。

相关知识

一、曲柄冲床机构的工作原理

图 1-1 所示的曲柄滑块机构是由曲柄（或曲轴、偏心轮）、连杆、滑块通过移动副和转动副组成的。曲柄冲床机构是铰链四杆机构的演化形式。

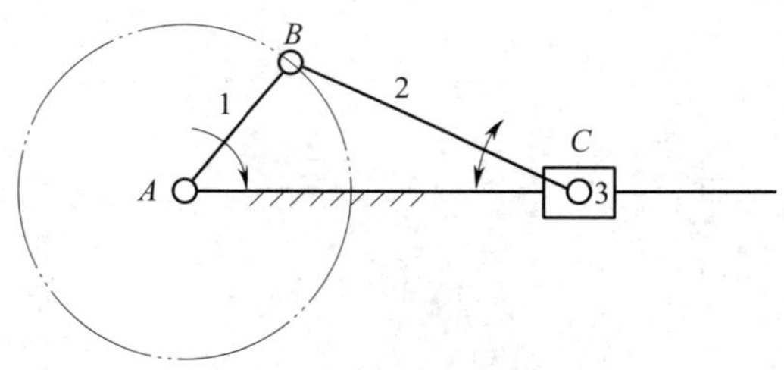

图 1-1　曲柄滑块机构

1—曲柄　2—连杆　3—滑块

如图 1-2 所示，曲柄冲床机构的工作原理是通过曲柄连杆机构将电动机的旋转运动转换为滑块的往复直线运动，电动机通过 V 带 14 把运动传递给大带轮 13，再经过小齿轮 3、大齿轮 4 传递给曲柄轴 11，通过连杆 10 转换为滑块 9 的往复直线运动。若在滑块和工作台上分别安装凸模 8、凹模 6，可完成相应的材料成形工艺。

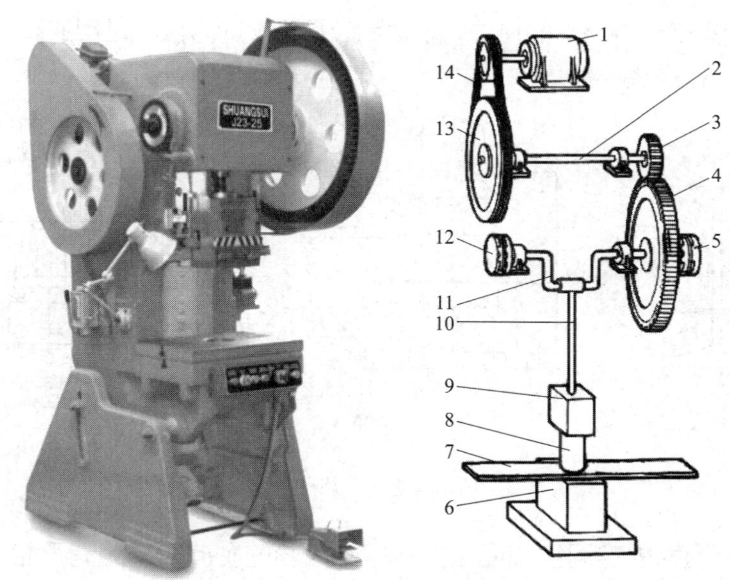

图 1–2　曲柄冲床机构

1—电动机　2—传动轴　3—小齿轮　4—大齿轮　5—离合器　6—凹模　7—板材　8—凸模
9—滑块　10—连杆　11—曲柄轴　12—制动器　13—大带轮　14—V 带

二、调整装配法

修配装配法主要是通过去除金属保证装配精度，而调整装配法是通过改变补偿件的位置或更换补偿件来保证装配精度的。根据补偿件的调整特征，调整装配法可分为可动调整装配法、固定调整装配法和误差抵消调整装配法。本任务主要学习可动调整装配法和固定调整装配法。

1. 可动调整装配法

通过改变调整件的位置来达到装配精度的方法，称为可动调整装配法。调整过程中不需要拆卸零件，操作比较方便。采用可动调整装配法可以调整由于磨损、热变形、弹性变形等原因所引起的误差，因此它适用于精度高、组成环在工作中易于变化的尺寸链。

机械制造中采用可动调整装配法的情况较多，图 1-3a 所示为用转动螺钉调整轴承外圈的位置以得到合适的间隙；图 1-3b 所示为用调整螺钉调节垫板来保证车床床鞍和床身导轨之间的间隙；图 1-3c 所示为通过转动调整螺钉，使楔块上、下移动来保证螺母和丝杠之间的合理间隙。

2. 固定调整装配法

固定调整装配法是在尺寸链中选择一个零件（或加入一个零件）作为调整环，

根据装配精度来确定调整件的尺寸，以达到装配精度的方法。常用的调整件有轴套、垫片、垫圈和圆环等。

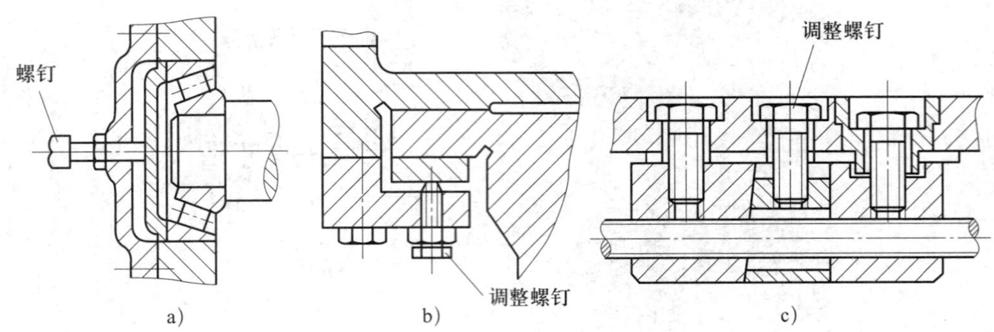

图 1-3　可动调整装配法实例

图 1-4 所示为固定调整装配法实例。当齿轮的轴向窜动量有严格要求时，在结构上专门加入一个固定调整件，即尺寸等于 A_3 的垫圈。装配时，根据间隙的要求选择不同厚度的垫圈。调整件预先按一定间隙尺寸做好，比如 3.1 mm、3.2 mm、3.3 mm、…、4.0 mm 等，以供选用。

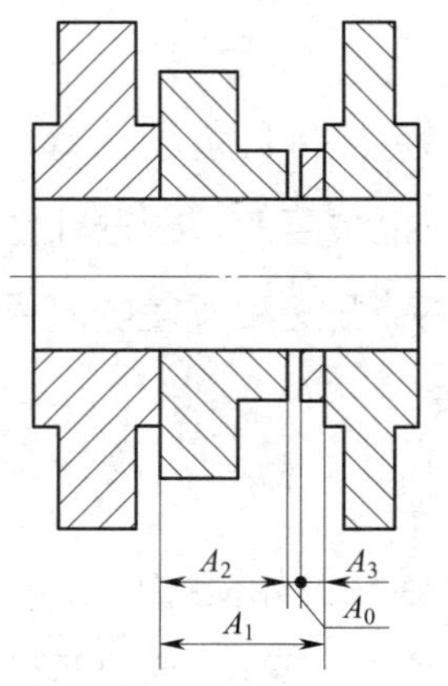

图 1-4　固定调整装配法实例

任务布置

本任务要制作的是一种小型冲床机构，如图 1-5 所示。它由底板（基座）11、立板 10、滑块 17、连杆 18、凹槽板 9、导向板 2、手轮 8、旋转轴（偏心轮）19、冲头（上模板）15、凹板（下模板）12、盖板 7 共十一个零件组成。当旋转手轮 8 时，带动旋转轴 19 转动，旋转轴 19 与连杆 18 连接，连杆 18 的摆动和上、下移动使滑块 17 在凹槽板 9（导轨）中做上、下往复直线运动，从而对零件挤压成形。

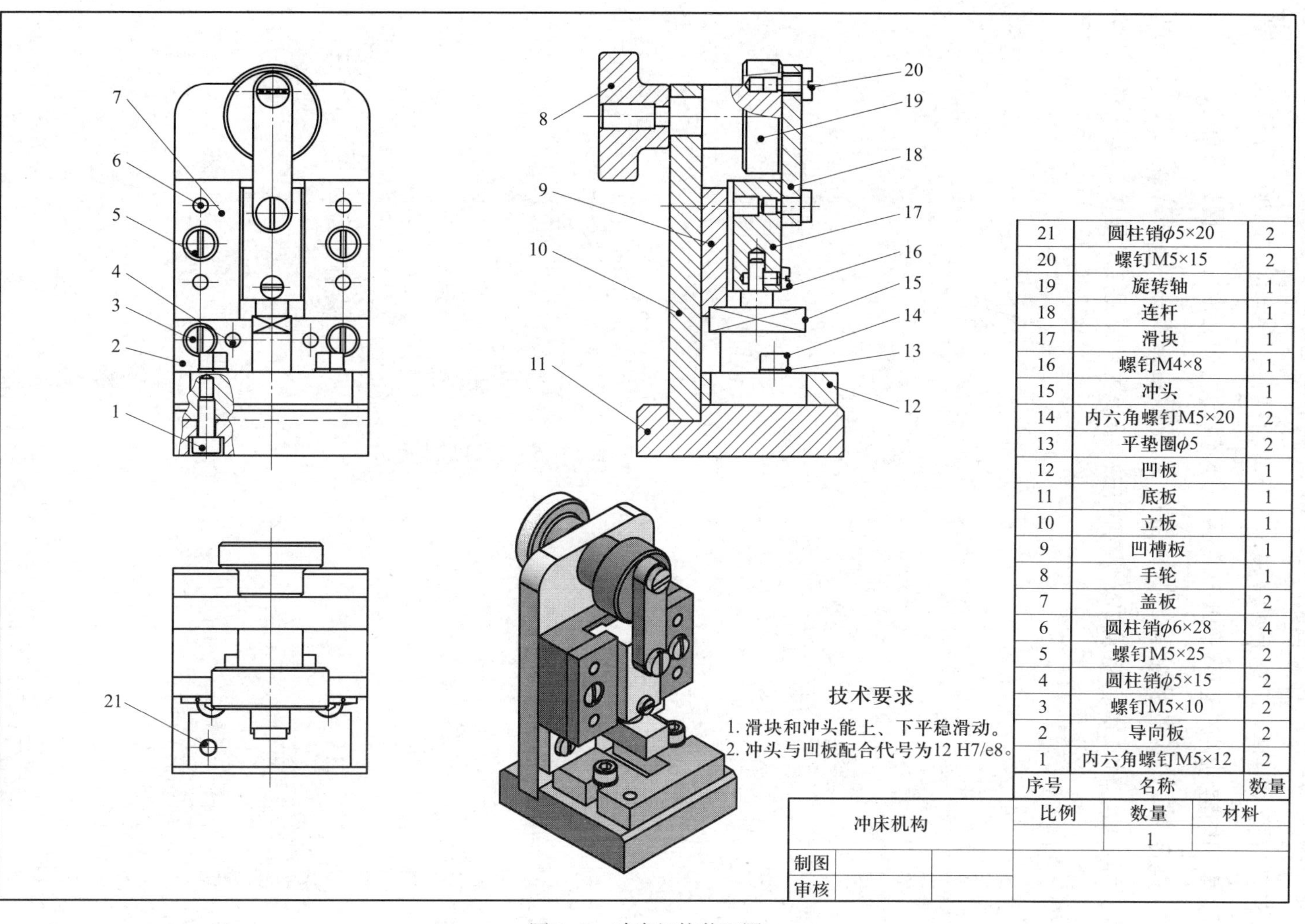

序号	名称	数量
21	圆柱销$\phi5\times20$	2
20	螺钉M5×15	2
19	旋转轴	1
18	连杆	1
17	滑块	1
16	螺钉M4×8	1
15	冲头	1
14	内六角螺钉M5×20	2
13	平垫圈$\phi5$	2
12	凹板	1
11	底板	1
10	立板	1
9	凹槽板	1
8	手轮	1
7	盖板	2
6	圆柱销$\phi6\times28$	4
5	螺钉M5×25	2
4	圆柱销$\phi5\times15$	2
3	螺钉M5×10	2
2	导向板	2
1	内六角螺钉M5×12	2

图 1–5　冲床机构装配图

实施本任务应用的主要设备为普通车床和普通铣床。车削加工零件包括旋转轴、手轮、冲头，学习内容包括车工基础知识，车台阶轴、螺纹和滚花等；铣削加工零件包括底板（基座）、立板、滑块、连杆、凹槽板、导向板、凹板（下模板）、盖板，学习内容包括铣工基础知识，铣平面、连接面，铣台阶、沟槽和切断等。

确定冲床机构的装配基准件、组件。以底板为基准件，安装立板组件、手轮组件、导向板组件，最后完成冲床机构的总装配，达到装配技术要求，实现冲床机构功能。

课题一
旋转轴等零件的制作

一、旋转轴加工

图 1–6 所示为旋转轴零件图，旋转轴在冲床机构中起偏心作用，旋转时带动连杆摆动和上、下移动，结构较简单。

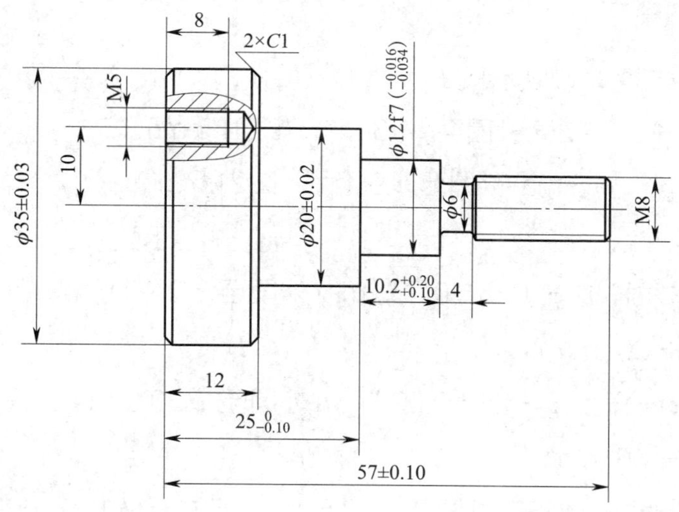

技术要求

未注倒角C0.5。

$\sqrt{Ra\ 3.2}$

图 1–6　旋转轴零件图

1. 加工前准备工作

设备：普通车床、台式钻床、砂轮机、钳工工作台、台虎钳等。

辅具：拆装扳手、吊装用具、锤子、划线工具、全损耗系统用油、棉纱等。

量具：平板、直角尺、百分表、外径千分尺、游标卡尺、游标高度卡尺等。

刀具：外圆车刀、倒角刀、切断刀、钻头、丝锥、板牙等。

劳动防护用品：护目镜、工作服、工作鞋、工作帽等。

2. 零件加工

（1）车削加工工序。

1）检查毛坯尺寸为 ϕ40 mm×90 mm。

2）夹持毛坯，工件伸出三爪自定心卡盘 20 mm，找正夹紧。

3）车 ϕ30 mm×10 mm 台阶。

4）掉头夹持 ϕ30 mm×10 mm 台阶，车端面。

5）粗车外圆。

①粗车图样上 ϕ（20±0.02）mm 外圆至 ϕ21 mm、长 44.5 mm。

②粗车图样上 ϕ12f7 外圆至 ϕ13 mm、长 31.5 mm。

③粗车图样上 ϕ8 mm 外圆至 ϕ9 mm、长 21.5 mm。

6）精车外圆。

①半精车图样上 ϕ（35±0.03）mm 外圆至 ϕ35.5 mm，精车至 ϕ（35±0.03）mm、长 60 mm。

②半精车图样上 ϕ（20±0.02）mm 外圆至 ϕ20.5 mm，精车至 ϕ（20±0.02）mm、长 45 mm。

③半精车图样上 ϕ12f7 外圆至 ϕ12.5 mm，精车至 ϕ12f7、长 32 mm。

④半精车图样上 ϕ8 mm 外圆至 ϕ8.5 mm，精车至 $\phi 8^{-0.2}_{-0.3}$ mm、长 21.8 mm。

⑤精加工槽，切深至 ϕ6 mm、宽 4 mm。

⑥图样上 ϕ8 mm 外圆倒角 C0.5 mm。

⑦用板牙加工 M8 螺纹。

7）掉头，垫铜皮夹持 ϕ12f7 外圆，车端面，控制 ϕ（35±0.03）mm 外圆长为 12 mm。

8）图样上 ϕ（35±0.03）mm 外圆倒角 C1 mm。

（2）钳加工工序。

1）用游标高度卡尺划 M5 螺纹孔加工中心线，打样冲。

2）用台式钻床钻出 ϕ4.2 mm 底孔，深 10 mm，控制中心偏移量为 10 mm。

3）加工 M5 螺纹，深 8 mm。

4）孔口倒角 C0.5 mm。

3. 加工评价

旋转轴加工评价见表 1–1。

表 1–1 旋转轴加工评价表

序号	项目	项目要求	实测结果	配分	得分	备注
1	ϕ(35 ± 0.03) mm	ϕ34.97 ~ 35.03 mm		15		
2	ϕ(20 ± 0.02) mm	ϕ19.98 ~ 20.02 mm		15		
3	ϕ12f7	ϕ11.966 ~ 11.984 mm		5		
4	$25_{-0.10}^{0}$ mm	24.90 ~ 25.00 mm		15		
5	$10.2_{+0.10}^{+0.20}$ mm	10.30 ~ 10.40 mm		20		
6	(57 ± 0.10) mm	56.90 ~ 57.10 mm		20		
7	安全文明生产	是否遵守车间安全操作规程	是 / 否	10		

二、手轮加工

图 1–7 所示为手轮零件图。

1. 加工前准备工作

设备：普通车床、砂轮机、钳工工作台、台虎钳等。

辅具：拆装扳手、吊装用具、锤子、划线工具、全损耗系统用油、棉纱等。

量具：平板、直角尺、百分表、外径千分尺、游标卡尺等。

刀具：外圆车刀、倒角刀、滚花刀、切断刀、钻头、丝锥、板牙等。

劳动防护用品：护目镜、工作服、工作鞋、工作帽等。

2. 零件加工

（1）检查毛坯尺寸为 ϕ42 mm × 50 mm。

（2）夹持毛坯，工件伸出三爪自定心卡盘 20 mm，找正夹紧。

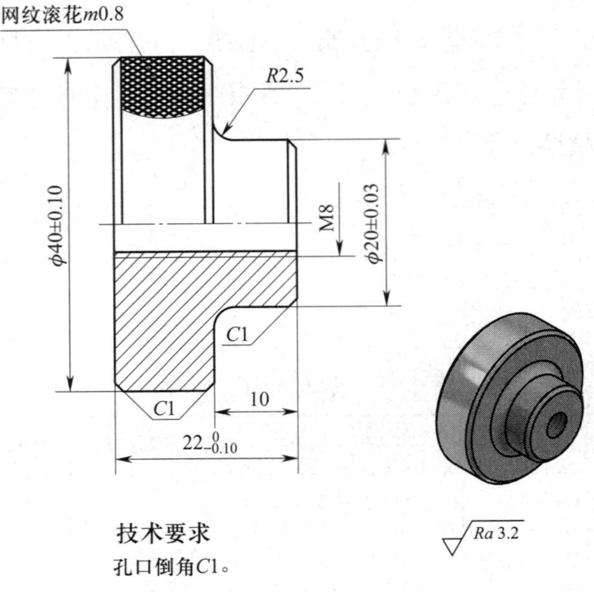

图 1-7　手轮零件图

（3）车 φ40 mm×10 mm 台阶。

（4）掉头夹持 φ40 mm×10 mm 台阶，车端面。

（5）粗车外圆。

1）粗车图样上φ（40±0.10）mm 外圆至 φ41 mm、长 30 mm。

2）粗车图样上φ（20±0.03）mm 外圆至 φ23 mm、长 10 mm。

3）粗车图样上φ（20±0.03）mm 外圆至 φ21 mm、长 7 mm。

（6）精车外圆。

1）半精车图样上φ（40±0.10）mm 外圆至 φ40.5 mm，精车至 φ（40±0.10）mm、长 30 mm。

2）半精车图样上φ（20±0.03）mm 外圆至 φ20.5 mm，精车至 φ（20±0.03）mm、长 7 mm。

3）图样上φ（20±0.03）mm 外圆倒角 *C*1 mm。

4）图样上φ（40±0.10）mm 外圆倒角 *C*1 mm。

（7）车过渡圆弧 *R*2.5 mm。

（8）钻 φ6.8 mm 底孔，深 30 mm，攻 M8 螺纹深 25 mm。

（9）在 φ（40±0.10）mm 外圆上车网纹滚花 *m*0.8。

（10）掉头，垫铜皮夹持 φ（40±0.10）mm 外圆，车端面控制总长 $22_{-0.10}^{\ 0}$ mm。

（11）图样上 ϕ（40±0.10）mm 外圆倒角 $C1$ mm。

3. 加工评价

手轮加工评价见表 1-2。

表 1-2 手轮加工评价表

序号	项目	项目要求	实测结果	配分	得分	备注
1	ϕ(40±0.10)mm	ϕ39.90 ~ 40.10 mm		20		
2	ϕ(20±0.03)mm	ϕ19.97 ~ 20.03 mm		20		
3	$22_{-0.10}^{0}$ mm	21.90 ~ 22.00 mm		15		
4	$C1$ mm（3 处）			10		
5	Ra3.2 μm	$Ra \leqslant 3.2$ μm		10		
6	M8			15		
7	安全文明生产	是否遵守车间安全操作规程	是 / 否	10		

三、冲头加工

图 1-8 所示为冲头零件图。

1. 加工前准备工作

设备：普通车床、立式铣床、机用虎钳、砂轮机等。

辅具：拆装扳手、吊装用具、锤子、划线工具、全损耗系统用油、棉纱等。

量具：平板、直角尺、百分表、外径千分尺、游标卡尺等。

刀具：外圆车刀、倒角刀、切断刀、立铣刀等。

劳动防护用品：护目镜、工作服、工作鞋、工作帽等。

2. 零件加工

（1）检查毛坯尺寸为 ϕ36 mm×40 mm。

（2）夹持毛坯，工件伸出三爪自定心卡盘 20 mm。

（3）车 ϕ30 mm×10 mm 台阶。

（4）掉头夹持 ϕ30 mm×10 mm 台阶，车端面。

（5）粗车外圆。

1）粗加工外圆至 ϕ34 mm、长 25 mm。

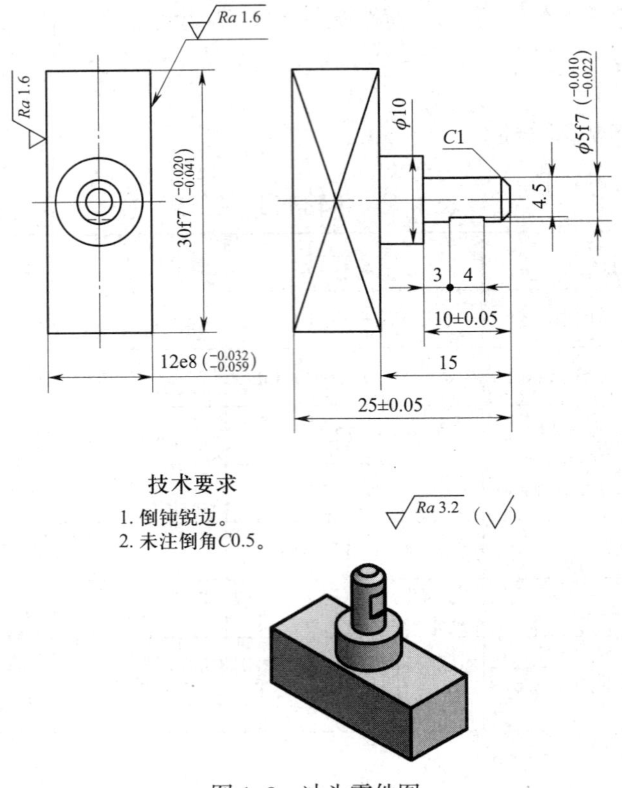

图 1–8　冲头零件图

2）粗加工图样上 ϕ10 mm 外圆至 ϕ11 mm、长 14.5 mm。

3）粗加工图样上 ϕ5f7 外圆至 ϕ6 mm、长 9.5 mm。

（6）精加工。

1）半精加工图样上 ϕ10 mm 外圆至 ϕ10.5 mm，精加工至 ϕ10 mm、长 15 mm。

2）半精加工图样上 ϕ5f7 外圆至 ϕ5.5 mm，精加工至 ϕ5f7、长（10 ± 0.05）mm。

3）图样上 ϕ5f7 外圆倒角 C1 mm。

（7）掉头，垫铜皮夹持 ϕ10 mm 外圆，车端面，控制总长（25 ± 0.05）mm。

（8）铣削加工。

1）用 V 形铁夹持 ϕ10 mm 外圆，用寻边器找出工件中心。

2）将 ϕ34 mm 外圆加工成 30 mm × 12 mm 长方形。

3）夹持工件 12 mm 宽边，铣平面，宽 4 mm，深度 0.5 mm，保证定位尺寸 3 mm。

3. 加工评价

冲头加工评价见表 1-3。

表 1-3　冲头加工评价表

序号	项目	项目要求	实测结果	配分	得分	备注
1	ϕ5f7	ϕ4.978 ~ 4.990 mm		10		
2	12e8	11.941 ~ 11.968 mm		10		
3	30f7	29.959 ~ 29.980 mm		10		
4	(25 ± 0.05) mm	24.95 ~ 25.05 mm		20		
5	(10 ± 0.05) mm	9.95 ~ 10.05 mm		20		
6	*C*1 mm			10		
7	*Ra*1.6 μm	*Ra* ≤ 1.6 μm		10		
8	安全文明生产	是否遵守车间安全操作规程	是 / 否	10		

课题二 底板等零件的制作

一、底板加工

图 1-9 所示为底板零件图。

1. 加工前准备工作

设备：立式铣床、钻床、吊装设备、机用虎钳、砂轮机等。

辅具：拆装扳手、吊装用具、锤子、划线工具、全损耗系统用油、棉纱等。

量具：平板、直角尺、百分表、外径千分尺、游标卡尺等。

刀具：圆柱铣刀、立铣刀、面铣刀、钻头、丝锥等。

劳动防护用品：护目镜、工作服、工作鞋、工作帽等。

2. 零件加工

（1）检查毛坯尺寸为 70 mm × 65 mm × 20 mm。

（2）铣外形尺寸。首先用机用虎钳将板料夹牢，用面铣刀铣出两相互垂直的基准侧面，翻转装夹后，铣出 65 mm 和 60 mm 外形尺寸。然后铣上、下两平面至 16 mm 高度尺寸，装夹时要注意工件表面要高于机用虎钳钳口 3 ~ 5 mm。

（3）铣凹槽。用直径为 10 mm 的立铣刀铣出宽 10 mm、深 5 mm 的凹槽。保证槽宽为 $10^{+0.015}_{0}$ mm 的精度要求，同时保证凹槽中心到侧面（15 ± 0.10）mm 的定位尺寸。

（4）铣倒角。铣出 2 个 $C2$ mm 倒角。

（5）钻孔。分别钻出两个 ϕ5.5 mm 孔、两个 M5 螺纹底孔、两个 ϕ5H7 定位销孔（底孔钻头直径为 4.8 mm，留 0.2 mm 铰孔余量），注意保证各孔孔距精度要求。

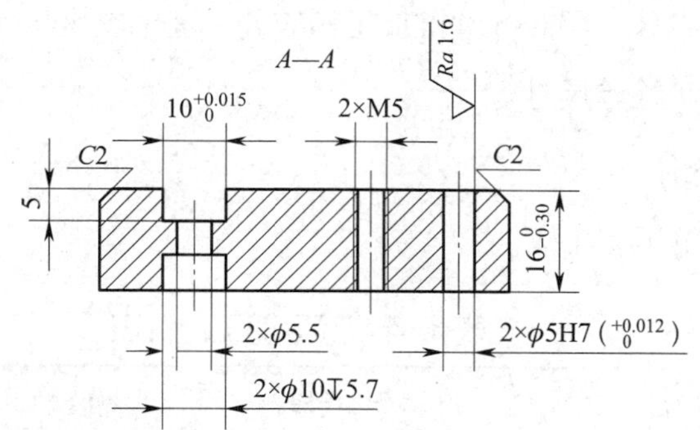

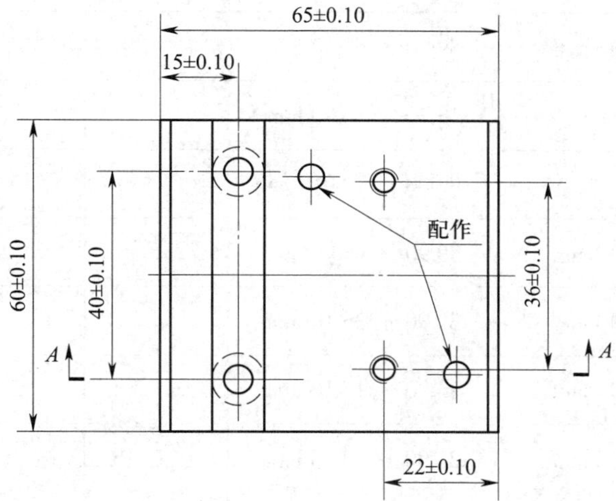

技术要求

1. 倒钝锐边。
2. 未注倒角C0.5。

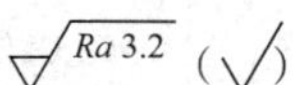

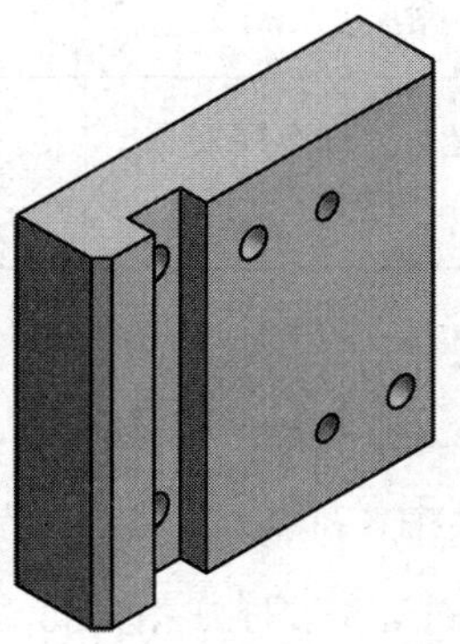

图 1-9 底板零件图

（6）锪孔。用锪孔钻钻出两个 ϕ10 mm 沉孔，保证孔深精度要求。

（7）加工螺纹孔。用 M5 丝锥加工螺纹孔，注意丝锥与加工表面的垂直度。

（8）去毛刺，检验尺寸。

3. 加工评价

底板加工评价见表 1-4。

表 1-4 底板加工评价表

序号	项目	项目要求	实测结果	配分	得分	备注
1	（65 ± 0.10）mm	64.90 ~ 65.10 mm			10	
2	（60 ± 0.10）mm	59.90 ~ 60.10 mm			10	
3	$16_{-0.30}^{0}$ mm	15.70 ~ 16.00 mm			5	
4	槽宽 $10_{0}^{+0.015}$ mm	10.000 ~ 10.015 mm			10	
5	（40 ± 0.10）mm	39.90 ~ 40.10 mm			10	
6	（36 ± 0.10）mm	35.90 ~ 36.10 mm			10	
7	（15 ± 0.10）mm	14.90 ~ 15.10 mm			10	
8	（22 ± 0.10）mm	21.90 ~ 22.10 mm			10	
9	C2 mm（2 处）				5	
10	ϕ5H7	ϕ5.000 ~ 5.012 mm			5	
11	Ra1.6 μm	$Ra \leqslant 1.6$ μm			5	
12	安全文明生产	是否遵守车间安全操作规程	是 / 否		10	

二、立板加工

立板在冲床机构中起支承作用，加工工艺包括铣平面、钻孔、攻螺纹、铣圆弧面等，加工过程中应注意控制各孔之间的孔距精度。图 1-10 所示为立板零件图，采用主视图和左视图表达，立板外形尺寸为 105 mm × 60 mm × 10 mm，4 处 M5 螺纹通孔，孔距分别为（44 ± 0.10）mm、（30 ± 0.1）mm，2 处深度为 10 mm 的 M5 螺纹孔，1 处 ϕ12H7 通孔，4 处 ϕ6H7 通孔，2 处 ϕ5H7 通孔。

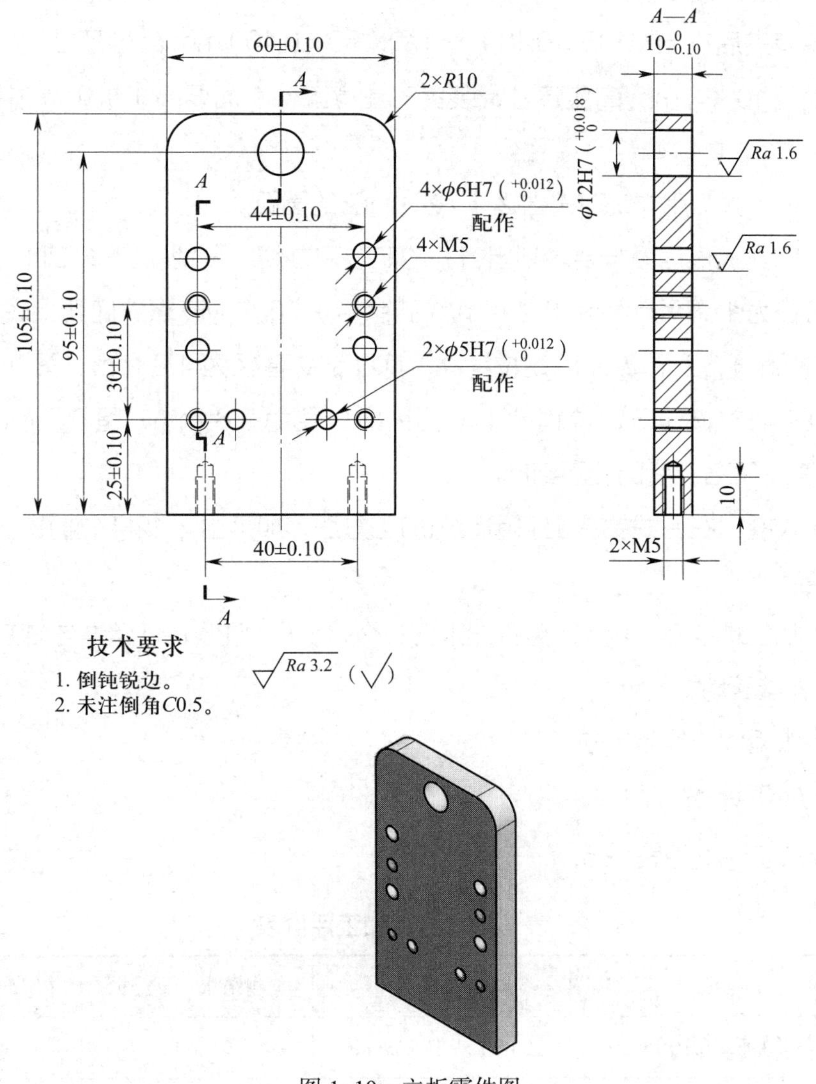

图 1–10　立板零件图

1. 加工前准备工作

设备：立式铣床、钻床、吊装设备、机用虎钳、砂轮机等。

辅具：拆装扳手、吊装用具、锤子、划线工具、全损耗系统用油、棉纱等。

量具：平板、直角尺、百分表、外径千分尺、游标卡尺等。

刀具：圆柱铣刀、立铣刀、面铣刀、钻头、丝锥、铰刀等。

劳动防护用品：护目镜、工作服、工作鞋、工作帽等。

2. 零件加工

（1）检查毛坯尺寸为 110 mm × 65 mm × 14 mm。

（2）铣外形尺寸。用机用虎钳将毛坯夹牢，用面铣刀铣出两相互垂直的基准侧面，翻转装夹后铣出（105 ± 0.10）mm 和（60 ± 0.10）mm 外形尺寸。然后铣上、下两平面至 $10_{-0.10}^{\ 0}$ mm 高度尺寸，装夹时注意工件表面要高于机用虎钳钳口 3 ~ 5 mm。

（3）铣圆弧。用立铣刀铣出 2 个 R10 mm 的圆弧。

（4）钻孔。根据图样要求划出各孔的定位尺寸线，分别钻出 ϕ12H7 底孔（底孔钻头直径为 11.8 mm，留 0.2 mm 铰孔余量），6 个 M5 螺纹底孔（底孔钻头直径为 4.2 mm），2 个 ϕ5H7 定位销孔（底孔钻头直径为 4.8 mm，留 0.2 mm 铰孔余量），4 个 ϕ6H7 定位销孔（底孔钻头直径为 5.8 mm，留 0.2 mm 铰孔余量），注意保证各孔间的孔距精度。

（5）铰孔。在台式钻床上采用铰削加工方法，加工出 ϕ12H7 通孔，用塞规检测孔径精度。

（6）加工螺纹孔。用 M5 丝锥加工出 6 个螺纹孔，注意保证丝锥与加工表面间的垂直度，不能歪斜。

（7）去毛刺，检验尺寸。

3. 加工评价

立板加工评价见表 1–5。

表 1–5　立板加工评价表

序号	项目	项目要求	实测结果	配分	得分	备注
1	（105 ± 0.10）mm	104.90 ~ 105.10 mm		5		
2	（60 ± 0.10）mm	59.90 ~ 60.10 mm		5		
3	$10_{-0.10}^{\ 0}$ mm	9.90 ~ 10.00 mm		5		
4	ϕ12H7	12.000 ~ 12.018 mm		5		
5	（25 ± 0.10）mm	24.90 ~ 25.10 mm		10		
6	（40 ± 0.10）mm	39.90 ~ 40.10 mm		10		
7	（44 ± 0.10）mm	43.90 ~ 44.10 mm		10		
8	（30 ± 0.10）mm	29.90 ~ 30.10 mm		10		
9	（95 ± 0.10）mm	94.90 ~ 95.10 mm		10		

续表

序号	项目	项目要求	实测结果	配分	得分	备注
10	ϕ5H7（2 处）	ϕ5.000 ~ 5.012 mm		5		
11	ϕ6H7（4 处）	ϕ6.000 ~ 6.012 mm		5		
12	R10 mm（2 处）			5		
13	Ra1.6 μm	$Ra \leqslant 1.6$ μm		5		
14	安全文明生产	是否遵守车间安全操作规程	是 / 否	10		

三、凹槽板加工

凹槽板在冲床机构中起导向作用，加工工艺包括铣平面、钻孔、铣直角槽等。图 1-11 所示为凹槽板零件图，采用主视图和俯视图表达，凹槽板外形尺寸为 60 mm × 40 mm × 15 mm，上表面加工宽为 $30^{+0.021}_{0}$ mm 的直角凹槽，在两侧分别钻 ϕ5.5 mm 通孔，中心距为（44 ± 0.10）mm；4 处 ϕ6H7 通孔，与立板配作。

1. 加工前准备工作

设备：立式铣床、钻床、吊装设备、机用虎钳、砂轮机等。

辅具：拆装扳手、吊装用具、锤子、划线工具、全损耗系统用油、棉纱等。

量具：平板、直角尺、百分表、外径千分尺、游标卡尺等。

刀具：圆柱铣刀、立铣刀、面铣刀、钻头等。

劳动防护用品：护目镜、工作服、工作鞋、工作帽等。

2. 零件加工

（1）检查毛坯尺寸为 65 mm × 45 mm × 18 mm。

（2）铣外形尺寸。用机用虎钳将毛坯夹牢，用面铣刀铣出两相互垂直的基准侧面，翻转装夹后铣出（60 ± 0.10）mm 和（40 ± 0.10）mm 外形尺寸。然后铣上、下两平面至 $15^{0}_{-0.10}$ mm 高度尺寸，装夹时注意工件表面要高于机用虎钳钳口 3 ~ 5 mm。

（3）铣直角凹槽。用立铣刀铣宽度为 $30^{+0.021}_{0}$ mm 的直角凹槽。

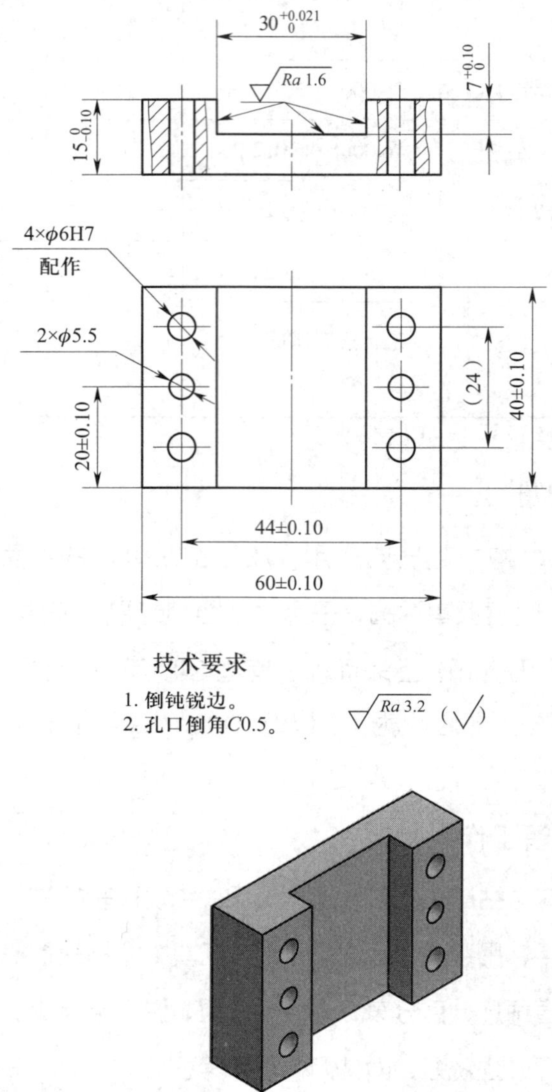

图 1-11　凹槽板零件图

（4）钻孔。钻出两个 ϕ5.5 mm 通孔，保证两孔孔距为（44 ± 0.10）mm。ϕ6H7 销孔暂时不加工，装配时与立板配作。

（5）去毛刺，检验尺寸。

3. 加工评价

凹槽板加工评价见表 1-6。

表 1-6　凹槽板加工评价表

序号	项目	项目要求	实测结果	配分	得分	备注
1	(40 ± 0.10) mm	39.90 ~ 40.10 mm		15		
2	(60 ± 0.10) mm	59.90 ~ 60.10 mm		15		
3	$15_{-0.10}^{0}$ mm	14.90 ~ 15.00 mm		5		
4	$30_{0}^{+0.021}$ mm	30.000 ~ 30.021 mm		5		
5	$7_{0}^{+0.10}$ mm	7.00 ~ 7.10 mm		5		
6	(20 ± 0.10) mm	19.90 ~ 20.10 mm		15		
7	(44 ± 0.10) mm	43.90 ~ 44.10 mm		15		
8	ϕ6H7（4 处）	ϕ6.000 ~ 6.012 mm		10		
9	Ra1.6 μm（3 处）	$Ra \leqslant 1.6$ μm		5		
10	安全文明生产	是否遵守车间安全操作规程	是 / 否	10		

四、滑块加工

滑块是冲床机构的执行部件，加工工艺包括铣平面、铣台阶、钻孔、铣直角槽等，加工中要注意两台阶的对称度要求。图 1-12 所示为滑块零件图，采用主视图、左视图和局部剖视图表达，外形尺寸为 35 mm × 30 mm × 17 mm；底面加工宽为 10 mm 的直角凹槽；凹槽中加工 M5 螺纹通孔，槽底沉孔 ϕ 6 mm、深 8 mm；铣出宽 18 mm、高 10 mm 的凸台，注意左、右对称度；加工 ϕ 5H7、深 12 mm 的孔；在凸台上加工 M4 螺纹孔与 ϕ 5H7 孔贯穿。

1. 加工前准备工作

设备：立式铣床、钻床、吊装设备、机用虎钳、砂轮机等。

辅具：拆装扳手、吊装用具、锤子、划线工具、全损耗系统用油、棉纱等。

量具：平板、直角尺、百分表、外径千分尺、游标卡尺等。

刀具：圆柱铣刀、立铣刀、面铣刀、钻头、丝锥等。

劳动防护用品：护目镜、工作服、工作帽、工作鞋等。

2. 零件加工

（1）检查毛坯尺寸为 37 mm × 32 mm × 20 mm。

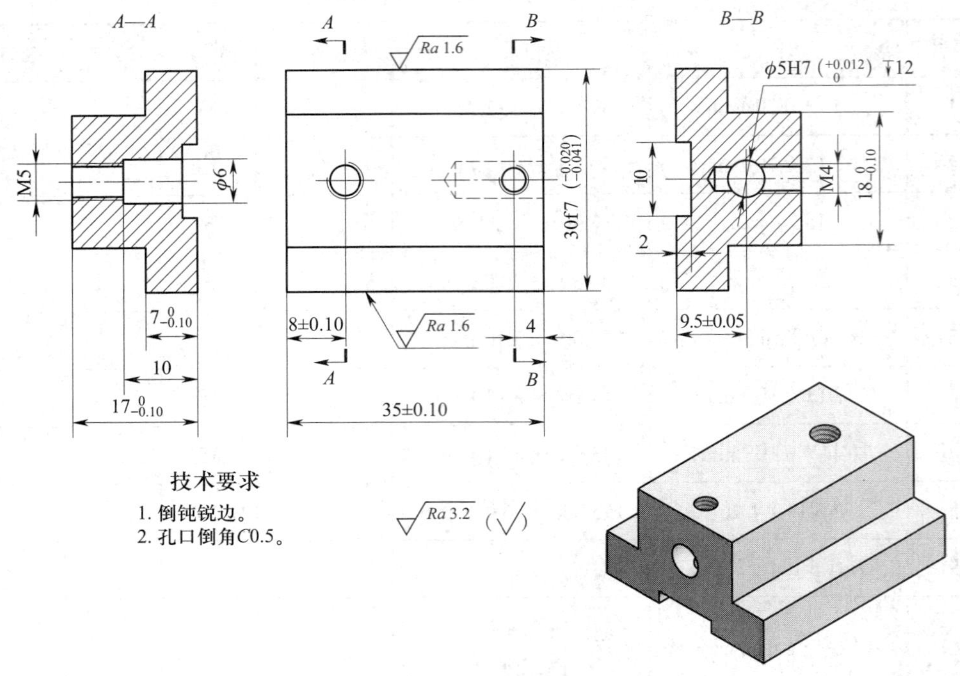

图 1-12　滑块零件图

（2）铣外形尺寸。用机用虎钳将毛坯夹牢，用面铣刀铣出两相互垂直的基准侧面，翻转装夹后铣出（35±0.10）mm 和 30f7 外形尺寸。然后铣上、下两平面至 $17^{\ 0}_{-0.10}$ mm 高度尺寸，装夹时注意工件表面要高于机用虎钳钳口 3 ~ 5 mm。

（3）铣直角凹槽。用立铣刀铣出宽 10 mm、深 2 mm 的直角凹槽。

（4）铣台阶。夹持工件长度方向，用百分表法调整工件，使工件宽度方向两侧面与铣床床身导轨平行。用立铣刀先铣一侧台阶，再铣另侧一台阶，控制台阶尺寸为 $18^{\ 0}_{-0.10}$ mm 及高度 $7^{\ 0}_{-0.10}$ mm。

（5）钻孔、攻螺纹。按图样要求划出各孔的定位尺寸线，先钻 ϕ5H7 孔（底孔钻头直径为 4.8 mm，留 0.2 mm 铰孔余量），再分别钻出 M5 螺纹底孔（钻头直径为 4.2 mm）和 M4 螺纹底孔（钻头直径为 3.3 mm）。采用手工攻螺纹的方法加工 M4、M5 螺纹孔。

（6）锪孔、铰孔。用锪孔钻钻 ϕ6 mm 沉孔，深 8 mm；用 ϕ5H7 铰刀铰孔，保证孔深精度要求。

（7）去毛刺，检验尺寸。

3. 加工评价

滑块加工评价见表 1-7。

表 1-7　滑块加工评价表

序号	项目	项目要求	实测结果	配分	得分	备注
1	(35 ± 0.10) mm	34.90 ~ 35.10 mm		15		
2	30f7	29.959 ~ 29.980 mm		5		
3	$17_{-0.10}^{0}$ mm	16.90 ~ 17.00 mm		5		
4	$7_{-0.10}^{0}$ mm	6.90 ~ 7.00 mm		5		
5	$18_{-0.10}^{0}$ mm	17.90 ~ 18.00 mm		5		
6	ϕ5H7	ϕ5.000 ~ 5.012 mm		10		
7	(8 ± 0.10) mm	7.90 ~ 8.10 mm		15		
8	(9.5 ± 0.05) mm	9.45 ~ 9.55 mm		15		
9	M4			5		
10	M5			5		
11	Ra1.6 μm	$Ra \leqslant 1.6$ μm		5		
12	安全文明生产	是否遵守车间安全操作规程	是 / 否	10		

五、凹板加工

凹板是安装在冲床机构中的模具零件，其加工工艺包括铣平面、钻孔、铣直角凹槽、铣半圆凹槽等。图 1-13 所示为凹板零件图。

1. 加工前准备工作

设备：立式铣床、钻床、吊装设备、砂轮机、机用虎钳等。

辅具：拆装扳手、吊装用具、锤子、划线工具、全损耗系统用油、棉纱等。

量具：平板、直角尺、百分表、外径千分尺、游标卡尺等。

刀具：圆柱铣刀、立铣刀、面铣刀、钻头等。

劳动防护用品：护目镜、工作服、工作帽、工作鞋等。

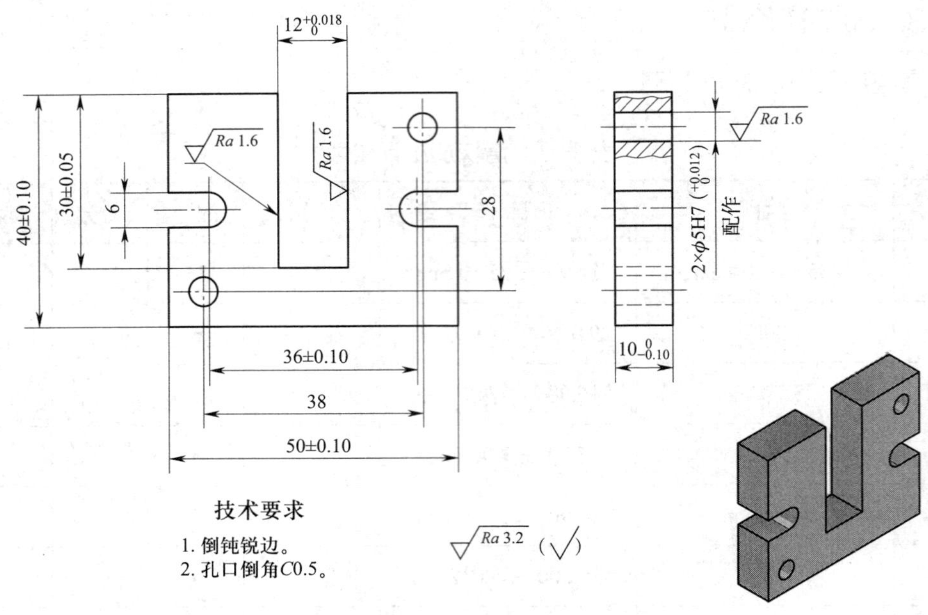

图 1–13 凹板零件图

2. 零件加工

（1）检查毛坯尺寸为 55 mm × 45 mm × 12 mm。

（2）铣平面。将工件装夹在机用虎钳上，先加工一平面，如果工件高度比钳口低，底部可垫一块宽度比工件稍小的垫铁（标准垫铁），夹紧后用锤子敲击工件表面，使其底面与钳口完全平行。在工件表面对刀时，找出表面上的最高点和最低点，以最低点铣平即可。若工件表面高低点差距较大，超过 1 mm 时，应留 0.2 ~ 0.5 mm 光刀余量。去除毛边、毛刺，将已加工好的平面作为底面，重新装夹在机用虎钳上，装夹牢固后，去除上表面多余金属层，加工至图样尺寸 $10^{0}_{-0.10}$ mm。

（3）铣外形尺寸。将加工好的平面在机用虎钳上夹紧，将宽度方向铣至图样尺寸（40 ± 0.10）mm。旋转 90° 装夹，底部垫一平行垫铁，用直角尺将工件靠直，以直角尺与工件间无缝隙为准，夹紧工件。将表面铣平，用直角尺检验合格后，翻转 180° 将长度方向铣至图样尺寸（50 ± 0.10）mm。

（4）铣半圆凹槽。夹持工件 40 mm 的宽边，用 ϕ6 mm 立铣刀铣宽 6 mm、长 10 mm 的半圆凹槽。

（5）铣直角凹槽。夹持两平面，使工件长度方向的平面与铣床床身导轨平行。用 ϕ12 mm 立铣刀铣宽 $12^{+0.018}_{0}$ mm、长（30 ± 0.05）mm 的直角凹槽。

（6）去毛刺，检验尺寸。

3. 加工评价

凹板加工评价见表 1-8。

表 1-8 凹板加工评价表

序号	项目	项目要求	实测结果	配分	得分	备注
1	(50 ± 0.10) mm	49.90 ~ 50.10 mm		15		
2	(40 ± 0.10) mm	39.90 ~ 40.10 mm		15		
3	$10_{-0.10}^{0}$ mm	9.90 ~ 10.00 mm		10		
4	(30 ± 0.05) mm	29.95 ~ 30.05 mm		15		
5	$12_{0}^{+0.018}$ mm	12.000 ~ 12.018 mm		10		
6	(36 ± 0.10) mm	35.90 ~ 36.10 mm		15		
7	ϕ5H7（2 处）	ϕ5.000 ~ 5.012 mm		5		
8	Ra1.6 μm（3 处）	$Ra \leqslant 1.6$ μm		5		
9	安全文明生产	是否遵守车间安全操作规程	是 / 否	10		

课题三
连杆等零件的制作

一、连杆加工

连杆的作用是连接偏心轮和滑块，连杆上端装在偏心轮上，下端与滑块连接，将偏心轮的旋转运动转换为滑块的直线往复运动。连杆结构较简单，图 1–14 所示为连杆零件图。

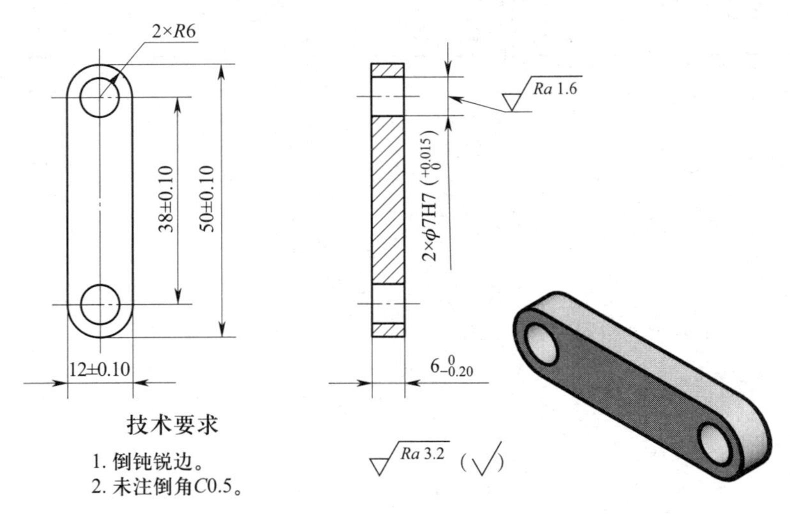

图 1–14　连杆零件图

1. 加工前准备工作

设备：台式钻床、吊装设备、砂轮机、钳工工作台、台虎钳等。

辅具：拆装扳手、吊装用具、锤子、划线工具、全损耗系统用油、棉纱等。

量具：平板、直角尺、百分表、外径千分尺、游标卡尺、游标高度卡尺等。

刀具：锉刀、钻头等。

劳动防护用品：护目镜、工作服、工作鞋、工作帽等。

2. 零件加工

（1）检查毛坯尺寸为 55 mm × 15 mm × 6 mm。

（2）锉高度。先锉上、下两平面，达到平面度要求。以已加工好的其中一平面作为基准面，去除另一面多余金属层，使高度达到图样尺寸 $6_{-0.20}^{0}$ mm。

（3）锉外形尺寸。以上、下两平面为基准，锉两侧面，达到垂直度要求，尺寸精度控制在（12 ± 0.10）mm。

（4）锉半圆弧。锉两端 $R6$ mm 半圆弧，保证工件长度尺寸（50 ± 0.10）mm。

（5）钻孔。根据图样要求划出孔定位尺寸线，钻、铰两个 ϕ 7H7 通孔，保证两孔间孔距精度要求为（38 ± 0.10）mm。

（6）孔口倒角 $C0.5$ mm。

（7）去毛刺，检验尺寸。

3. 加工评价

连杆加工评价见表 1–9。

表 1–9　连杆加工评价表

序号	项目	项目要求	实测结果	配分	得分	备注
1	（38 ± 0.10）mm	37.90 ~ 38.10 mm		20		
2	$R6$ mm（2 处）			20		
3	$6_{-0.20}^{0}$ mm	5.80 ~ 6.00 mm		20		
4	ϕ7H7（2 处）	ϕ7.000 ~ 7.015 mm		20		
5	Ra1.6 μm	Ra ≤ 1.6 μm		10		
6	安全文明生产	是否遵守车间安全操作规程	是 / 否	10		

二、盖板加工

盖板在冲床机构中起挡板作用，防止滑块移出凹槽板，其结构比较简单，图 1–15 所示为盖板零件图。

1. 加工前准备工作

设备：台式钻床、吊装设备、砂轮机、钳工工作台、台虎钳等。

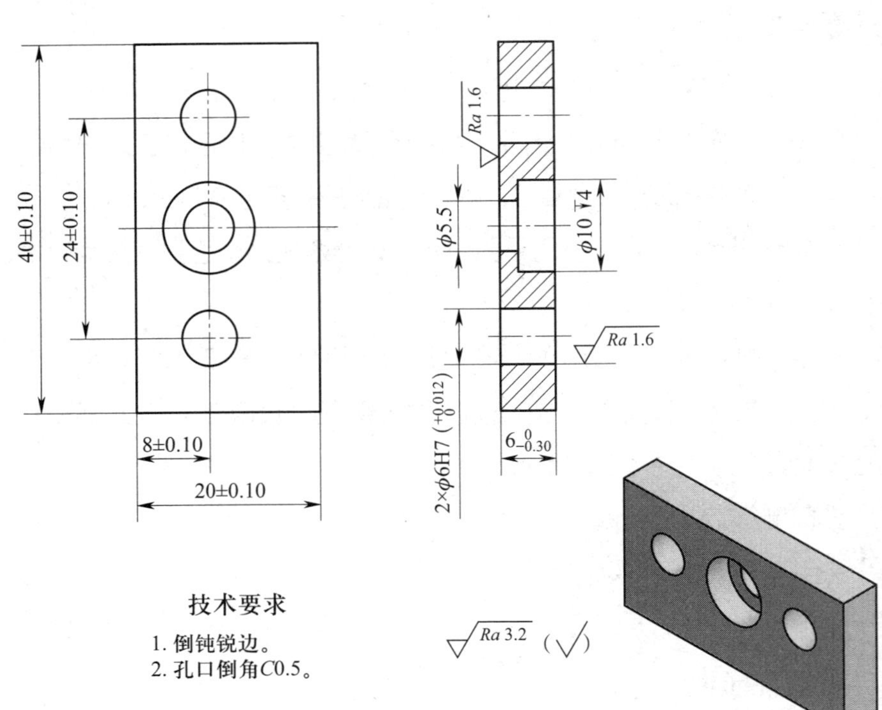

图 1–15　盖板零件图

辅具：拆装扳手、吊装用具、锤子、划线工具、全损耗系统用油、棉纱等。

量具：平板、直角尺、百分表、外径千分尺、游标卡尺、游标高度卡尺等。

刀具：锉刀、钻头等。

劳动防护用品：护目镜、工作服、工作鞋、工作帽等。

2. 零件加工

（1）检查毛坯尺寸为 42 mm × 22 mm × 8 mm，共 2 件。

（2）锉高度。先锉上平面，达到平面度要求。再以已加工好的平面为基准面，去除另一面多余金属层，使高度达到图样尺寸 $6_{-0.30}^{\ 0}$ mm。

（3）锉外形尺寸。以上、下两平面为基准，锉削宽度方向的两侧平面，达到垂直度要求，尺寸精度控制在（20 ± 0.10）mm。长度方向的两侧面加工方法同上，尺寸精度控制在（40 ± 0.10）mm。

（4）钻孔、锪孔。根据图样要求划出孔定位尺寸线，钻出 ϕ5.5 mm 通孔，再用锪孔钻锪出 ϕ10 mm 沉孔，深 4 mm。两个 ϕ6H7 孔暂时不加工，装配调试时再配钻。

（5）孔口倒角 C0.5 mm。

（6）去毛刺，检验尺寸。

3. 加工评价

盖板加工评价见表 1–10。

表 1–10 盖板加工评价表

序号	项目	项目要求	实测结果	配分	得分	备注
1	（40 ± 0.10）mm	39.90 ~ 40.10 mm		15		
2	（20 ± 0.10）mm	19.90 ~ 20.10 mm		15		
3	$6_{-0.30}^{0}$ mm	5.70 ~ 6.00 mm		10		
4	（24 ± 0.10）mm	23.90 ~ 24.10 mm		15		
5	（8 ± 0.10）mm	7.90 ~ 8.10 mm		15		
6	ϕ6H7（2 处）	ϕ6.000 ~ 6.012 mm		10		
7	Ra1.6 μm	$Ra \leqslant 1.6$ μm		10		
8	安全文明生产	是否遵守车间安全操作规程	是 / 否	10		

三、导向板加工

导向板在冲床机构中的作用是引导冲头的冲击方向，使冲头能够顺利冲击工件，其结构比较简单，图 1–16 所示为导向板零件图。

1. 加工前准备工作

设备：台式钻床、吊装设备、砂轮机、钳工工作台、台虎钳等。

辅具：拆装扳手、吊装用具、锤子、划线工具、全损耗系统用油、棉纱等。

量具：平板、直角尺、百分表、外径千分尺、游标卡尺、游标高度卡尺等。

刀具：锉刀、钻头等。

劳动防护用品：护目镜、工作服、工作鞋、工作帽等。

2. 零件加工

（1）检查毛坯尺寸为 26 mm × 22 mm × 8 mm，共 2 件。

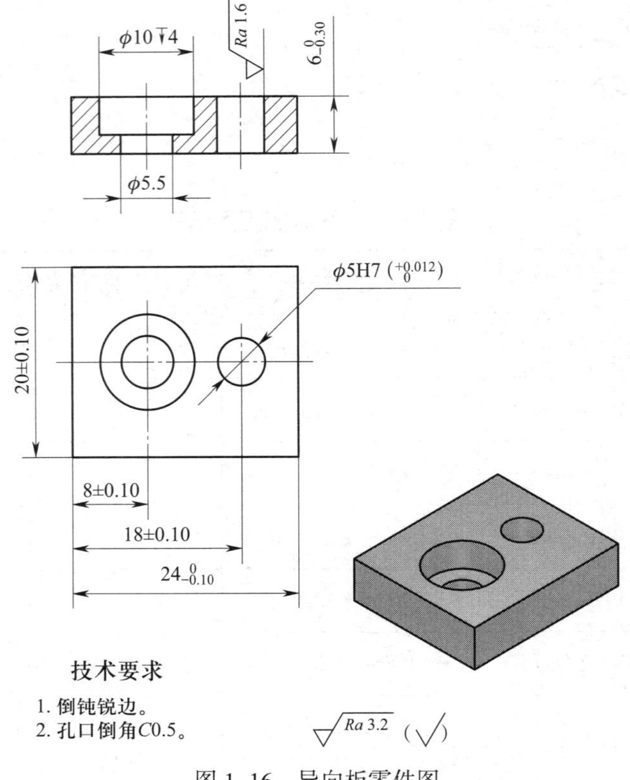

图 1–16　导向板零件图

（2）锉高度。先锉上平面，达到平面度要求。再以已加工好的平面为基准面，去除另一面多余金属层，使高度达到图样尺寸 $6_{-0.30}^{\ 0}$ mm。

（3）锉外形尺寸。以上、下两平面为基准，锉削宽度方向的两侧平面，达到垂直度要求，尺寸精度控制在（20 ± 0.10）mm。长度方向的两侧平面加工方法同上，尺寸精度控制在 $24_{-0.10}^{\ 0}$ mm。

（4）钻孔、锪孔。根据图样要求划出孔定位尺寸线，钻出 ϕ5.5 mm 通孔，再用锪孔钻锪出 ϕ10 mm 沉孔，深 4 mm。ϕ5H7 孔暂时不加工，装配调试时再配钻。

（5）孔口倒角 *C*0.5 mm。

（6）去毛刺，检验尺寸。

3. 加工评价

导向板加工评价见表 1–11。

表 1–11 导向板加工评价表

序号	项目	项目要求	实测结果	配分	得分	备注
1	$24_{-0.10}^{\ 0}$ mm	23.90 ~ 24.00 mm		15		
2	(20 ± 0.10) mm	19.90 ~ 20.10 mm		15		
3	$6_{-0.30}^{\ 0}$ mm	5.70 ~ 6.00 mm		15		
4	(8 ± 0.10) mm	7.90 ~ 8.10 mm		15		
5	(18 ± 0.10) mm	17.90 ~ 18.10 mm		15		
6	ϕ5H7	ϕ5.000 ~ 5.012 mm		10		
7	Ra1.6 μm	$Ra \leqslant 1.6$ μm		5		
8	安全文明生产	是否遵守车间安全操作规程	是 / 否	10		

课题四
冲床机构的装配与调整

装配是机械制造工艺过程中的最后一个阶段，包括组装、调整、检测、试验等工作。装配工艺是机械制造工艺过程的重要环节之一，也是学生应该掌握的重要操作技能。

一、装配前准备工作

冲床机构装配前准备工作包括清点零件（表 1–12）、标准件（表 1–13），准备工具、量具（表 1–14）。装配过程中要认真检查零件和标准件的品种、数量、质量和规格是否符合要求，以免在装配过程中发现零件质量不合格或发生安全事故。

表 1–12　冲床机构零件的准备

序号	零件名称	材料	数量
1	底板	45 钢	1
2	立板	45 钢	1
3	凹槽板	45 钢	1
4	连杆	45 钢	1
5	滑块	45 钢	1
6	盖板	45 钢	2
7	凹板	45 钢	1
8	导向板	45 钢	2
9	旋转轴	45 钢	1
10	手轮	45 钢	1
11	冲头	45 钢	1

表 1–13　冲床机构标准件的准备

序号	名称	规格 / mm	数量
1	圆柱销	$\phi5\times14$	2
		$\phi5\times20$	2
		$\phi6\times28$	4
2	一字螺钉	M4 × 8	1
		M5 × 10	2
		M5 × 25	2
		M5 × 15	2
3	内六角螺钉	M5 × 12	2
		M5 × 20	2
4	平垫圈	$\phi5$	2

表 1–14　工具、量具的准备

序号	名称	规格	数量
1	游标卡尺	150 mm	1
2	杠杆百分表	0.8 mm	1
3	磁性表座		1
4	塞尺	0.02 ～ 1 mm	1
5	锤子		1
6	内六角扳手		1
7	铜棒		1
8	旋具		1
9	零件盒		1
10	刀口尺		1

二、冲床机构的装配

1. 装配前期工作

（1）零件的修整。对零件上未去除的毛刺、锐边及运输中因碰撞产生的印痕或凸点等进行锉修。

（2）零件的清理。包括清除零件上残存的型砂、铁锈、切屑、油污等，特别是

要仔细清除小孔、沟槽等角落。

（3）合理摆放零件、部件。将所有待装配的零件、部件按顺序进行清点和放置。

2．试装

（1）立板与底板凹槽的试装。检测立板高度与底板凹槽宽度是否合适，用刀口尺检测立板与底板的垂直度，若超差则锉修立板。

（2）滑块与凹槽板的试装。检测滑块是否滑动自如。

（3）旋转轴与立板的试装。检测旋转轴是否转动灵活。

（4）试装后，做好配套标记，拆成零件，待总装时重新安装。

3．立板、凹槽板、盖板的连接

立板、凹槽板和盖板用螺钉（M5×25）连接，用百分表调整凹槽板凹槽与立板侧面的平行度（应小于或等于 0.02 mm）后安装紧固螺钉。以立板为基准配钻凹槽板、盖板的定位销孔（钻头直径为 5.8 mm），用 ϕ6H7 圆柱铰刀铰出 4 个定位销孔，打入定位销（ϕ6 mm×28 mm）。

4．安装滑块

将滑块装入凹槽板凹槽中，适当调整盖板，使滑块滑动自如。

5．安装旋转轴、手轮

将旋转轴插入立板安装孔后，紧固手轮，与旋转轴成为一体，并转动灵活。

6．安装连杆

用 M5×15 螺钉把连杆两端分别连接在旋转轴和滑块上。

7．安装冲头

将冲头插入滑块底部的安装孔内，用刀口尺测量并调整，使冲头与立板垂直，拧紧 M4×8 紧固螺钉。

8．安装导向板

将两个导向板紧靠冲头两侧，调整好间隙，拧紧一字螺钉（M5×10）固定导向板后，以立板为基准配钻导向板上的定位销孔（钻头直径为 4.8 mm），用 ϕ5H7 圆柱铰刀铰出 2 个定位销孔，打入定位销（ϕ5 mm×14 mm）。

9．立板与底板的连接

把立板组件插入底板长槽内，用内六角螺钉（M5×12）把立板与底板连接在一起，用刀口尺和塞尺检测两板间的垂直度。

10. 固定凹板

把凹板放在底板上，将冲头插入凹板的凹槽内，调整好间隙，用 M5×20 的内六角螺钉（加平垫圈）进行预紧，转动手轮使冲头往复运动，检测凹板凹槽与冲头的位置是否合适。紧固螺钉，以底板为基准配钻凹板上的定位销孔（钻头直径为4.8 mm），用 ϕ5H7 圆柱铰刀铰出2个定位销孔，装入定位销（ϕ5 mm×20 mm）。

11. 装配后清理

清除在装配时产生的金属切屑，如钻配钻孔、铰孔、攻螺纹等加工后残存的切屑和油污等。

12. 试运行

转动手轮，检查各传动件是否运行正常以及能否实现冲压功能。

三、装配评价

机器或部件都是由许多零件按装配要求装配在一起的，各相关零件的误差累积起来，就会影响装配精度。因此，机器的装配精度受零件加工精度的影响很大。在装配时，常常通过装配过程中的选配、调整或修配等手段，来达到较高的装配精度。冲床机构装配评价见表 1–15。

表 1–15　冲床机构装配评价表

序号	评价内容	装配要求	实测结果	配分	得分
1	零件清理	对旋转轴等零件的安装和配合表面进行清理、擦拭		5	
2	零件试装配	对各零件进行试装配及布局		2	
		滑块与凹槽板配合间隙≤ 0.03 mm		5	
		滑块与盖板下表面配合间隙≤ 0.03 mm		5	
3	底板与立板的安装	底板与立板安装螺钉锁紧，力矩正确		3	
		底板与立板安装位置居中，错位量≤ 0.05 mm		5	
		底板与立板间垂直度≤ 0.05 mm		5	

续表

序号	评价内容	装配要求	实测结果	配分	得分
4	凹槽板与立板的安装	正确安装螺钉、垫圈，锁紧力矩正确		3	
		凹槽板与立板安装位置居中，错位量≤ 0.05 mm		5	
		圆柱销与立板表面平齐，圆柱销低于立板表面距离≤ 2 mm		5	
5	冲头的安装	安装螺钉锁紧，力矩正确		5	
		冲头侧面与立板间垂直度≤ 0.05 mm		5	
6	凹板的安装	安装螺钉锁紧，力矩正确		3	
		冲头与凹板配合间隙≤ 0.03 mm，且滑动自如		5	
		圆柱销与凹板表面平齐，圆柱销低于凹板表面距离≤ 2 mm		5	
7	左、右导向板的安装	安装螺钉锁紧，力矩正确		3	
		左导向板安装后与冲头间间隙≤ 0.02 mm		5	
		右导向板安装后与冲头间间隙≤ 0.02 mm		5	
		圆柱销与导向板表面平齐，圆柱销低于导向板表面距离≤ 2 mm		5	
8	旋转轴与手轮的安装	手轮锁紧可靠，旋转轴转动自如		3	
9	连杆的安装	连杆安装正确，螺钉锁紧		3	
10	试运行	转动手轮，冲压系统运转平稳，无阻滞，无异响（若零件未装全，此项不得分）		10	

任务二

气动马达机构制作

学习目标

1. 能借助气动马达机构的零件图和装配图，描述气动马达机构的传动原理。

2. 能读懂气动马达机构零件图并分析各零件的加工工艺过程，正确选择刀具、工具、量具，对零件进行加工并检验加工质量。

3. 能按照气动马达机构装配图，制定装配工艺规程，确定装配方法，进行装配与调试并检测装配精度。

4. 能根据气动马达机构装配精度要求，分析零件的加工精度对机构装配质量的影响。

5. 能掌握气动马达机构的制作，学会各种配合的装配方法和应用场合。

6. 能在操作过程中严格遵守车间安全操作规程，做到安全文明生产。

相关知识

一、气动系统的特点

气压传动简称气动，是指以压缩空气为工作介质来传递动力和控制信号，控制和驱动各种机械和设备，以实现生产过程机械化、自动化的一种传动方式。

1. 气压传动的优点

（1）空气随处可取，取之不尽，节省了购买、储存、运输介质的费用和麻烦；用后的空气可直接排入大气，对环境无污染，处理方便，不必设置回收管路，因此也不存在介质变质、补充和更换等问题。

（2）因空气黏度低（约为液压油的万分之一），在管内流动阻力小，压力损失小，便于集中供气和远距离输送。

（3）与液压相比，气动反应快，动作迅速，维护简单，管路不易堵塞。

（4）气动元件结构简单，制造容易，易于标准化、系列化、通用化。

（5）气动系统对工作环境适应性好，特别在易燃、易爆、多尘埃、强磁、辐射、振动等恶劣环境下工作时，安全可靠性优于液压、电子和电气系统。

（6）空气具有可压缩性，使气动系统能够实现过载自动保护，也便于储气罐储存能量，以备急需。

2. 气压传动的缺点

（1）空气具有可压缩性，当载荷变化时，气动系统的动作稳定性差，但可以采用气液联动装置解决此问题。

（2）工作压力较低（一般为 0.4 ~ 0.8 MPa），输出功率较小。

（3）气信号传递的速度比光、电子速度慢，因此不宜用于要求高传递速度的复杂回路中，但对一般机械设备，气动信号的传递速度是能够满足要求的。

（4）排气噪声大，需加消声器。

二、弯曲成形时的中性层及最小弯曲半径

弯曲成形是指借助弯曲模具对某材料工件实施塑性变形的加工方法。弯曲成形加工主要针对板材、管材、型材和线材。

1. 中性层

弯曲成形时，工件的外侧部分区域延伸，与之相反，其内侧部分区域却被压紧，位于内外两个区域之间且长度在弯曲时不变化的区域称为中性层，如图 2-1 所示。

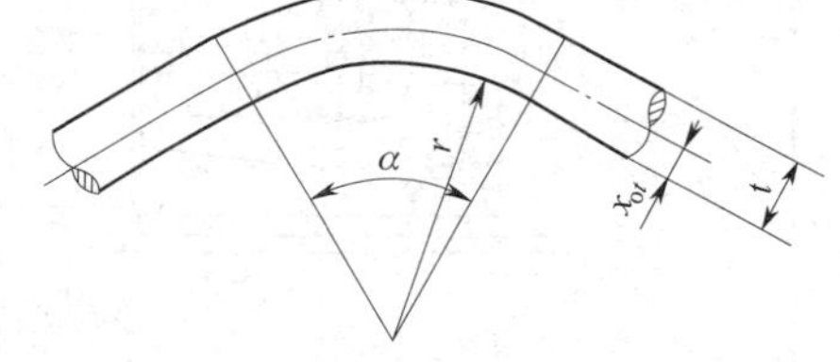

图 2-1　弯曲成形时中性层的位置

2. 最小弯曲半径

弯曲成形后位于弯曲部分内侧的半径称为弯曲半径。为了防止弯曲区域出现裂纹和横截面变形，板材或管材弯曲时都不允许超过最小弯曲半径。最小弯曲半径取决于材料特性及其厚度，见表 2-1。

表 2-1　各材料的最小弯曲半径

材料	板材 / mm	管材 / mm
钢	1 × 板材厚度	1.5 × 管径
铜	1.5 × 板材厚度	1.5 × 管径
铝	2 × 板材厚度	2.5 × 管径
铜 – 锌合金	2.5 × 板材厚度	2 × 管径

弯曲时不允许任意选择最小弯曲半径。弯曲板材时应尽可能垂直于轧制纹理方向。

任务布置

图 2-2 所示为气动马达机构装配图，由底座板等零件组成。根据装配精度要求、零件的结构、相互间的连接与配合，气动马达机构应分 3 部分进行装配工艺分析，一是运动部分的零件制作，包括气缸体、活塞、曲轴、曲柄、飞轮；二是支架

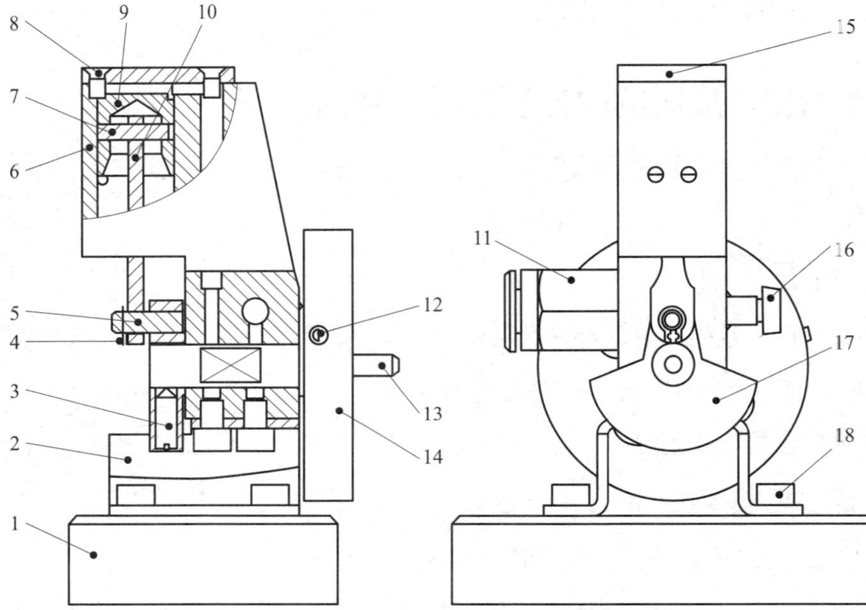

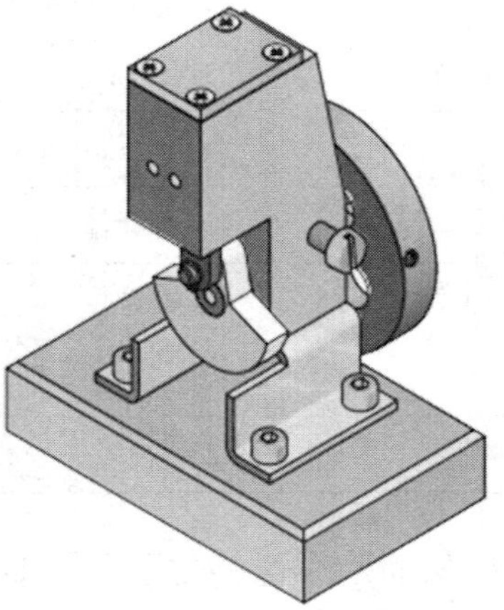

18	内六角螺钉M4×6	6	9	活塞	1
17	曲柄	1	8	沉头螺钉M3×6	4
16	圆柱头螺钉M5×16	1	7	活塞销	1
15	气缸盖板	1	6	气缸体	1
14	飞轮	1	5	连杆销	2
13	曲轴	1	4	弹性挡圈φ4	1
12	紧定螺钉M3×12	1	3	紧定螺钉M4×12	1
11	气动快速接头M5	1	2	支架	1
10	连杆	1	1	底座板	1
序号	零件代号	数量	序号	零件代号	数量

气动马达		比例	数量	材料
制图				
审核				

图 2-2　气动马达机构装配图

的制作；三是连杆销等其他零件的制作。各部分零件结构相互关联，在装配中相互影响，了解零件间的相互位置、配合间隙、结合面的松紧等，分析零件加工工艺，进行加工前的准备工作。

气动马达机构的零件有车铣复合加工件，也有折弯件，涉及多种机床加工及弯曲成形制作，在零件加工前，要确定零件的加工工艺规程。

课题一
气缸体等零件的制作

一、气缸体加工

气缸体是气动马达机构的主要零件，各面上的孔较多，加工过程中要注意各孔的位置正确，保证孔中心距的加工精度。图 2-3 所示为气缸体零件图，ϕ14H7 孔与活塞配合，ϕ8H7 孔与曲轴配合，两孔的加工精度直接影响装配精度。

1. 加工前准备工作

设备：立式铣床、砂轮机等。

辅具：机用虎钳、平行垫铁、铣夹头、钻夹头、锤子、活扳手、铰杠、毛刷、钢丝钳、油壶、寻边器、油石等。

量具：平板、百分表、游标卡尺、塞规、螺纹塞规等。

刀具：面铣刀、立铣刀、钻头、丝锥、锉刀等。

劳动防护用品：护目镜、工作服、工作鞋、工作帽等。

2. 零件加工

（1）检查毛坯尺寸为 70 mm × 45 mm × 25 mm，材料为 45 钢。

（2）用机用虎钳找正并装夹。

（3）铣外形。

1）粗加工图样上两侧面的高度 20 mm 尺寸至 21 mm。

2）夹持两侧面，粗加工图样上 40 mm 尺寸至 41 mm，粗加工图样上 62 mm 尺寸至 63 mm。

3）半精加工图样上两侧面的高度 20 mm 尺寸至 20.5 mm，翻转工件精加工至 20 mm。

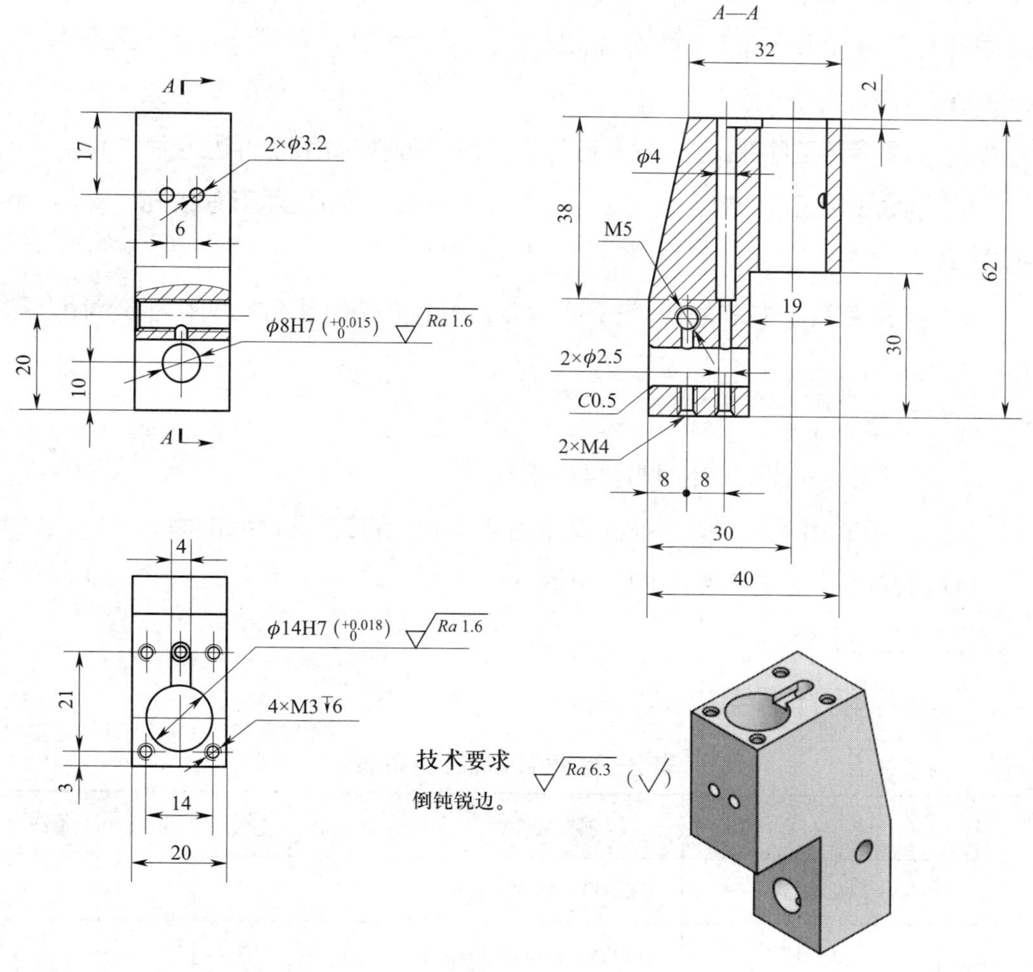

图 2-3　气缸体零件图

4）半精加工图样上两侧面的高度 40 mm 尺寸至 40.5 mm，翻转工件精加工至 40 mm。

5）半精加工图样上 62 mm 尺寸至 62.5 mm，翻转工件精加工至 62 mm。

6）在 38 mm 处划斜面加工线，按所划加工线找正，加工斜面，保证图样上 38 mm 和 32 mm 尺寸。

7）夹持 20 mm 宽两侧面，加工台阶面至图样要求，保证图样上 19 mm 和 30 mm 尺寸。

（4）钻孔。

1）夹持工件并找正。

2）钻底孔后铰 ϕ 8H7 通孔。

3）将工件旋转 90° 夹持，钻底孔后铰 ϕ14H7 通孔，保证 ϕ14H7 孔径尺寸，钻底孔后攻 4 个 M3 深 6 mm 螺纹孔，钻 ϕ4 mm 孔，保证 ϕ4 mm 孔深度为 38 mm。

4）翻面夹持工件并找正，钻 M5 通孔，保证孔中心线到工件边距为 8 mm。

5）翻面夹持工件并找正，钻 2 个 ϕ2.5 mm 孔，分别与 M5 螺纹孔、ϕ4 mm 孔钻通。

6）翻面夹持工件并找正，钻 2 个 ϕ3.2 mm 孔，保证孔中心距为 6 mm，孔边距为 17 mm。

（5）铣槽。

1）装夹工件并找正，用寻边器寻边分中。

2）铣 40 mm × 20 mm 平面上宽度为 4 mm、深度为 2 mm 的槽。

（6）倒钝锐边，孔口倒角 *C*0.5 mm。

3. 加工评价

气缸体加工评价见表 2-2。

表 2-2　气缸体加工评价表

序号	项目	项目要求	实测结果	配分	得分	备注
1	ϕ8H7	ϕ8.000 ~ 8.015 mm		5		
2	ϕ14H7	ϕ14.000 ~ 14.018 mm		5		
3	62 mm	61.85 ~ 62.15 mm		5		
4	40 mm	39.85 ~ 40.15 mm		5		
5	20 mm	19.90 ~ 20.10 mm		5		
6	4 mm（槽宽）	3.95 ~ 4.05 mm		5		
7	2 mm（槽深）	1.95 ~ 2.05 mm		5		
8	21 mm（孔中心距）	20.90 ~ 21.10 mm		5		
9	14 mm（孔中心距）	13.90 ~ 14.10 mm		5		
10	3 mm（孔边距）	2.95 ~ 3.05 mm		5		
11	8 mm（孔边距）	7.90 ~ 8.10 mm		5		

续表

序号	项目	项目要求	实测结果	配分	得分	备注
12	8 mm（孔中心距）	7.90 ~ 8.10 mm		5		
13	30 mm（孔边距）	29.90 ~ 30.10 mm		5		
14	17 mm（孔边距）	16.90 ~ 17.10 mm		5		
15	6 mm（孔中心距）	5.95 ~ 6.05 mm		5		
16	10 mm（孔边距）	9.90 ~ 10.10 mm		5		
17	ϕ3.2 mm（2 处）	ϕ3.15 ~ 3.25 mm		5		
18	M3 × 6（4 处）			5		
19	M4（2 处）			5		
20	M5			5		
21	安全文明生产	是否遵守车间安全操作规程	是 / 否	不符合要求酌情扣分		

二、活塞加工

活塞是气动马达机构实现运转的核心零件，图 2-4 所示为活塞零件图，ϕ14g6 外圆表面与气缸体的 ϕ14H7 孔的配合，实现活塞运动。加工时要注意 ϕ14g6 外圆表面尺寸精度不要超差。活塞材料为黄铜，在装夹、找正和加工过程中要防止变形。

1. 加工前准备工作

设备：卧式车床、钻床、砂轮机等。

辅具：卡盘扳手、刀架扳手、加力杆、活扳手、内六角扳手、钻夹头、锤子、毛刷、钢丝钳、垫刀片、油壶、油石等。

量具：精密平板、百分表、外径千分尺、游标卡尺、塞规等。

刀具：外圆车刀、倒角刀、镗孔刀、钻头、锉刀等。

劳动防护用品：护目镜、工作服、工作鞋、工作帽等。

2. 零件加工

（1）检查毛坯尺寸为 ϕ20 mm × 30 mm，材料为黄铜。

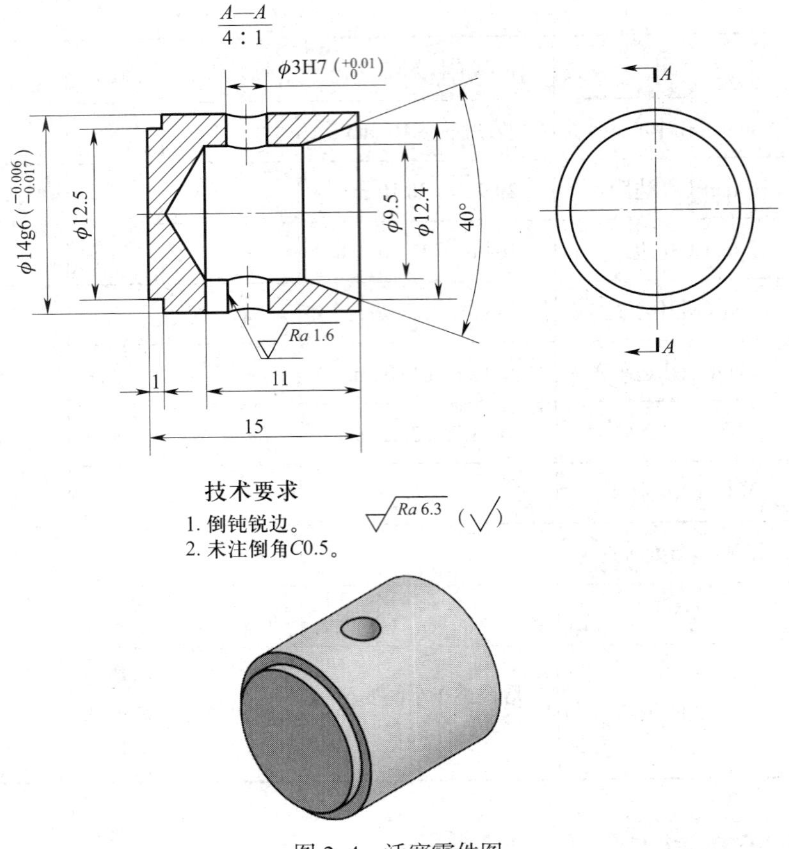

图 2-4　活塞零件图

（2）车削加工工序。

1）夹持毛坯，工件伸出三爪自定心卡盘 10 mm，车台阶 φ18 mm×5 mm。

2）夹持台阶 φ18 mm×5 mm，粗加工图样上外圆尺寸 φ14g6 至 φ15 mm；车端面，保证外圆长度为 20 mm。

3）钻中心孔定位，钻 φ9.5 mm 孔，孔深 11 mm，镗 20° 锥度孔至图样要求。

4）精加工外圆 φ14g6 至图样要求。

5）在 15 mm 的长度上车槽，保证外圆尺寸 φ12.5 mm。

6）切断，保证总长 15 mm。

（3）钻孔。

1）夹持两端面，找正、寻边。

2）钻底孔后铰 φ3H7 孔，保证孔径尺寸。

3）倒钝锐边，孔口倒角 C0.5 mm。

3. 加工评价

活塞加工评价见表 2-3。

表 2-3 活塞加工评价表

序号	项目	项目要求	实测结果	配分	得分	备注
1	ϕ14g6	ϕ13.983 ~ 13.994 mm		20		
2	ϕ3H7	ϕ3.000 ~ 3.010 mm		20		
3	ϕ12.5 mm	12.40 ~ 12.60 mm		10		
4	ϕ9.5 mm	9.40 ~ 9.60 mm		10		
5	ϕ12.4 mm	12.30 ~ 12.50 mm		10		
6	11 mm	10.90 ~ 11.10 mm		10		
7	15 mm	14.90 ~ 15.10 mm		10		
8	1 mm	0.95 ~ 1.05 mm		5		
9	安全文明生产	是否遵守车间安全操作规程	是 / 否	5		

三、曲轴加工

图 2-5 所示为曲轴零件图，曲轴零件装配时，ϕ 8h6 外圆表面与气缸体零件的 ϕ 8H7 孔配合，左、右两端分别装入曲柄和飞轮，加工时注意保证 ϕ 8h6 外圆表面的尺寸精度。2 个 ϕ 3.2 mm 孔垂直相交，加工时要防止“扎刀”现象。

1. 加工前准备工作

设备：卧式车床、立式铣床、砂轮机等。

辅具：卡盘扳手、刀架扳手、加力杆、活扳手、内六角扳手、铣夹头、钻夹头、锤子、机用虎钳、平行垫铁、毛刷、钢丝钳、垫刀片、油壶、油石等。

量具：平板、百分表、外径千分尺、游标卡尺等。

刀具：外圆车刀、倒角刀、立铣刀、锉刀等。

劳动防护用品：护目镜、工作服、工作鞋、工作帽等。

2. 零件加工

（1）检查毛坯尺寸为 ϕ 12 mm × 55 mm，材料为 45 钢。

（2）车削加工工序。

1）夹持毛坯，工件伸出三爪自定心卡盘 15 mm，车台阶 ϕ 10 mm × 5 mm。

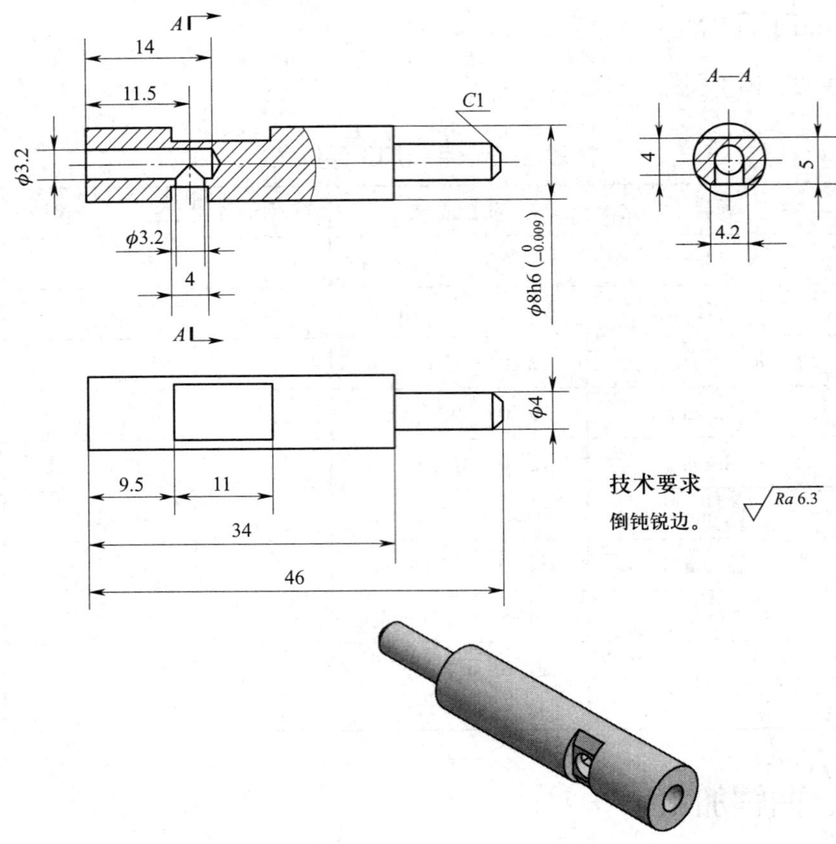

图 2-5　曲轴零件图

2）夹持台阶 ϕ10 mm×5 mm，并找正。

3）粗车图样上 ϕ8h6 外圆尺寸至 ϕ9 mm，车端面，长 47 mm。

4）粗车图样上 ϕ4 mm 外圆至 ϕ5 mm，长 12 mm。

5）精车 ϕ8h6 外圆至图样要求。

6）精车 ϕ4 mm 外圆至图样要求，并倒角 C1 mm。

7）夹持 ϕ8h6 外圆，找正，车端面，保证 34 mm、46 mm 尺寸。

8）钻 ϕ3.2 mm 孔，孔深 14 mm。

（3）铣削加工工序。

1）铣床安装分度头并找正。

2）夹持 ϕ8h6 外圆并找正，铣 11 mm 平面，保证 9.5 mm 尺寸，加工时注意保证间接计算得出的平面深度尺寸。

3）工件旋转 180°，铣 4 mm 槽，保证 9.5 mm、5 mm 尺寸。加工槽边倒角，保证 4 mm、4.2 mm 尺寸。

4）钻 ϕ3.2 mm 孔，与轴向 ϕ3.2 mm 孔相交。

5）倒钝锐边，孔口倒角 C0.5 mm。

3. 加工评价

曲轴加工评价见表 2-4。

表 2-4 曲轴加工评价表

序号	项目	项目要求	实测结果	配分	得分	备注
1	ϕ4 mm	ϕ3.95 ~ 4.05 mm		10		
2	ϕ8h6	ϕ7.991 ~ 8.000 mm		15		
3	9.5 mm	9.4 ~ 9.6 mm		10		
4	34 mm	33.85 ~ 34.15 mm		10		
5	46 mm	45.85 ~ 46.15 mm		10		
6	11 mm	10.90 ~ 11.10 mm		10		
7	5 mm	4.95 ~ 5.05 mm		10		
8	ϕ3.2 mm	ϕ3.15 ~ 3.25 mm		5		
9	ϕ3.2 mm（轴向）	ϕ3.15 ~ 3.25 mm		10		
10	安全文明生产	是否遵守车间安全操作规程	是 / 否	10		

四、曲柄加工

曲柄零件在车削加工后进行钳加工，图 2-6 所示为曲柄零件图，ϕ8H7 孔与曲轴 ϕ8h6 外圆表面配合，ϕ4H7 孔与连杆销配合，加工时注意两孔尺寸精度。

1. 加工前准备工作

设备：卧式车床、砂轮机等。

辅具：卡盘扳手、刀架扳手、加力杆、活扳手、内六角扳手、钻夹头、锤子、毛刷、钢丝钳、垫刀片、油壶、油石等。

量具：平板、游标卡尺、塞规、半径样板、螺纹塞规等。

刀具：外圆车刀、倒角刀、镗孔刀、锉刀、钻头、手锯、丝锥等。

劳动防护用品：护目镜、工作服、工作鞋、工作帽等。

2. 零件加工

（1）检查毛坯尺寸为 ϕ40 mm×20 mm，材料为 45 钢。

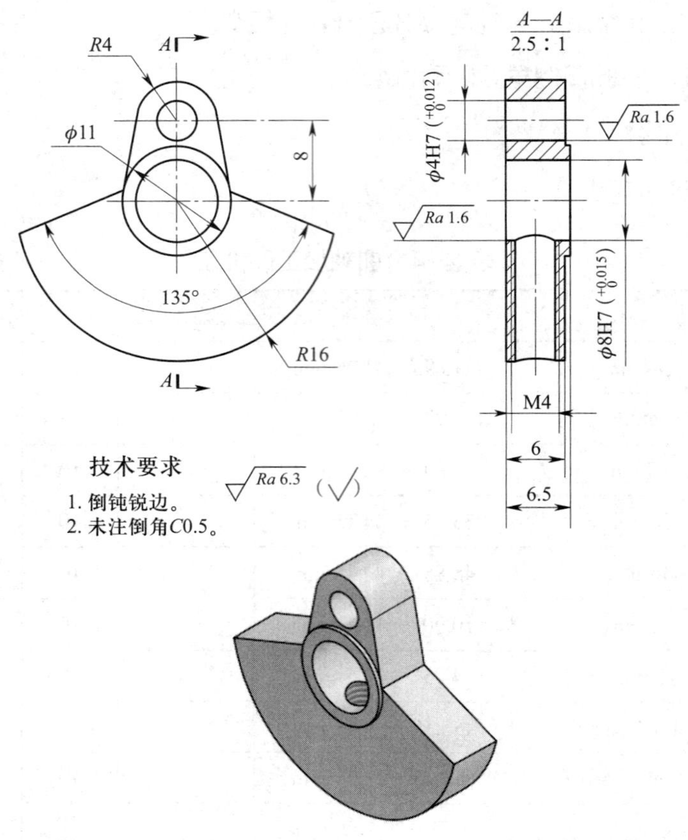

图 2-6　曲柄零件图

（2）车削加工工序。

1）夹持毛坯，工件伸出三爪自定心卡盘 10 mm，车台阶 ϕ35 mm × 5 mm。

2）夹持台阶 ϕ35 mm × 5 mm 并找正，车 ϕ32 mm 外圆至要求，车端面及 ϕ11 mm 端面圆台至图样要求。

3）中心钻定位，钻底孔后铰 ϕ8H7 孔至图样要求。

4）夹持 ϕ32 mm 外圆并找正，车端面，加工 6.5 mm 尺寸至图样要求。

（3）钳加工工序。

1）在钻床上钻铰 ϕ4H7 孔，保证孔距 8 mm。

2）钳加工扇形外轮廓，加工 R4 mm 圆弧，光滑过渡。

3）钻底孔后攻 M4 螺纹孔。

4）倒钝锐边，孔口倒角 C0.5 mm。

3. 加工评价

曲柄加工评价见表 2-5。

表 2-5　曲柄加工评价表

序号	项目	项目要求	实测结果	配分	得分	备注
1	ϕ4H7	ϕ4.000 ~ 4.012 mm		20		
2	ϕ8H7	ϕ8.000 ~ 8.015 mm		20		
3	*R*16 mm	15.90 ~ 16.10 mm		10		
4	8 mm	7.90 ~ 8.10 mm		10		
5	6 mm	5.95 ~ 6.05 mm		5		
6	6.5 mm	6.40 ~ 6.60 mm		10		
7	*R*4 mm	3.95 ~ 4.05 mm		10		
8	M4			10		
9	安全文明生产	是否遵守车间安全操作规程	是 / 否	5		

五、飞轮加工

气动马达机构依靠飞轮的惯性克服死点位置，图 2-7 所示为飞轮零件图，ϕ8H7 孔与曲轴配合，在加工时要注意保证尺寸精度。ϕ50 mm、ϕ36 mm、ϕ8H7 尺寸一次装夹加工完成，在钻床上钻 ϕ10 mm 通孔时，孔的位置要均布。

1. 加工前准备工作

设备：卧式车床、钻床、砂轮机等。

辅具：卡盘扳手、刀架扳手、加力杆、活扳手、内六角扳手、钻夹头、锤子、毛刷、钢丝钳、垫刀片、油壶、油石等。

量具：平板、游标卡尺、塞规等。

刀具：外圆车刀、倒角刀、镗孔刀、钻头、锉刀、丝锥等。

劳动防护用品：护目镜、工作服、工作鞋、工作帽等。

2. 零件加工

（1）检查毛坯尺寸为 ϕ60 mm × 20 mm，材料为 45 钢。

（2）车削加工工序。

1）夹持毛坯，工件伸出三爪自定心卡盘 10 mm，车台阶 ϕ55 mm × 5 mm。

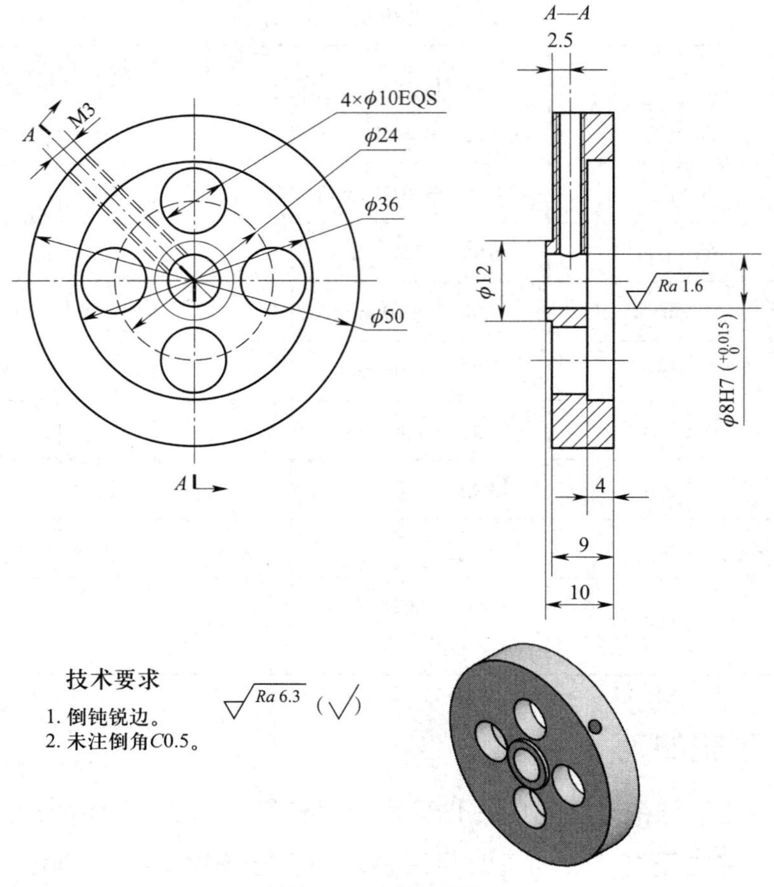

图 2-7　飞轮零件图

2）夹持台阶 ϕ55 mm×5 mm 并找正，车 ϕ50 mm 外圆至图样要求，车端面。

3）镗削台阶 ϕ36 mm 孔及 4 mm 深度至图样要求。

4）中心钻定位，钻铰 ϕ8H7 孔至图样要求。

5）夹持 ϕ50 mm 外圆并找正，车端面，保证图样上 10 mm 尺寸，车 ϕ12 mm 台阶，保证图样上 9 mm 尺寸。

（3）钳加工工序。

1）在钻床上钻 4 个 ϕ10 mm 通孔。

2）钻、攻 M3 螺纹通孔。

3）倒钝锐边，孔口倒角 *C*0.5 mm。

3. 加工评价

飞轮加工评价见表 2-6。

表 2-6　飞轮加工评价表

序号	项目	项目要求	实测结果	配分	得分	备注
1	ϕ10 mm（4 处）	ϕ9.90 ~ 10.10 mm		12		
2	ϕ8H7	ϕ8.000 ~ 8.015 mm		15		
3	ϕ12 mm	ϕ11.90 ~ 12.10 mm		10		
4	ϕ24 mm	ϕ23.90 ~ 24.10 mm		10		
5	ϕ36 mm	ϕ35.90 ~ 36.10 mm		10		
6	ϕ50 mm	ϕ49.90 ~ 50.10 mm		10		
7	4 mm	3.95 ~ 4.05 mm		10		
8	9 mm	8.90 ~ 9.10 mm		10		
9	10 mm	9.90 ~ 10.10 mm		10		
10	安全文明生产	是否遵守车间安全操作规程	是 / 否	3		

课题二
支架的制作

一、板料弯形

尺寸不大、形状不太复杂的板料、条料等单件或少量制件的弯形，可在台虎钳上进行操作，如图 2–8 所示为板料在台虎钳上弯形的方法。弯形时应注意装夹方法和锤击部位。当弯折工件在钳口以上较长或板料较薄时，应用手压住工件上部，用木锤在靠近弯曲的部位轻轻敲打，否则，易使板料非弯曲部位变形。

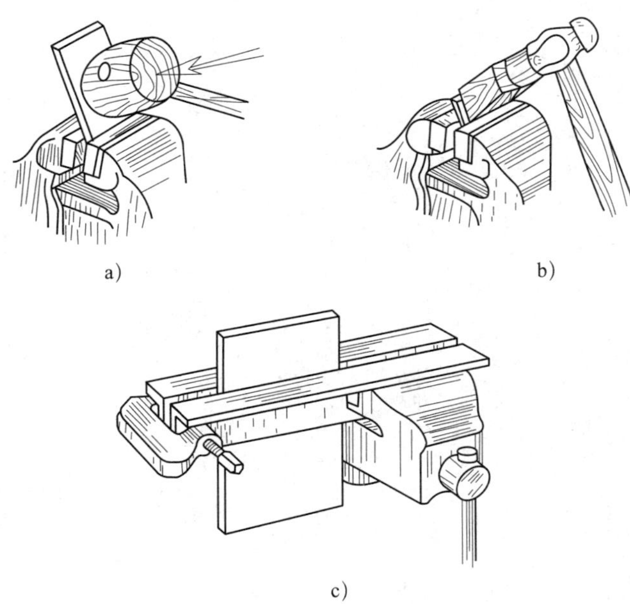

图 2–8　板料在台虎钳上弯形的方法

a）用木锤弯形　b）用钢锤弯形　c）长板料弯形安装

二、支架加工

图 2–9 所示为支架零件图。

1. 加工前准备工作

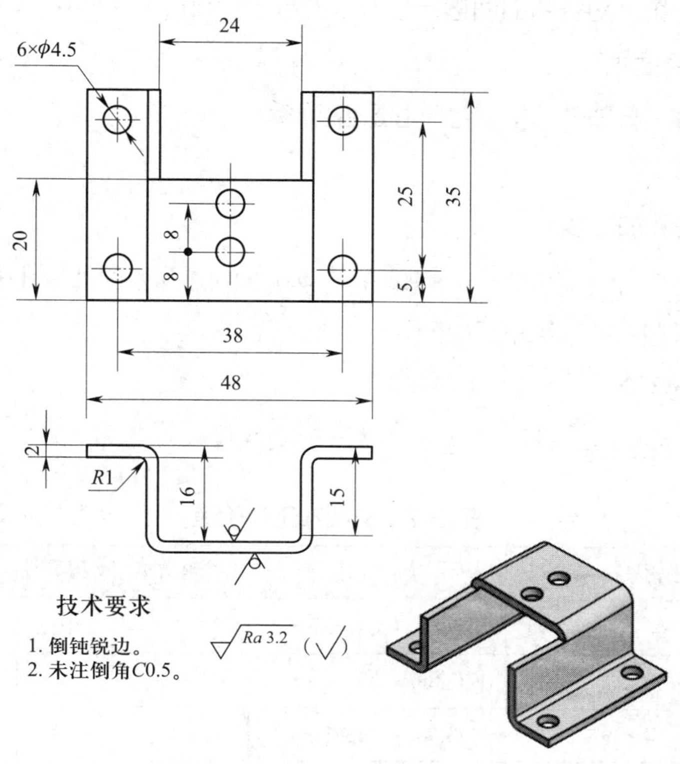

图 2-9 支架零件图

设备：剪板机、钻床、砂轮机等。

辅具：机用虎钳、平行垫铁、钻夹头、锤子、活扳手、毛刷、钢丝钳、油壶、油石等。

量具：平板、直角尺、游标卡尺等。

刀具：锉刀、钻头等。

劳动防护用品：护目镜、工作服、工作鞋、工作帽等。

2. 零件加工

（1）检查毛坯尺寸为 77 mm × 35 mm × 2 mm，材料为 Q235 钢。

（2）下料。

1）根据零件图要求，计算展开图尺寸。

2）剪板机下料，保证外形尺寸。

（3）钳加工工序。

1）根据零件展开图，钳加工图样上 24 mm 处的缺口。

2）划出各弯形尺寸线。

3）在台虎钳上对各弯曲面进行弯形，先弯 24 mm 内腔尺寸，再弯 48 mm 外形尺寸，保证各面垂直。

4）对工件进行整形，检查各尺寸是否合格。

（4）钻孔。

1）划出各孔加工线。

2）先钻 2 个 ϕ4.5 mm 孔，再钻 4 个 ϕ4.5 mm 孔，保证各孔中心距尺寸。

3）倒钝锐边，孔口倒角 C0.5 mm。

3. 加工评价

支架加工评价见表 2–7。

表 2–7　支架加工评价表

序号	项目	项目要求	实测结果	得分	配分	备注
1	48 mm	47.85 ~ 48.15 mm		10		
2	38 mm	37.85 ~ 38.15 mm		5		
3	24 mm	23.90 ~ 24.10 mm		10		
4	8 mm（孔距）	7.90 ~ 8.10 mm		15		
5	8 mm（孔边距）	7.90 ~ 8.10 mm		15		
6	35 mm	34.85 ~ 35.15 mm		10		
7	25 mm	24.90 ~ 25.10 mm		5		
8	ϕ4.5 mm（6 处）	ϕ4.45 ~ 4.55 mm		25		
9	安全文明生产	是否遵守车间安全操作规程	是 / 否	5		

课题三
连杆销等零件的制作

一、连杆销加工

如图 2-10 所示，连杆销外圆为 ϕ4m6，因直径较小，有一定的加工难度，可用 ϕ4m6 圆柱销改制。

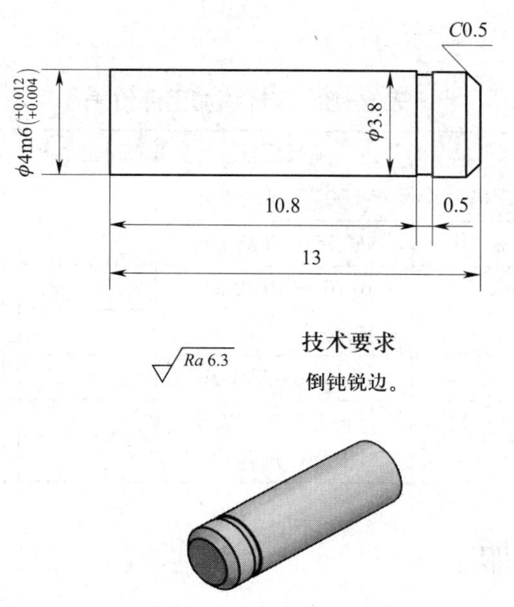

图 2-10　连杆销零件图

1. 加工前准备工作

设备：卧式车床、砂轮机等。

辅具：卡盘扳手、刀架扳手、加力杆、活扳手、内六角扳手、钻夹头、锤子、毛刷、钢丝钳、垫刀片、油壶、油石等。

量具：平板、百分表、外径千分尺、游标卡尺等。

刀具：外圆车刀、倒角刀、锉刀、车槽刀等。

劳动防护用品：护目镜、工作服、工作鞋、工作帽等。

2. 零件加工

（1）检查毛坯尺寸为 ϕ10 mm×30 mm，材料为 45 钢。

（2）车削加工工序。

1）夹持毛坯并找正，工件伸出三爪自定心卡盘 20 mm，粗加工图样上 ϕ4m6 外圆尺寸至 ϕ5 mm；车端面，至长 15 mm。

2）精加工外圆至 ϕ4m6 尺寸，倒角 C0.5 mm。

3）车 0.5 mm 槽，保证 ϕ3.8 mm 尺寸。

4）切断，保证 13 mm 尺寸。

5）倒钝锐边。

3. 加工评价

连杆销加工评价见表 2-8。

表 2-8　连杆销加工评价表

序号	项目	项目要求	实测结果	配分	得分	备注
1	ϕ4m6	ϕ4.004 ~ 4.012 mm		20		
2	ϕ3.8 mm	ϕ3.75 ~ 3.85 mm		20		
3	10.8 mm	10.70 ~ 10.90 mm		20		
4	13 mm	12.90 ~ 13.10 mm		15		
5	0.5 mm	0.45 ~ 0.55 mm		20		
6	安全文明生产	是否遵守车间安全操作规程	是 / 否	5		

二、活塞销加工

图 2-11 所示为活塞销零件图，其加工方法与连杆销相同，也可由 ϕ4m6 圆柱销改制。

三、连杆加工

连杆零件外形尺寸较小，不易铣削加工，因此采用钳加工方法制作，锉削时要保证各面尺寸精度，表面锉纹一致，钻铰 ϕ3F8、ϕ4F8 孔时，孔口应去毛刺，以防影响装配精度。图 2-12 所示为连杆零件图。

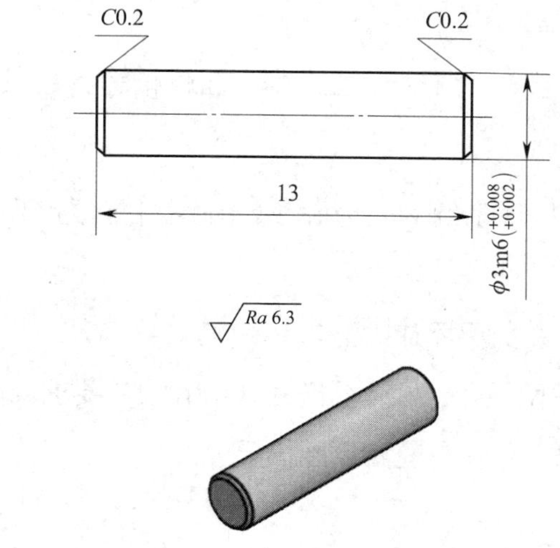

图 2–11　活塞销零件图

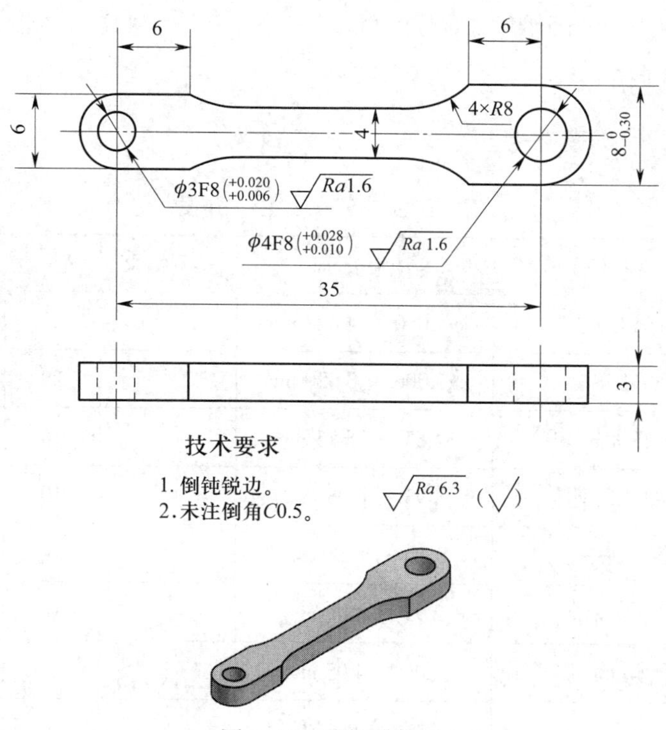

图 2–12　连杆零件图

1. 加工前准备工作

设备：钻床、砂轮机等。

辅具：机用虎钳、平行垫铁、钻夹头、锤子、活扳手、毛刷、油壶、倒角器、油石等。

量具：平板、直角尺、游标卡尺等。

刀具：锉刀、钻头等。

劳动防护用品：护目镜、工作鞋、工作服、工作帽等。

2. 零件加工

（1）检查毛坯尺寸为 50 mm×10 mm×5 mm，材料为 45 钢。

（2）钳加工工序。

1）检查毛坯尺寸，装夹毛坯并找正。

2）锉削连杆上、下两平面，保证图样上 3 mm 尺寸要求。

3）划外轮廓加工线，锉削外轮廓至图样要求。

（3）钻铰孔。

1）钻铰 ϕ3F8、ϕ4F8 孔，保证孔径尺寸精度及两孔中心距 35 mm。

2）倒钝锐边，孔口倒角 C0.5 mm。

3. 加工评价

连杆加工评价见表 2-9。

表 2-9　连杆加工评价表

序号	项目	项目要求	实测结果	配分	得分	备注
1	ϕ4F8	ϕ4.010 ~ 4.028 mm		20		
2	ϕ3F8	ϕ3.006 ~ 3.020 mm		20		
3	35 mm	34.85 ~ 35.15 mm		15		
4	6 mm（2 处）	5.95 ~ 6.05 mm		10		
5	$8_{-0.30}^{0}$ mm	7.70 ~ 8 .00 mm		10		
6	3 mm	2.95 ~ 3.05 mm		10		
7	4 mm	3.95 ~ 4.05 mm		10		
8	安全文明生产	是否遵守车间安全操作规程	是 / 否	5		

四、气缸盖板加工

气缸盖板结构简单，采用钳加工方法制作，图 2-13 所示为气缸盖板零件图，4 个 ϕ3.2 mm 孔与气缸体上表面通过 4 个 M3 螺钉固定在一起，钻孔时注意孔距尺寸精度。

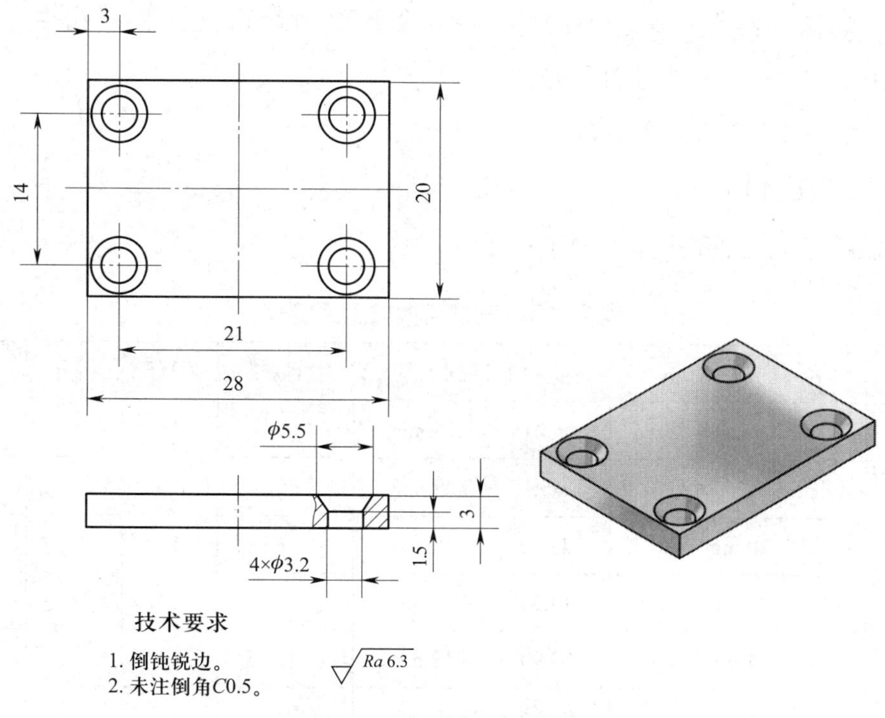

图 2–13　气缸盖板零件图

1. 加工前准备工作

设备：钻床、砂轮机等。

辅具：机用虎钳、平行垫铁、钻夹头、锤子、活扳手、毛刷、钢丝钳、油壶、倒角器、油石等。

量具：平板、直角尺、游标卡尺等。

刀具：锉刀、钻头等。

劳动防护用品：护目镜、工作服、工作鞋、工作帽等。

2. 零件加工

（1）检查毛坯尺寸为 30 mm × 25 mm × 5 mm，材料为 45 钢。

（2）钳加工外轮廓。

1）检查毛坯尺寸，装夹毛坯并找正。

2）锉削气缸盖板上、下两平面，保证平面度小于等于 0.05 mm、两面间平行度及图样上 3 mm 尺寸要求。

3）划外轮廓加工线，锉外轮廓，保证图样尺寸 20 mm、28 mm。

（3）钻孔及锪孔。

1）划线，钻 4 个 ϕ3.2 mm 孔，锪 4 个 ϕ5.5 mm 沉孔，保证孔中心距为 14 mm 和 21 mm，孔边距为 3 mm。

2）倒钝锐边，孔口倒角 C0.5 mm。

3. 加工评价

气缸盖板加工评价见表 2–10。

表 2–10　气缸盖板加工评价表

序号	项目	项目要求	实测结果	配分	得分	备注
1	ϕ3.2 mm（4 处）	ϕ3.15 ~ 3.25 mm		10		
2	ϕ5.5 mm（4 处）	ϕ5.15 ~ 5.25 mm		10		
3	28 mm	27.90 ~ 28.10 mm		15		
4	20 mm	19.90 ~ 20.10 mm		15		
5	14 mm	13.90 ~ 14.10 mm		10		
6	21 mm	20.90 ~ 21.10 mm		10		
7	3 mm	2.95 ~ 3.05 mm		10		
8	3 mm（孔边距）	2.95 ~ 3.05 mm		15		
9	安全文明生产	是否遵守车间安全操作规程	是 / 否	5		

五、底座板加工

如图 2–14 所示，底座板外形为六面体，装配时支架与底座板用四个 M4 内六角螺钉连接，加工时注意保证孔距尺寸精度。底座板零件铣削加工工艺简单，也可以用钳加工方法制作。

1. 加工前准备工作

设备：立式铣床、砂轮机等。

辅具：机用虎钳、平行垫铁、铣夹头、钻夹头、锤子、活扳手、铰杠、毛刷、钢丝钳、油壶、寻边器、油石等。

量具：精密平板、直角尺、百分表、游标卡尺、螺纹塞规等。

刀具：面铣刀、立铣刀、钻头、锉刀、丝锥等。

劳动防护用品：护目镜、工作服、工作鞋、工作帽等。

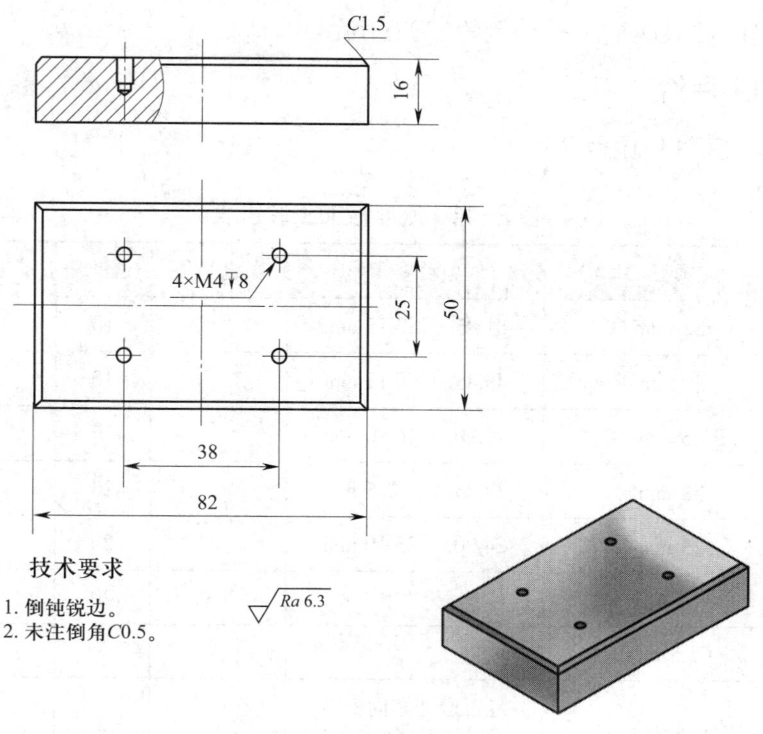

图 2-14　底座板零件图

2. 零件加工

（1）检查毛坯尺寸为 86 mm × 55 mm × 20 mm，材料为 45 钢。

（2）用机用虎钳找正。

（3）铣外轮廓。

1）粗加工底座板上、下两平面，加工图样上 16 mm 尺寸至 17 mm。

2）夹持底座板上、下两平面，粗加工图样上 50 mm 尺寸至 51 mm。

3）翻转 90°夹持工件，粗加工图样上 82 mm 尺寸至 83 mm，保证侧面与上、下两平面间的垂直度。

4）精加工图样上 16 mm 尺寸至 16.5 mm，翻转工件精加工至 16 mm。

5）精加工图样上 50 mm 尺寸至 50.5 mm，翻转工件精加工至 50 mm。

6）精加工图样上 82 mm 尺寸至 82.5 mm，翻转工件精加工至 82 mm。

（4）钻孔。

1）寻边，用中心钻定位，钻 4 个 M4 螺纹孔底孔，底孔直径为 3.3 mm，保证孔中心距分别为 25 mm、38 mm。

2）钻、攻 4 个 M4 螺纹孔，深度为 8 mm。

（5）倒角 $C1.5$ mm，孔口倒角 $C0.5$ mm。

3. 加工评价

底座板加工评价见表 2-11。

表 2-11　底座板加工评价表

序号	项目	项目要求	实测结果	配分	得分	备注
1	82 mm	81.85 ~ 82.15 mm		10		
2	50 mm	49.85 ~ 50.15 mm		10		
3	16 mm	15.90 ~ 16.10 mm		10		
4	38 mm	37.85 ~ 38.15 mm		20		
5	25 mm	24.90 ~ 25.10 mm		20		
6	M4（4 处）			20		
7	$C1.5$ mm			5		
8	安全文明生产	是否遵守车间安全操作规程	是 / 否	5		

课题四
气动马达机构的装配与调整

一、装配前准备工作

装配前要研究和熟悉气动马达机构装配图和装配技术要求，了解气动马达机构的结构，各零件的作用及连接关系，确定装配方法，制定装配工艺规程。

气动马达机构装配前准备工作包括清点零件（表 2–12）、标准件（表 2–13），准备工具、量具（表 2–14）。装配过程中要认真检查零件和标准件的品种、数量、质量和规格是否符合要求，以免在装配过程中发现零件质量不合格或发生安全事故。

表 2–12　气动马达机构零件的准备

序号	零件名称	材料	数量
1	底座板	45 钢	1
2	支架	Q235 钢	1
3	连杆销	45 钢	2
4	气缸体	45 钢	1
5	活塞销	45 钢	1
6	活塞	黄铜	1
7	连杆	45 钢	1
8	曲轴	45 钢	1
9	飞轮	45 钢	1
10	气缸盖板	45 钢	1
11	曲柄	45 钢	1

表 2-13　气动马达机构标准件的准备

序号	名称	规格	数量
1	沉头螺钉	M3 × 6	4
2	紧定螺钉	M3 × 12	1
3	圆柱头螺钉	M5 × 16	1
4	内六角螺钉	M4 × 6	6
5	紧定螺钉	M4 × 12	1
6	气动快速接头	M5	1
7	弹性挡圈	$\phi 4$	1

表 2-14　工具、量具的准备

序号	名称	规格	数量
1	手电钻		1
2	活扳手	12 in	1
3	内六角扳手	3 ~ 12 mm	1 套
4	锤子（或铜棒）	0.5 ~ 1 kg	1
5	锉刀		1
6	铰杠		1
7	C 形夹头	100 mm	1
8	防锈清洗剂		1
9	油枪		1
10	油石		1
11	毛刷		1
12	护目镜		1
13	刀口形直角尺	200 mm，1 级	1
14	杠杆百分表及表座	0 ~ 0.8 mm，精度 0.01 mm	1
15	数显卡尺	0 ~ 200 mm，精度 0.01 mm	1
16	数显深度卡尺	0 ~ 200 mm，精度 0.01 mm	1
17	钢直尺	0 ~ 300 mm	1
18	塞尺	0.02 ~ 0.5 mm	1

二、气动马达机构的装配

1. 装配工艺分析

图 2-2 所示为气动马达机构装配图，气动马达机构是压缩空气通过气动快速接头进入气缸体，推动活塞沿着气缸体的配合孔上、下运动的一个气动运动装置。活塞与气缸体的配合精度直接影响气动马达机构的装配精度，因此在装配前要对活塞与气缸体进行精度检测并做好误差记录，必要时要进行配研，以达到配合精度。

活塞通过连杆，推动曲柄转动，曲柄带动飞轮转动，通过飞轮的惯性克服死点位置，因此机构中各运动部件都要灵活可靠，装配时要测量各配合部位的精度，必要时进行修配，达到装配精度。

2. 装配与调整

（1）配合件试装。

一是运动部分配合的零件，包括气缸体、活塞、曲轴、曲柄、飞轮等；二是与底座板、支架等相互连接的零件都要进行试装。

1）活塞与气缸体的试装。

2）曲轴两端分别与飞轮、曲柄试装。

3）活塞销、连杆销试装。

4）支架与底座板、气缸体试装。

（2）装配。

1）将曲轴装入气缸体，一端装上曲柄，用紧定螺钉（M4×12）固定，另一端装上飞轮，检查曲轴在气缸体配合孔内是否转动灵活。

2）将活塞与连杆通过活塞销连接后，装入气缸体的活塞孔中，要求移动灵活，间隙为 0.01 ~ 0.04 mm，可以配研至要求。

3）将连杆与曲柄通过连杆销连接在一起，转动曲柄，活塞移动灵活，曲轴转动灵活，将弹性挡圈安装在连杆销上，将气缸盖板装在气缸体上，用沉头螺钉（M3×6）固定。

4）将支架与气缸体底部通过 2 个内六角螺钉（M4×6）连接在一起，再将支架装在底座板上，用 4 个内六角螺钉（M4×6）固定。在气缸体上装上圆柱头螺钉（M5×16）和气动快速接头（M5）。

3. 装配后清理

清除在装配时产生的金属切屑，如配钻孔、铰孔、攻螺纹等加工后残存的切屑和油污等。

4. 试运行

转动部位加注润滑油，转动飞轮，检查各传动件是否运行正常，通试运行，检验是否达到装配技术要求。

三、装配评价

气动马达机构装配评价见表 2-15。

表 2-15 气动马达机构装配评价表

序号	评价内容	装配要求	实测结果	配分	得分
1	零件清理	零件的清洗、清理、去毛刺		10	
2	零件精度检测	根据装配图和零件图要求检查装配零件的主要尺寸精度，并做好记录		15	
3	试装	活塞与气缸体的试装，要求全长上移动灵活、无阻滞 曲轴两端分别与飞轮、曲柄试装 活塞销、连杆销试装 支架与底座板、气缸体试装，安装孔与螺纹孔对齐		20	
4	装配	（1）曲轴在气缸体配合孔内是否转动灵活 （2）将活塞与连杆通过活塞销连接后，装入气缸体的活塞孔中，要求移动灵活，间隙为 0.01 ~ 0.04 mm （3）将连杆与曲柄通过连杆销连接在一起，转动曲柄，活塞移动灵活，曲轴转动灵活，将弹性挡圈安装在连杆销上，将气缸盖板装在气缸体上，用沉头螺钉（M3 × 6）固定 （4）将支架与气缸体底部通过 2 个内六角螺钉（M4 × 6）连接在一起，再将支架装在底座板上，用 4 个内六角螺钉（M4 × 6）固定。在气缸体上装上圆柱头螺钉（M5 × 16）和气动快速接头		30	

续表

序号	评价内容	装配要求	实测结果	配分	得分
5	试运转	（1）检查各零件安装是否正确，各螺钉是否拧紧，定位销安装是否牢靠 （2）清洁气动马达机构，各运动部分加注润滑油 （3）转动飞轮，活塞上、下运动无阻滞现象 （4）通气，试运转 3 min，各零件运行正常，无卡死，活塞滑动自如，曲柄转动灵活，零件无脱落，螺钉无松动，运转平稳，无振动		15	
6	安全文明生产	是否遵守车间安全操作规程	是 / 否	10	

任务三

连杆折弯机构制作

学习目标

1. 能掌握铰链四杆机构的演化形式及应用。
2. 能识读连杆折弯机构装配图并分析其工作原理。
3. 能根据连杆折弯机构零件图选择正确的加工方法和合理的加工工艺。
4. 能制定零件加工工艺。
5. 能独立操作机床完成零件的加工和检测。
6. 能根据连杆折弯机构装配图做好装配前准备工作。
7. 能独立对连杆折弯机构进行装配、调整及试运行。
8. 能做到正确清理场地、归置物品，并严格执行车间安全操作规程。

相关知识

一、铰链四杆机构的演化形式及应用

平面连杆机构的形式是多种多样的，其中绝大多数是在铰链四杆机构的基础上发展和演化而成。

1. 曲柄滑块机构的演化（图 3–1）

图 3-1a 所示为曲柄摇杆机构，摇杆 3 上 C 点的轨迹是以 D 点为圆心，摇杆 3 的长度 L_3 为半径的圆弧。如果将转动副 D 扩大，使其半径等于 L'_3，并在机架上按 C 点的近似轨迹做一弧形槽，摇杆 3 做成与弧形槽相配的弧形块，曲柄摇杆机构就演化为曲柄摇杆弧形块机构，如图 3–1b 所示，此时虽然转动副 D 的外形改变，但机构的运动特性并没有改变。若将弧形槽的半径增至无穷大，则转动副 D 的中心移至无穷远处，弧形槽变为直槽，转动副 D 转化为移动副，构件 3 由摇杆变为滑块，曲柄摇杆机构就演化为曲柄滑块机构，此时移动方位线不通过曲柄回转中心，因此称为偏置曲柄滑块机构，如图 3–1c 所示。曲柄转动中心至其移动方位线的垂直距离称为偏距 e，当移动方位线通过曲柄转动中心 A 时（即 e=0），称为对心曲柄滑块机构，如图 3–1d 所示。

2. 导杆机构

导杆机构是在曲柄滑块机构中选取不同的构件为机架演化而成的。

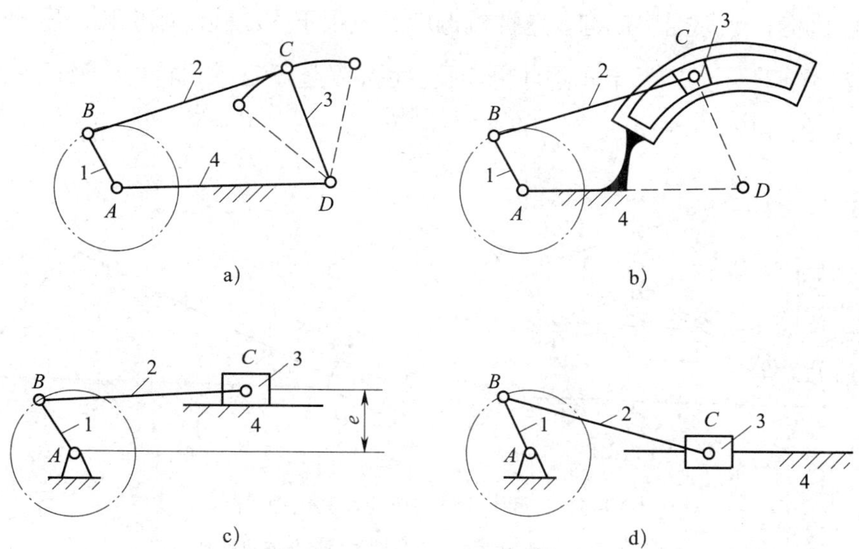

图 3-1 曲柄滑块机构的演化

a）曲柄摇杆机构 b）曲柄摇杆弧形块机构 c）偏置曲柄滑块机构 d）对心曲柄滑块机构

图 3-2a 所示为曲柄滑块机构，如果将其中的曲柄 1 作为机架，连杆 2 作为主动件，则连杆 2 和构件 4 将分别绕铰链 B 和 A 转动，则曲柄滑块机构演化为图 3-2b 所示的导杆机构。若 $AB < BC$，则构件 2 和构件 4 均可做整周回转，称为转动导杆机构。若 $AB > BC$，则构件 4 只能做往复摆动，称为摆动导杆机构。

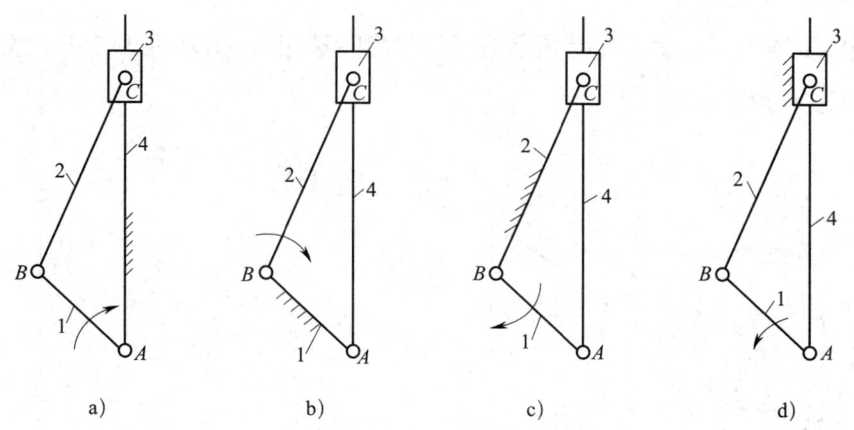

图 3-2 曲柄滑块机构向导杆机构的演化

a）曲柄滑块机构 b）导杆机构 c）摆动滑块机构 d）固定滑块机构

（1）摇块机构

图 3-2a 所示的曲柄滑块机构中，若取构件 2 为固定件，可得图 3-2c 所示的

摆动滑块机构，或称摇块机构。这种机构广泛应用于摆动式内燃机和液压驱动装置内。如图 3-3 所示为自卸卡车翻斗机构及其运动简图。在该机构中，液压油缸 3 绕铰链 *C* 摆动，故称为摇块。

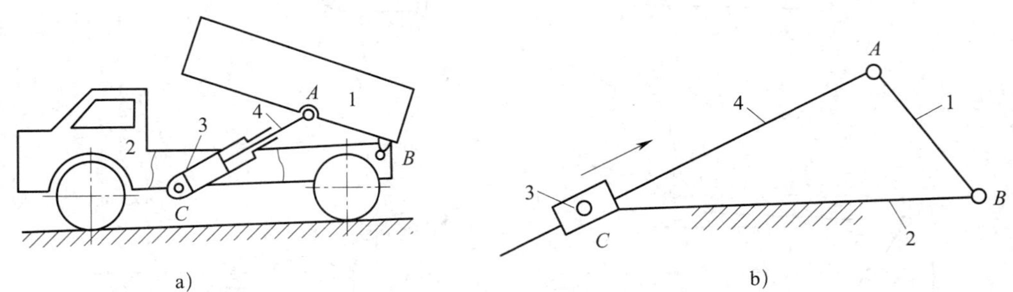

图 3-3 自卸卡车翻斗机构及其运动简图

a）自卸卡车翻斗机构 b）自卸卡车翻斗运动简图

（2）定块机构

图 3-2a 所示的曲柄滑块机构中，若取构件 3 为固定件，可得图 3-2d 所示的固定滑块机构，或称定块机构。

3. 偏心轮机构（图 3-4）

构件 1 为圆盘，其几何中心为 *B*，运动时该圆盘绕偏心 *A* 转动，因此称为偏心轮。*A*、*B* 之间的距离 *e* 称为偏心距。按照相对运动关系，可画出该机构的运动简图，如图 3-4b 所示。

由图 3-4 可知，偏心轮是回转副 *B* 扩大到包括回转副 *A* 而形成的，偏心距 *e* 即为曲柄的长度。

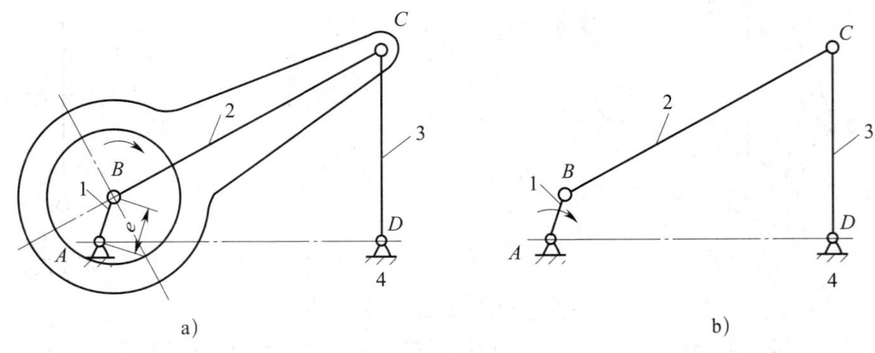

图 3-4 偏心轮机构

a）偏心轮机构 b）偏心轮机构运动简图

当曲柄长度很小时，通常都把曲柄做成偏心轮，这样不仅增大了轴颈的尺寸、提高了偏心轴的强度和刚度，当轴颈位于中部时，还可以安装整体式连杆，使结构简化。偏心轮机构广泛应用于传力较大的剪床、冲床、颚式破碎机、内燃机等机械中。

二、角度测量器具

在平面内测量角度的测量器具称为角度测量器具。一般常用的角度测量器具有直角尺、游标万能角度尺、正弦规、量块等。

1. 量块

量块具有一对相互平行的测量面，且两平面间具有准确的尺寸，其横截面为矩形。量块是机械制造业中长度尺寸的测量基准，它可以用于测量器具和测量仪器的校验、精密划线和精密机床的调整等。量块与其他附件并用时，还可以测量某些精度要求较高的工件尺寸，如与正弦规并用可以测量角度精度较高或其他角度测量器具无法测量的工件。

（1）量块的结构。

量块是用不易变形的耐磨材料（如铬锰钢）制成的长方形六面体，它有两个工作面和四个非工作面，其外形如图 3-5a 所示。工作面是一对相互平行且平面度误差和表面粗糙度 *Ra* 值极小的平面。

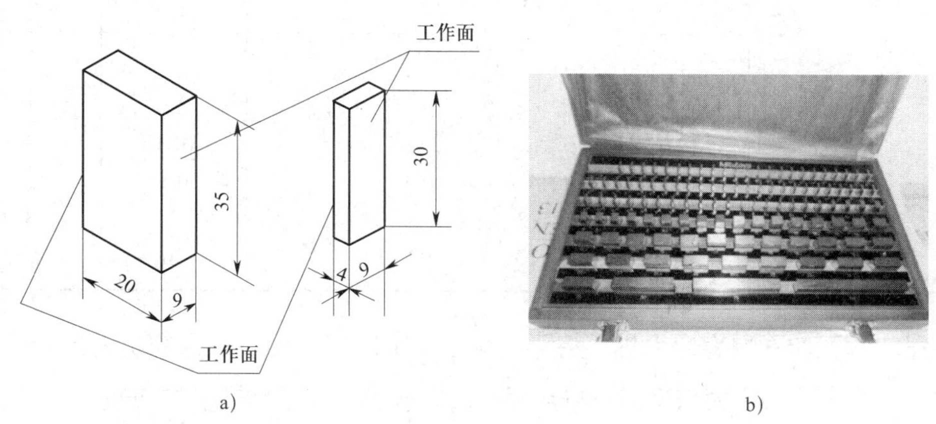

图 3-5 量块

a）量块结构 b）成套量块

（2）量块的使用。

量块一般成套装在特制的木盒中，如图 3-5b 所示，常用成套量块的基本尺寸和块数见表 3-1。

表 3-1 常用成套量块

套别	总块数	尺寸系列 / mm	间隔 / mm	块数
1	91	0.5	—	1
		1	—	1
		1.001，1.002，…，1.009	0.001	9
		1.01，1.02，…，1.49	0.01	49
		1.5，1.6，…，1.9	0.1	5
		2.0，2.5，…，9.5	0.5	16
		10，20，…，100	10	10
2	83	0.5	—	1
		1	—	1
		1.005	—	1
		1.01，1.02，…，1.49	0.01	49
		1.5，1.6，…，1.9	0.1	5
		2.0，2.5，…，9.5	0.5	16
		10，20，…，100	10	10
3	46	1	—	1
		1.001，1.002，…，1.009	0.001	9
		1.01，1.02，…，1.09	0.01	9
		1.1，1.2，…，1.9	0.1	9
		2，3，…，9	1	8
		10，20，…，100	10	10
4	38	1	—	1
		1.005	—	1
		1.01，1.02，…，1.09	0.01	9
		1.1，1.2，…，1.9	0.1	9
		2，3，…，9	1	8
		10，20，…，100	10	10

量块两工作面具有研合性，将不同基本尺寸的量块组合可得到所需要的尺寸。为了工作方便，减少累积误差，选用量块时，应尽可能选用最少的块数，一般情况下块数不超过 5 块。

（3）使用量块时的注意事项。

1）量块属于精密量具，应轻拿轻放，在桌上放置量块时只允许非工作面与桌面接触。

2）测量时应注意灰尘和温度对测量精度的影响。

3）用完后的量块，应及时擦净，涂上凡士林，放入盒中。

4）为了保持量块的精度，一般不允许用量块直接测量工件。

2. 正弦规

正弦规是根据正弦函数原理，利用量块的组合尺寸，以间接方法进行角度测量的测量器具。正弦规有Ⅰ型、Ⅱ型两种类型，且有 0 级、1 级两种准确度等级。钳工常用的普通正弦规由平台工作面和直径相同且轴线互相平行的两个支承圆柱组成。正弦规的规格用两个圆柱体的中心距表示，一般有 100 mm、200 mm 两种，其中心距的尺寸精度要求很高，图 3-6 所示为 100 mm 规格的正弦规。

图 3-6　100 mm 规格的正弦规

使用时，将正弦规放在平板上，工件放在正弦规工作面上，在正弦规一个圆柱的下面垫一组量块，如图 3-7 所示。所需量块组的高度根据被测工件的角度或锥度通过计算获得。然后用百分表检查工件上表面两端的高度，若两端高度相等，说明角度正确；若高度不等，说明工件的角度有误差。

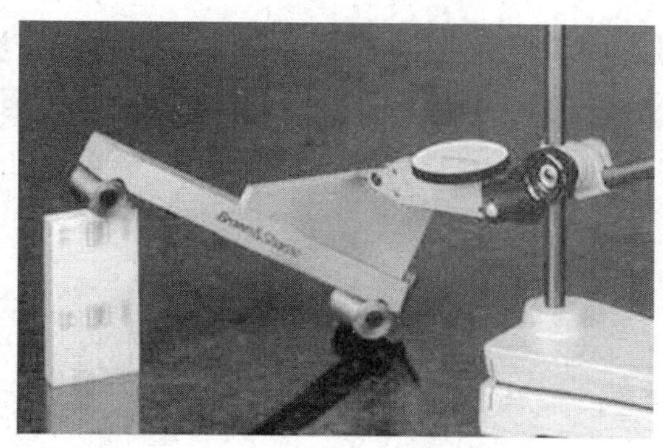

图 3-7　正弦规的使用方法

任务布置

本任务要制作的是一种通过连杆机构实现折弯的设备，即连杆折弯机构，如图 3-8 所示。该机构是通过手轮带动偏心轮，偏心轮带动两连杆实现两种运动，一是偏心轮（即曲柄）转动，通过连杆带动活塞杆（即滑块）在缸体内实现上、下往复运动；二是偏心轮（即曲柄）转动，通过中间连杆带动摇杆往复摆动，摇杆两端分别装有控制杆，摇杆往复摆动分别带动两端控制杆一上一下在插孔面板槽内交替运动，两控制杆前端 V 形面交替插入挡板 V 形槽，使挡板在插孔面板槽内实现上、下往复运动。

图 3-8　连杆折弯机构

图 3-9 所示为连杆折弯机构装配图，连杆折弯机构由底板、立板、插孔面板、控制杆、挡板、摇杆、连杆、中间连杆、缸体、活塞杆、支承螺栓、偏心轮及手轮 13 个零件组成。连杆折弯机构零件的加工包括铣削加工、车削加工和钳加工，由于连杆折弯机构零件结构简单且精度要求不高，车削和铣削加工相对比较容易。连杆折弯机构中连杆零件比较多，连杆两端大部分是尺寸较小的圆弧面，用铣床加工不易操作，用钳工手工加工相对容易一些。

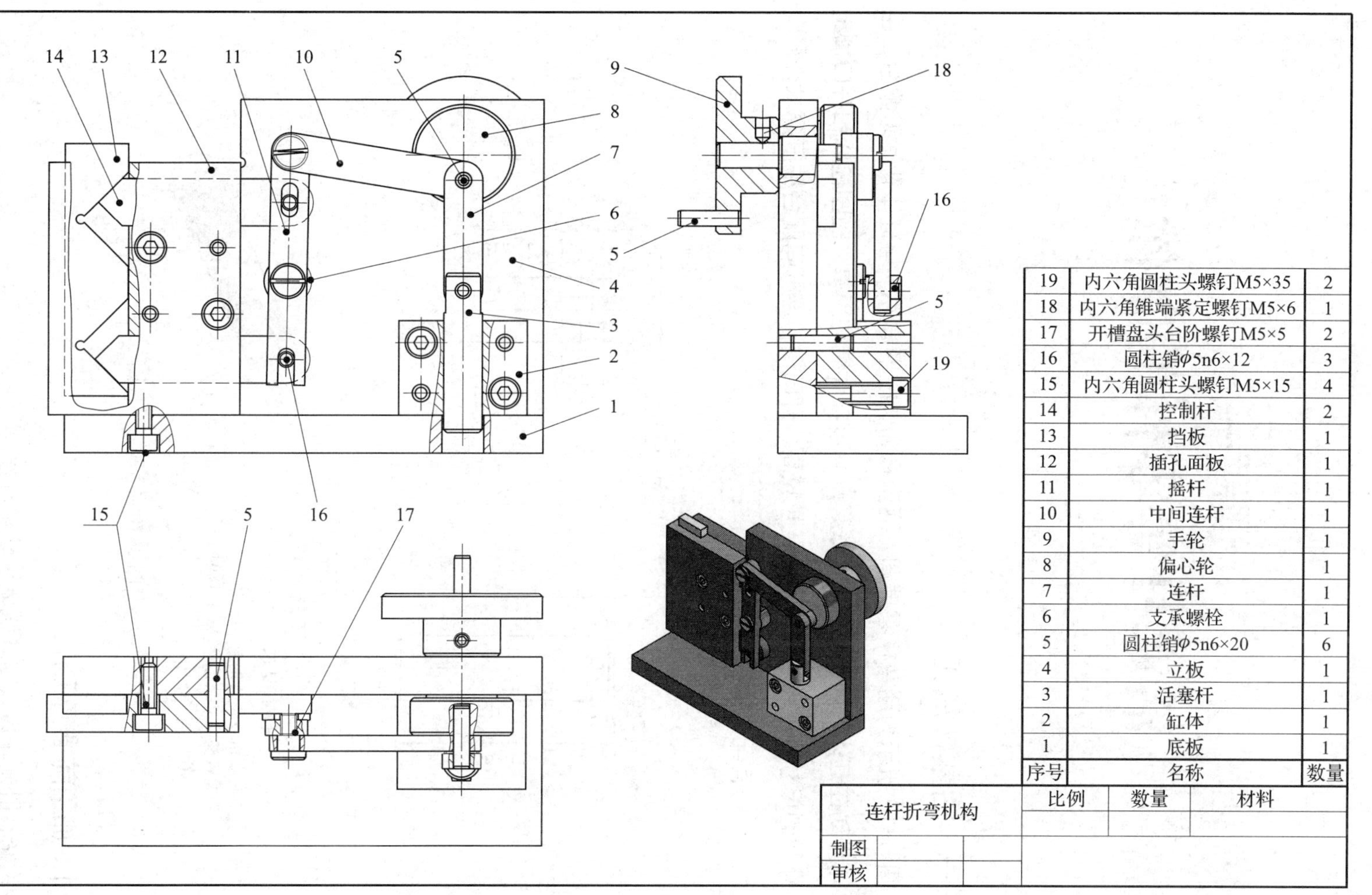

图 3-9 连杆折弯机构装配图

课题一 活塞杆等零件的制作

一、活塞杆加工

图 3-10 所示为活塞杆零件图。活塞杆为圆柱形零件，与缸体孔间隙配合，由偏心轮带动在缸体孔内实现往复直线运动。该零件结构简单，由圆柱体和开口槽组成，外圆的尺寸精度和表面粗糙度要求较高，开口槽与连杆有配合精度要求，径向孔安装圆柱销有配合精度要求。

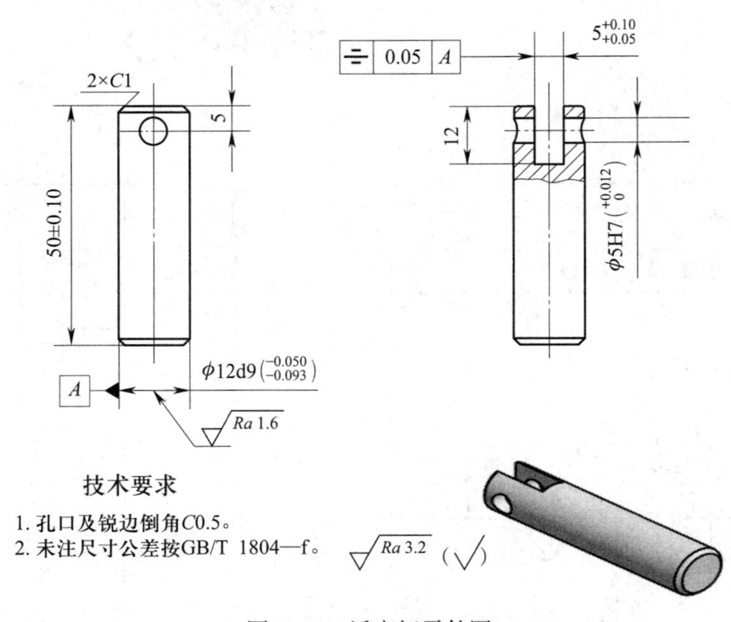

图 3-10 活塞杆零件图

1. 加工前准备工作

设备：卧式车床、立式铣床、砂轮机等。

辅具：卡盘扳手、刀架扳手、加力杆、活扳手、内六角扳手、铣夹头、寻边器、钻夹头、活顶尖、锤子、机用虎钳（V 形钳口）、平行垫铁、毛刷、钢丝钳、垫刀片、油壶、倒角器、油石等。

量具：平板、表面粗糙度比较样块、百分表、外径千分尺、游标卡尺、塞规等。

刀具：外圆车刀、倒角刀、立铣刀、钻头、铰刀、锉刀等。

劳动防护用品：护目镜、工作服、工作鞋、工作帽等。

2. 零件加工

（1）车削加工工序。

1）检查毛坯尺寸为 ϕ15 mm×58 mm，材料为 45 钢。

2）夹持毛坯，外圆伸出三爪自定心卡盘 15 mm，车台阶 ϕ10 mm×5 mm。

3）翻转装夹毛坯，外圆伸出三爪自定心卡盘 15 mm，车端面，钻中心孔。

4）夹持台阶 ϕ10 mm×5 mm，一夹一顶装夹，车外圆。

①粗车图样上 ϕ12d9 外圆至 ϕ13 mm，长 51 mm。

②半精车图样上 ϕ12d9 外圆至 ϕ12.5 mm，长 51 mm。

③精车图样上 ϕ12d9 外圆至 $\phi 12_{-0.093}^{-0.050}$ mm，长 51 mm。

④外圆倒角 C1 mm。

5）垫铜皮，翻转装夹 ϕ12d9 外圆并找正。

①车总长度（50±0.10）mm。

②外圆倒角 C1 mm。

（2）铣削加工工序。

1）用 V 形钳口夹持 ϕ12d9 外圆。

①半精加工图样上 $5_{+0.05}^{+0.10}$ mm 通槽至 4 mm，控制两槽侧面的对称度。

②精加工通槽 $5_{+0.05}^{+0.10}$ mm。

2）工件平放夹持 ϕ12d9 外圆，百分表找正通槽两侧面与工作台平行。

①用寻边器找正孔中心，用中心钻定位。

②用 ϕ4.8 mm 钻头钻底孔。

③铰通孔 ϕ5H7。

④孔口倒角 C0.5 mm，锐边去毛刺。

3. 加工评价

活塞杆加工评价见表 3-2。

表 3-2　活塞杆加工评价表

序号	项目	项目要求	实测结果	配分	得分	备注
1	外径 ϕ12d9	11.907 ~ 11.950 mm		20		
2	总长（50 ± 0.10）mm	49.90 ~ 50.10 mm		10		
3	$5^{+0.10}_{+0.05}$	5.05 ~ 5.10 mm		20		
4	孔径 ϕ5H7	5.000 ~ 5.012 mm		20		
5	槽深 12 mm	11.90 ~ 12.10 mm		10		
6	相对基准 *A* 的对称度 0.05 mm			10		
7	外径 *Ra*1.6 μm	*Ra* ≤ 1.6 μm		5		
8	安全文明生产	是否遵守车间安全操作规程	是 / 否	5		

二、支承螺栓加工

如图 3-11 所示为支承螺栓零件图，支承螺栓的作用是支承摇杆和固定。根据图样可得，该零件由外圆尺寸 ϕ15 mm、内螺纹 M5、螺纹 M10 和螺纹退刀槽等组成，该螺栓主要用于连接和固定，精度要求不高。

支承螺栓加工工艺分为车外圆、车端面、车槽、车螺纹、钻孔、攻螺纹、铣平面等。

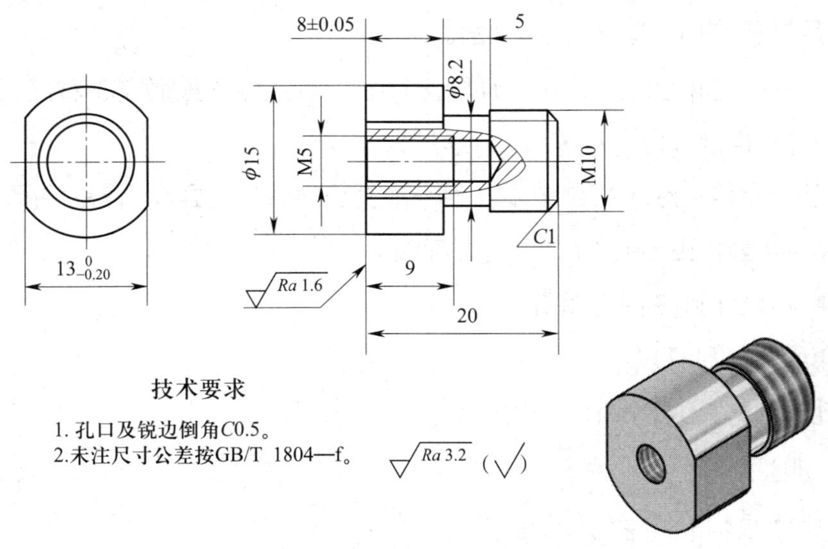

图 3-11　支承螺栓零件图

1. 加工前准备工作

设备：卧式车床、立式铣床、砂轮机等。

辅具：卡盘扳手、刀架扳手、加力杆、活扳手、内六角扳手、铣夹头、钻夹头、锤子、机用虎钳、平行垫铁、毛刷、钢丝钳、垫刀片、油壶、倒角器、铰杠、油石等。

量具：平板、表面粗糙度比较样块、百分表、外径千分尺、游标卡尺等。

刀具：外圆车刀、车槽刀、螺纹刀（或板牙）、倒角刀、立铣刀、钻头、锉刀、丝锥等。

劳动防护用品：护目镜、工作服、工作鞋、工作帽等。

2. 零件加工

（1）车削加工工序。

1）检查毛坯尺寸为 ϕ20 mm×28 mm，材料为 45 钢。

2）夹持毛坯外圆，工件伸出三爪自定心卡盘 10 mm，车 ϕ15 mm×5 mm 台阶 。

3）夹持台阶 ϕ15 mm×5 mm。

①粗车图样上 ϕ15 mm 外圆至 ϕ16 mm，长度 21 mm。

②粗车图样上 ϕ10 mm 外圆至 ϕ11 mm，长度 11.5 mm。

③半精车图样上 ϕ15 mm 外圆至 ϕ15.5 mm。

④精车图样上 ϕ15 mm 外圆至要求。

⑤半精车图样上 ϕ10 mm 外圆至 ϕ10.5 mm。

⑥精车图样上 ϕ10 mm 外圆至 $\phi10^{-0.20}_{-0.30}$ mm。

⑦切 ϕ8.2 mm 槽，宽 5 mm。

⑧外圆倒角 C1 mm。

⑨车螺纹 M10 或用板牙加工螺纹 M10。

4）翻转工件，垫铜皮装夹 ϕ15 mm 外圆，找正。

①车总长度 20 mm。

②用 ϕ4.2 mm 钻头钻 M5 螺纹底孔，攻 M5 螺纹。

③倒角 C0.5 mm。

（2）铣削加工工序。

1）平行垫铁靠实并夹持 ϕ15 mm 外圆，铣一侧外圆尺寸至 14 mm。

2）平行垫铁靠实一侧面，夹持 $\phi 15$ mm 外圆，铣另一侧面至图样上 $13_{-0.20}^{0}$ mm 尺寸。

3）锐边倒角 $C0.5$ mm。

3. 加工评价

支承螺栓加工评价见表 3–3。

表 3–3　支承螺栓加工评价表

序号	项目	项目要求	实测结果	配分	得分	备注
1	$\phi 15$ mm	14.90 ~ 15.10 mm		15		
2	20 mm	19.90 ~ 20.10 mm		15		
3	（8 ± 0.05）mm	7.95 ~ 8.05 mm		20		
4	$13_{-0.20}^{0}$ mm	12.80 ~ 13.00 mm		20		
5	M10			10		
6	M5，深 9 mm			10		
7	$Ra1.6$ μm	$Ra \leqslant 1.6$ μm		5		
8	安全文明生产	是否遵守车间安全操作规程	是 / 否	5		

三、偏心轮加工

如图 3–12 所示为偏心轮零件图，偏心轮的作用是当其旋转时，偏心孔连同销钉带动连杆和活塞做往复直线运动。偏心轮为回转类零件，中部轴颈与立板孔间隙配合，右端与手轮连接，中部轴颈的直径和长度有较高的精度及表面粗糙度要求。

偏心轮加工工艺分为车外圆、车端面、车台阶面、钻孔、铰孔等。

1. 加工前准备工作

设备：卧式车床、立式铣床、砂轮机等。

辅具：卡盘扳手、刀架扳手、加力杆、活扳手、内六角扳手、钻夹头、活顶尖、锤子、机用虎钳（V 形钳口）、平行垫铁、毛刷、钢丝钳、垫刀片、油壶、倒角器、油石等。

量具：平板、表面粗糙度比较样块、百分表、外径千分尺、游标卡尺、塞规等。

刀具：外圆车刀、倒角刀、钻头、锉刀、铰刀等。

劳动防护用品：护目镜、工作服、工作鞋、工作帽等。

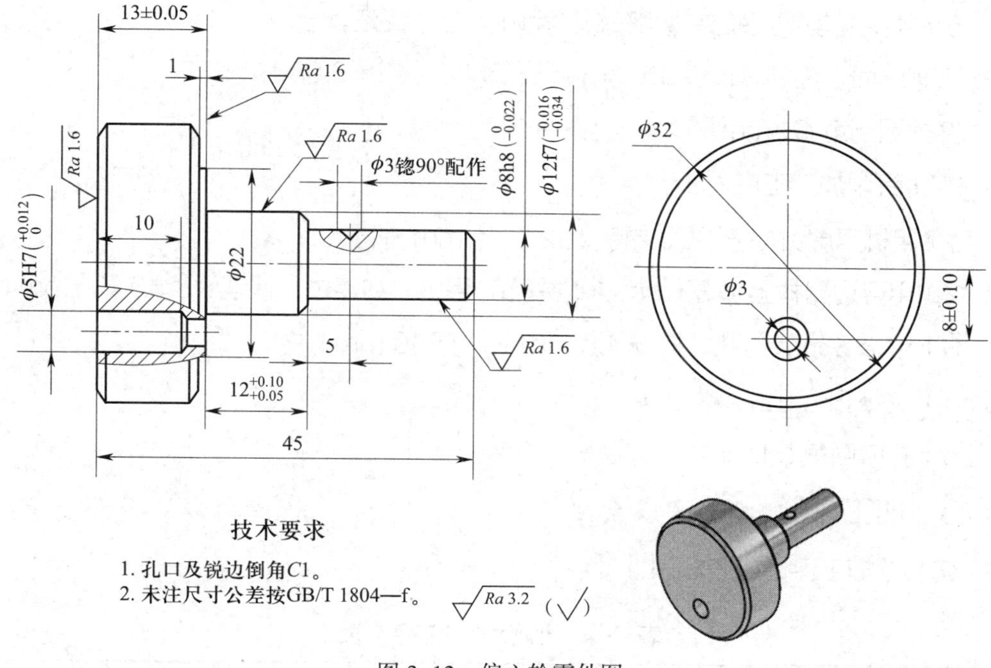

图 3–12 偏心轮零件图

2. 零件加工

（1）车削加工工序。

1）检查毛坯尺寸为 ϕ35 mm×53 mm，材料为 45 钢。

2）夹持毛坯外圆，工件伸出三爪自定心卡盘 15 mm，车 ϕ30 mm×5 mm 台阶。

3）掉头夹持毛坯外圆，工件伸出三爪自定心卡盘 15 mm，车端面，钻中心孔。

4）夹持外圆 ϕ30 mm×5 mm，一夹一顶车外圆。

①粗加工图样上 ϕ32 mm 外圆尺寸至 ϕ33 mm，长 46 mm；粗加工图样上 ϕ22 mm 外圆尺寸至 ϕ23 mm，长度 32.5 mm；粗加工图样上 ϕ12f7 外圆尺寸至 ϕ13 mm，长度 31.5 mm；粗加工图样上 ϕ8h8 外圆尺寸至 ϕ9 mm，长 19.5 mm。

②半精加工图样上 ϕ32 mm 外圆尺寸至 ϕ32.5 mm；半精加工图样上 ϕ22 mm 外圆尺寸至 ϕ22.5 mm；半精加工图样上 ϕ12f7 外圆尺寸至 ϕ12.5 mm；半精加工图样上 ϕ8h8 外圆尺寸至 ϕ8.5 mm。

③精加工图样上 ϕ32 mm 外圆至图样尺寸；精加工图样上 ϕ22 mm 外圆至图样尺寸；精加工图样上 ϕ12f7 外圆至 $\phi 12_{-0.034}^{-0.016}$ mm；精加工图样上 ϕ8h8 外圆至 $\phi 8_{-0.022}^{0}$ mm。

④各外圆倒角 C1 mm。

5）掉头，垫铜皮装夹 $\phi 12_{-0.034}^{-0.016}$ mm 外圆，找正。

①车端面，控制总长度 45 mm 和长度尺寸（13 ± 0.05）mm。

②外圆倒角 C1 mm。

（2）铣削加工工序。

1）用机用虎钳 V 形钳口夹持 $\phi 12_{-0.034}^{-0.016}$ mm 外圆。

2）用寻边器找出 ϕ32 mm 外圆中心，用中心钻定位，保证（8 ± 0.10）mm。

3）钻 ϕ3 mm 通孔，扩 ϕ4.8 mm 孔，深 10 mm。

4）铰 ϕ5H7 孔，深 10 mm。

5）孔口倒角 C1 mm。

3. 加工评价

偏心轮加工评价见表 3-4。

表 3-4 偏心轮加工评价表

序号	项目	项目要求	实测结果	配分	得分	备注
1	ϕ12f7	11.966 ~ 11.984 mm		15		
2	ϕ8h8	7.978 ~ 8.000 mm		15		
3	45 mm	44.85 ~ 45.15 mm		10		
4	（13 ± 0.05）mm	12.95 ~ 13.05 mm		10		
5	$12_{+0.05}^{+0.10}$ mm	12.05 ~ 12.10 mm		15		
6	（8 ± 0.10）mm	7.90 ~ 8.10 mm		10		
7	ϕ5H7	5.000 ~ 5.012 mm		10		
8	外径 Ra1.6 μm	$Ra \leqslant 1.6$ μm		5		
9	端面 Ra1.6 μm（2 处）	$Ra \leqslant 1.6$ μm		5		
10	安全文明生产	是否遵守车间安全操作规程	是 / 否	5		

四、手轮加工

如图 3-13 所示为手轮零件图，手轮为盘类零件，手轮中心部位孔与偏心轮轴头配合连接，通过紧定螺钉紧固，手轮偏心部位的孔装圆柱销作为把手，需要过盈配合，因此这两个孔都有一定的尺寸精度要求。手轮端面与立板侧面有旋转摩擦，有一定的表面粗糙度要求。

手轮加工工艺分为车外圆、车端面、车台阶面、钻孔、铰孔、攻螺纹等。

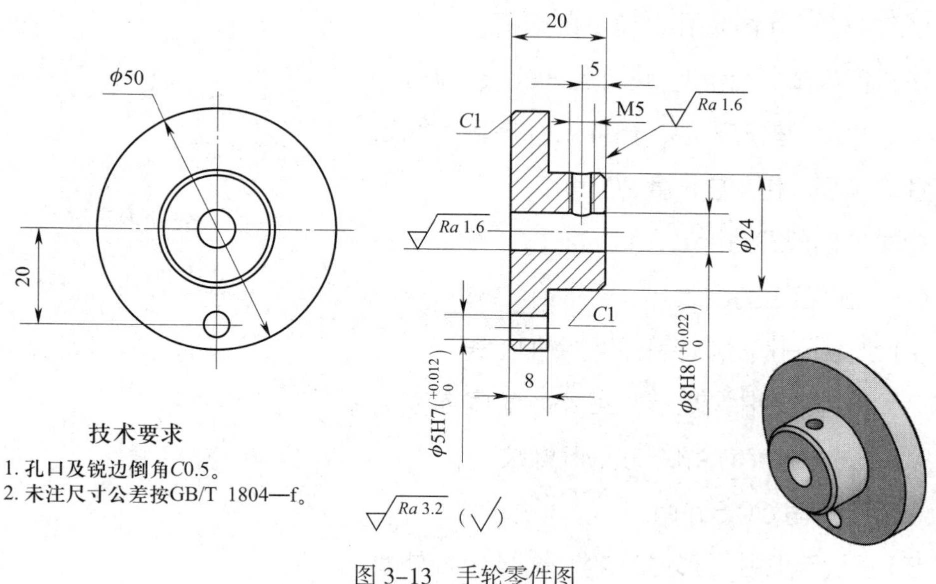

图 3-13 手轮零件图

1. 加工前准备工作

设备：卧式车床、台式钻床、砂轮机等。

辅具：卡盘扳手、刀架扳手、加力杆、活扳手、内六角扳手、钻夹头、锤子、机用虎钳（V 形钳口）、平行垫铁、毛刷、钢丝钳、垫刀片、油壶、铰杠、倒角器、油石等。

量具：平板、表面粗糙度比较样块、百分表、外径千分尺、游标卡尺、塞规等。

刀具：外圆车刀、倒角刀、钻头、铰刀、锉刀、丝锥等。

劳动防护用品：护目镜、工作服、工作鞋、工作帽等。

2. 零件加工

（1）车削加工工序。

1）检查毛坯尺寸为 ϕ55 mm×28 mm，材料为 45 钢。

2）夹持毛坯外圆，工件伸出三爪自定心卡盘 15 mm，车台阶 ϕ50 mm×5 mm 。

3）掉头，夹持外圆 ϕ50 mm×5 mm。

①粗车图样上 ϕ50 mm 外圆尺寸至 ϕ51 mm，长 21 mm；粗车图样上 ϕ24 mm 外圆尺寸至 ϕ25 mm，长 11.5 mm。

②半精加工图样上 ϕ50 mm 外圆尺寸至 ϕ50.5 mm；半精加工图样上 ϕ24 mm 外圆尺寸至 ϕ24.5 mm。

③精加工图样上 ϕ50 mm 至要求；精加工图样上 ϕ24 mm 至要求。

④钻 ϕ7.8 mm 底孔，铰 ϕ8H8 孔。

⑤外圆倒角 C1 mm，孔口倒角 C0.5 mm。

4）掉头，垫铜皮装夹 ϕ24 mm 外圆，找正。

①车端面，控制总长度 20 mm。

②外圆倒角 C1 mm。

（2）钳加工工序。

1）划 ϕ5H7、M5 两孔的位置加工线。

2）用机用虎钳装夹工件 20 mm 宽度方向。

①钻 ϕ4.2 mm 底孔，攻 M5 螺纹。

②孔口倒角 C0.5 mm。

3）用机用虎钳 V 形钳口夹持 ϕ24 mm 外圆。

①钻 ϕ4.8 mm 底孔，铰 ϕ5H7 孔。

②孔口倒角 C0.5 mm。

3. 加工评价

手轮加工评价见表 3-5。

表 3-5　手轮加工评价表

序号	项目	项目要求	实测结果	配分	得分	备注
1	ϕ50 mm	49.85 ~ 50.15 mm		15		
2	ϕ24 mm	23.90 ~ 24.10 mm		15		
3	20 mm	19.90 ~ 20.10 mm		10		
4	8 mm	7.90 ~ 8.10 mm		10		
5	M5			5		
6	20 mm（孔距）	19.90 ~ 20.10 mm		10		
7	ϕ8H8	8.000 ~ 8.022 mm		10		
8	ϕ5H7	5.000 ~ 5.012 mm		10		
9	Ra1.6 μm（2 处）	Ra ≤ 1.6 μm		10		
10	安全文明生产	是否遵守车间安全操作规程	是 / 否	5		

课题二
底板等零件的制作

一、底板加工

如图 3-14 所示为底板零件图，底板为板类零件，呈六面体形，其外形有一定的尺寸精度要求，有两个与立板连接的安装孔和一个配合活塞移动的空程工艺孔，孔的位置有一定精度要求。

底板加工工艺分为铣外形平面、钻孔、锪孔等。

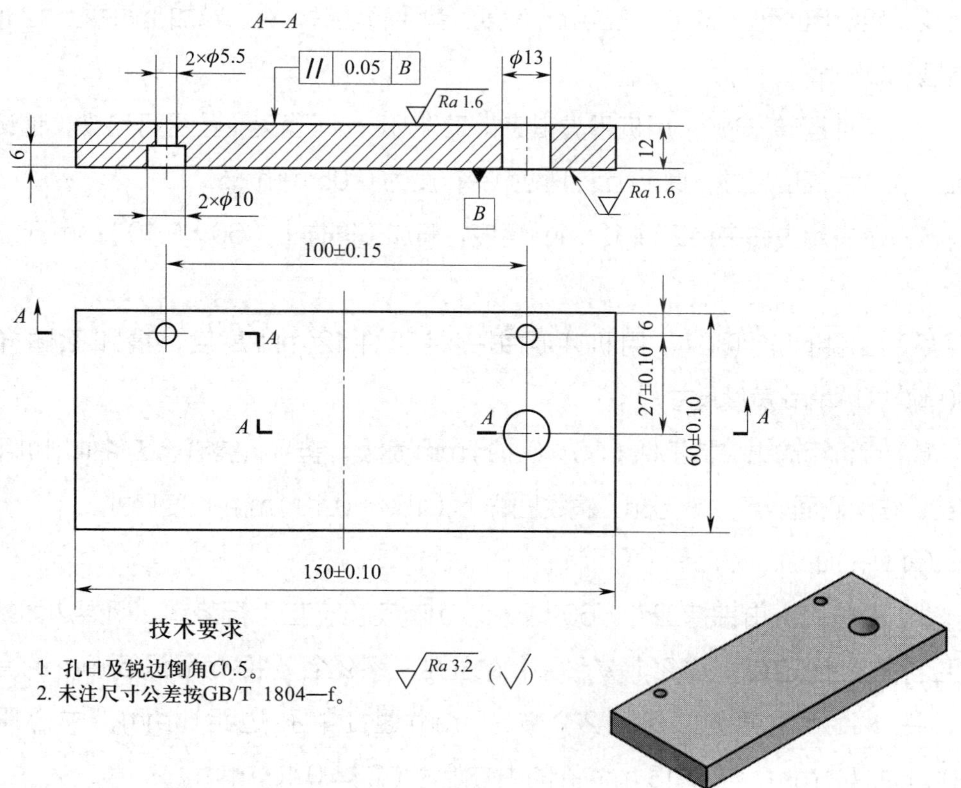

图 3-14　底板零件图

1. 加工前准备工作

设备：立式铣床、砂轮机等。

辅具：机用虎钳、平行垫铁、铣夹头、钻夹头、锤子、活扳手、毛刷、钢丝钳、油壶、寻边器、油石等。

量具：平板、表面粗糙度比较样块、直角尺、百分表、外径千分尺、游标卡尺等。

刀具：面铣刀、立铣刀、钻头、锉刀等。

劳动防护用品：护目镜、工作服、工作鞋、工作帽等。

2. 零件加工

（1）检查毛坯尺寸为 155 mm × 65 mm × 15 mm，材料为 45 钢。

（2）检查铣床，安装机用虎钳并用百分表找正。

（3）铣外形。

1）用机用虎钳夹持工件 15 mm 高度，铣两侧面，粗加工图样上（60 ± 0.10）mm 尺寸至 62 mm。

2）用机用虎钳夹持工件 62 mm 宽度，垫平行垫铁，粗、精加工图样上 12 mm 尺寸至 13 mm。

3）工件翻转 180°，用机用虎钳夹持工件 62 mm 宽度，垫平行垫铁，精铣图样上 12 mm 高度尺寸，保证上、下两面平行度为 0.05 mm。

4）用机用虎钳夹持工件 12 mm 高度，精加工图样上（60 ± 0.10）mm 尺寸至 61 mm。

5）工件翻转 180°，用机用虎钳夹持工件 12 mm 高度，精加工图样上（60 ± 0.10）mm 宽度尺寸。

6）用机用虎钳夹持工件（60 ± 0.10）mm 宽度，垫平行垫铁，工件伸出机用虎钳左、右两侧面，用立铣刀粗、精铣图样上（150 ± 0.10）mm 长度尺寸。

（4）孔加工。

1）用机用虎钳夹持工件（60 ± 0.10）mm 宽度，垫平行垫铁，用寻边器找正定位，中心钻定位，钻 2 个 ϕ5.5 mm 通孔，锪 2 个 ϕ10 mm 深 6 mm 的台阶孔，钻 ϕ13 mm 通孔，保证 2 个 ϕ5.5 mm 通孔的孔边距 6 mm，中心距为（100 ± 0.15）mm，与 ϕ13 mm 孔的中心距为（27 ± 0.10）mm。

2）孔口及锐边倒角 $C0.5$ mm。

3. 加工评价

底板加工评价见表 3-6。

表 3-6　底板加工评价表

序号	项目	项目要求	实测结果	配分	得分	备注
1	(150 ± 0.10) mm	149.90 ～ 150.10 mm		15		
2	(60 ± 0.10) mm	59.90 ～ 60.10 mm		15		
3	(100 ± 0.15) mm	99.85 ～ 100.15 mm		15		
4	(27 ± 0.10) mm	26.90 ～ 27.10 mm		15		
5	ϕ5.5 mm，ϕ10 mm 深 6 mm（2 处）			10		
6	ϕ13 mm			5		
7	相对基准 *B* 的平行度为 0.05 mm			15		
8	*Ra*1.6 μm	*Ra* ≤ 1.6 μm		5		
9	安全文明生产	是否遵守车间安全操作规程	是 / 否	5		

二、立板加工

如图 3-15 所示为立板零件图，立板是板类零件，呈六面体形，六面体的一角铣一缺口，立板上各类安装孔较多，其中与偏心轮轴颈配合的安装孔有一定的尺寸精度要求，其他多为位置尺寸精度要求。立板与底板要垂直安装，因此立板两侧面有垂直度要求。

立板加工工艺分为铣外形平面、铣台阶面、钻孔、铰孔、攻螺纹等。

1. 加工前准备工作

设备：立式铣床、砂轮机等。

辅具：机用虎钳、平行垫铁、铣夹头、钻夹头、锤子、活扳手、毛刷、钢丝钳、油壶、铰杠、寻边器、倒角器、油石等。

量具：平板、表面粗糙度比较样块、直角尺、百分表、外径千分尺、游标卡尺、塞规等。

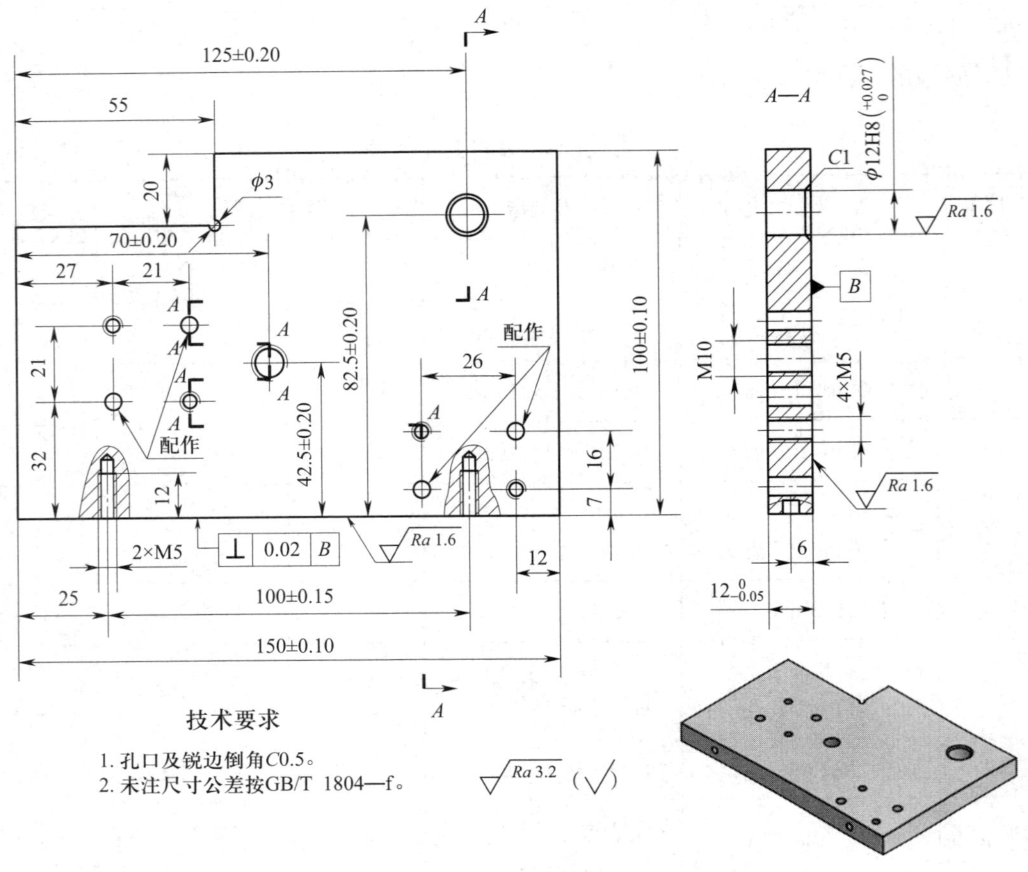

图 3-15　立板零件图

刀具：面铣刀、立铣刀、钻头、丝锥、铰刀、锉刀等。

劳动防护用品：护目镜、工作服、工作鞋、工作帽等。

2. 零件加工

（1）检查毛坯尺寸为 155 mm × 105 mm × 15 mm，材料为 45 钢。

（2）检查铣床，安装机用虎钳并找正。

（3）铣外形。

1）用机用虎钳夹持工件 15 mm 高度，铣两侧面，粗加工图样上（100 ± 0.10）mm 尺寸至 102 mm。

2）用机用虎钳夹持工件 102 mm 宽度，垫平行垫铁，粗、精加工图样上 $12_{-0.05}^{0}$ mm 尺寸至 13 mm。

3）工件翻转 180°，用机用虎钳夹持工件 102 mm 宽度，垫平行垫铁，精加工图样上 $12_{-0.05}^{0}$ mm 高度尺寸。

4）用机用虎钳夹持工件 $12_{-0.05}^{0}$ mm 高度，精加工图样上（100 ± 0.10）mm 尺寸至 101 mm。

5）工件翻转 180°，用机用虎钳夹持工件 $12_{-0.05}^{0}$ mm 高度，精加工图样上（100 ± 0.10）mm 宽度尺寸。

6）用机用虎钳夹持工件（100 ± 0.10）mm 宽度，垫平行垫铁，工件伸出机用虎钳左、右侧面，用立铣刀精铣图样上（150 ± 0.10）mm 长度尺寸。

7）锐边倒角 *C*0.5 mm。

（4）孔加工。

1）用机用虎钳夹持工件（100 ± 0.10）mm 宽度，垫平行垫铁，用寻边器找正定位，中心钻定位。钻 4 个底孔后攻 M5 螺纹通孔；钻底孔后攻 M10 螺纹通孔，保证 M10 螺纹通孔的孔边距分别为（42.5 ± 0.20）mm、（70 ± 0.20）mm；钻底孔后铰 ϕ12H8 通孔，保证孔边距分别为（82.5 ± 0.20）mm、（125 ± 0.20）mm；钻 ϕ3 mm 通孔。

2）用机用虎钳夹持工件 $12_{-0.05}^{0}$ mm 高度，注意侧面 M5 螺纹孔的方向，用寻边器找正，中心钻定位。钻底孔后攻 M5 螺纹孔，深 12 mm，保证两孔中心距为（100 ± 0.15）mm。

3）各孔口倒角 *C*0.5 mm。

（5）铣台阶。

1）机用虎钳夹持工件 $12_{-0.05}^{0}$ mm 高度，注意侧面台阶的方向，粗、精铣台阶尺寸至 55 mm、20 mm。

2）锐边倒角 *C*0.5 mm。

3. 加工评价

立板加工评价见表 3-7。

表 3-7　立板加工评价表

序号	项目	项目要求	实测结果	配分	得分	备注
1	（150 ± 0.10）mm	149.90 ~ 150.10 mm		10		
2	（100 ± 0.10）mm	99.90 ~ 100.10 mm		10		
3	$12_{-0.05}^{0}$ mm	11.95 ~ 12.00 mm		10		
4	（100 ± 0.15）mm	99.85 ~ 100.15 mm		5		

续表

序号	项目	项目要求	实测结果	配分	得分	备注
5	(125 ± 0.20) mm	124.80 ~ 125.20 mm		5		
6	(82.5 ± 0.20) mm	82.30 ~ 82.70 mm		5		
7	(70 ± 0.20) mm	69.80 ~ 70.20 mm		5		
8	(42.5 ± 0.20) mm	42.30 ~ 42.70 mm		5		
9	ϕ12H8	12.000 ~ 12.027 mm		5		
10	M10			5		
11	M5（4 处）			12		
12	M5，深 12 mm（2 处）			8		
13	相对基准 *B* 的垂直度为 0.02 mm			5		
14	*Ra*1.6 μm	*Ra* ≤ 1.6 μm		5		
15	安全文明生产	是否遵守车间安全操作规程	是 / 否	5		

三、插孔面板加工

如图 3-16 所示为插孔面板零件图，插孔面板是板类零件，呈六面体形，其外形有精度要求，板一侧面开有三条精密槽，与控制杆和挡板间隙配合并相对滑动，槽宽、槽深及表面粗糙度都有较高的精度要求。

插孔面板加工工艺分为铣外形平面、铣槽、钻孔、锪孔等。

1. 加工前准备工作

设备：立式铣床、砂轮机等。

辅具：机用虎钳、平行垫铁、铣夹头、钻夹头、锤子、活扳手、毛刷、钢丝钳、油壶、锉刀、寻边器、倒角器、油石等。

量具：平板、表面粗糙度比较样块、直角尺、百分表、外径千分尺、深度千分尺、内测千分尺、游标卡尺等。

刀具：面铣刀、立铣刀、钻头等。

劳动防护用品：护目镜、工作服、工作鞋、工作帽等。

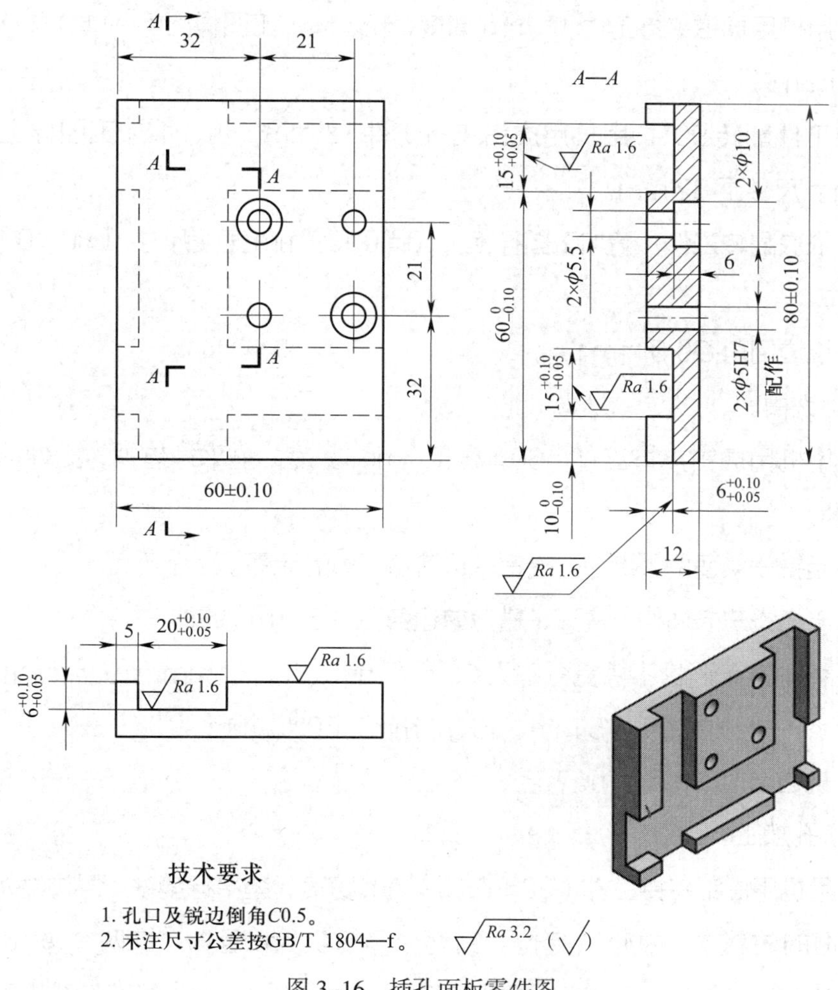

图 3-16　插孔面板零件图

2. 零件加工

（1）检查毛坯尺寸为 85 mm × 65 mm × 15 mm，材料为 45 钢。

（2）检查铣床，安装机用虎钳并找正。

（3）铣外形。

1）用机用虎钳夹持工件 15 mm 高度，铣两侧面，粗加工图样上（60 ± 0.10）mm 尺寸至 62 mm。

2）用机用虎钳夹持工件 62 mm 宽度，垫平行垫铁，粗、精加工图样上 12 mm 尺寸至 13 mm。

3）工件翻转 180°，用机用虎钳夹持工件 62 mm 宽度，垫平行垫铁，精加工图样上 12 mm 高度尺寸。

4）用机用虎钳夹持工件 12 mm 高度，粗、精加工图样上（60 ± 0.10）mm 尺寸至 61 mm。

5）工件翻转 90°，用机用虎钳夹持工件 12 mm，粗、精加工图样上（80 ± 0.10）mm 尺寸至 82 mm。

6）依次翻转工件，精加工图样上（60 ± 0.10）mm 宽度尺寸、（80 ± 0.10）mm 长度尺寸。

7）锐边倒角 $C0.5$ mm。

（4）铣槽。

1）用机用虎钳夹持工件（60 ± 0.10）mm 宽度，垫平行垫铁，工件伸出钳口大于槽深。

2）粗铣三条通槽，槽深、槽宽单边各留 1 mm 余量。

3）半精铣三条通槽，槽深、槽宽单边各留 0.5 mm 余量。

4）精铣三条通槽，槽宽分别为 $20^{+0.10}_{+0.05}$ mm、$15^{+0.10}_{+0.05}$ mm、$15^{+0.10}_{+0.05}$ mm，槽深 $6^{+0.10}_{+0.05}$ mm，控制位置尺寸 5 mm、$10^{0}_{-0.10}$ mm、$60^{0}_{-0.10}$ mm。

5）锐边倒角 $C0.5$ mm。

（5）孔加工。

1）用机用虎钳夹持工件（60 ± 0.10）mm 宽度，垫平行垫铁，寻边器找正（注意孔与槽的位置），中心钻定位。钻两个 ϕ5.5 mm 通孔，锪两个 ϕ10 mm 深 6 mm 台阶孔，钻两个 ϕ5H7 销孔（底孔小于 ϕ4.8 mm），保证各孔边距和孔中心距要求。

2）孔口倒角 $C0.5$ mm。

3. 加工评价

插孔面板加工评价见表 3-8。

表 3-8　插孔面板加工评价表

序号	项目	项目要求	实测结果	配分	得分	备注
1	（80 ± 0.10）mm	79.90 ~ 80.10 mm		10		
2	（60 ± 0.10）mm	59.90 ~ 60.10 mm		10		
3	$10^{0}_{-0.10}$ mm	9.90 ~ 10.00 mm		10		
4	$60^{0}_{-0.10}$ mm	59.90 ~ 60.00 mm		10		

续表

序号	项目	项目要求	实测结果	配分	得分	备注
5	$20^{+0.10}_{+0.05}$ mm	21.05 ~ 20.10 mm		10		
6	$15^{+0.10}_{+0.05}$ mm（2 处）	15.05 ~ 15.10 mm		10		
7	$6^{+0.10}_{+0.05}$ mm	6.05 ~ 6.10 mm		15		
8	ϕ5.5 mm，ϕ10 mm 深 6 mm（2 处）			5		
9	槽底面 *Ra*1.6 μm	*Ra* ≤ 1.6 μm		5		
10	槽两侧面 *Ra*1.6 μm	*Ra* ≤ 1.6 μm		5		
11	槽顶面 *Ra*1.6 μm	*Ra* ≤ 1.6 μm		5		
12	安全文明生产	是否遵守车间安全操作规程	是 / 否	5		

四、控制杆加工

如图 3-17 所示为控制杆零件图，控制杆为杆类零件，其截面形状为矩形，装在插孔面板的槽内并与插孔面板相对滑动，且有间隙配合精度要求，因此其外形尺寸和表面粗糙度要求较高。控制杆一端是圆弧面，另一端是 V 形面，与挡板 V 形槽相对滑动，因此也有相应的接触精度要求，加工时需注意保证精度。

控制杆加工工艺分为铣外形、钻孔、锉 V 形面、锉圆弧面等。

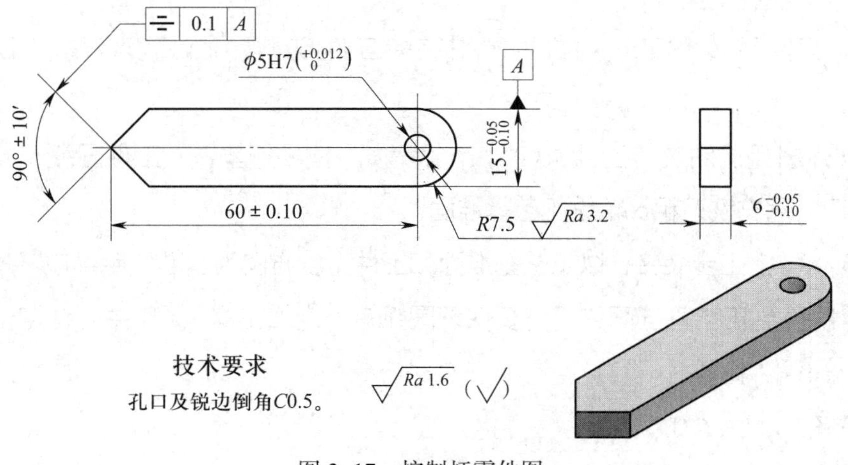

图 3-17　控制杆零件图

1. 加工前准备工作

设备：立式铣床、砂轮机等。

辅具：机用虎钳、平行垫铁、铣夹头、钻夹头、锤子、活扳手、毛刷、钢丝钳、油壶、寻边器、倒角器、划线工具、油石等。

量具：平板、表面粗糙度比较样块、直角尺、万能量角器、正弦规、量块、百分表、外径千分尺、游标高度卡尺、游标卡尺、半径样板、塞规等。

刀具：面铣刀、立铣刀、钻头、手锯、锉刀、铰刀等。

劳动防护用品：护目镜、工作服、工作鞋、工作帽等。

2. 零件加工

（1）检查毛坯尺寸为 72 mm ×18 mm × 8 mm，材料为 45 钢。

（2）检查铣床，安装机用虎钳并找正。

（3）铣削加工工序。

1）用机用虎钳夹持工件 8 mm 高度，铣工件两侧面，粗加工图样上 $15^{-0.05}_{-0.10}$ mm 尺寸至 16 mm。

2）用机用虎钳夹持工件 16 mm 宽度，垫平行垫铁，粗、精加工图样上 $6^{-0.05}_{-0.10}$ mm 尺寸至 7 mm。

3）工件翻转 180°，用机用虎钳夹持工件 16 mm 宽度，垫平行垫铁，精加工图样上 $6^{-0.05}_{-0.10}$ mm 高度尺寸。

4）用机用虎钳夹持工件 $6^{-0.05}_{-0.10}$ mm 高度，精加工图样上 $15^{-0.05}_{-0.10}$ mm 尺寸至 15.5 mm。

5）工件翻转 180°，用机用虎钳夹持工件 $6^{-0.05}_{-0.10}$ mm 高度，精加工图样上 $15^{-0.05}_{-0.10}$ mm 宽度尺寸。

6）用机用虎钳夹持工件 $15^{-0.05}_{-0.10}$ mm 宽度，垫平行垫铁，工件圆弧端伸出机用虎钳钳口，用立铣刀粗、精铣工艺基准面。

7）保持上工步装夹，以工艺基准面和工件宽度方向为基准，用寻边器找正（注意 ϕ 5H7 孔到工艺基准面的距离要保证圆弧有一定加工量），用中心钻定位，钻底孔后铰 ϕ 5H7 孔。

8）孔口倒角 C0.5 mm。

（4）钳加工工序。

1）划 V 形面加工线和圆弧面加工线。

2）锯锉加工 V 形面两侧面，保证图样上 90° ±10′角度尺寸，用正弦规测量角度，保证两侧面对称度，同时根据加工记录测量 V 形面尖端到工艺基准面的尺寸，间接控制 V 形面尖端到 ϕ5H7 孔中心线的距离（60±0.10）mm。

3）锯锉 R7.5 mm 圆弧面。

4）V 形面尖端去毛刺，其余锐边倒角 C0.5 mm。

3. 加工评价

控制杆加工评价见表 3-9。

表 3-9　控制杆加工评价表

序号	项目	项目要求	实测结果	配分	得分	备注
1	（60 ± 0.10）mm	59.90 ~ 60.10 mm		15		
2	$15^{-0.05}_{-0.10}$ mm	14.90 ~ 14.95 mm		15		
3	$6^{-0.05}_{-0.10}$ mm	5.90 ~ 5.95 mm		15		
4	90° ± 10′	89°50′ ~ 90° 10′		15		
5	ϕ5H7	5.000 ~ 5.012 mm		10		
6	R7.5 mm	7.40 ~ 7.60 mm		5		
7	相对基准 A 的对称度 0.1 mm			10		
8	圆弧面 Ra3.2 μm	Ra ≤ 3.2 μm		5		
9	V 形面 Ra1.6 μm	Ra ≤ 1.6 μm		5		
10	安全文明生产	是否遵守车间安全操作规程	是 / 否	5		

五、挡板加工

如图 3-18 所示为挡板零件图，挡板为板类零件，同控制杆装在插孔面板槽内做相对滑动，挡板长度方向上有两个 V 形面，分别与两控制杆 V 形面做相对滑动，因此挡板与控制杆相同，其外形尺寸和 V 形面都有较高的精度要求。挡板 V 形面尺寸精度和位置精度要求较高，采用铣削加工难度较大，测量时也不方便，因此采用手工锉削的加工方法，并用正弦规配合量块进行测量。

挡板加工工艺分为铣外形、锉 V 形面等。

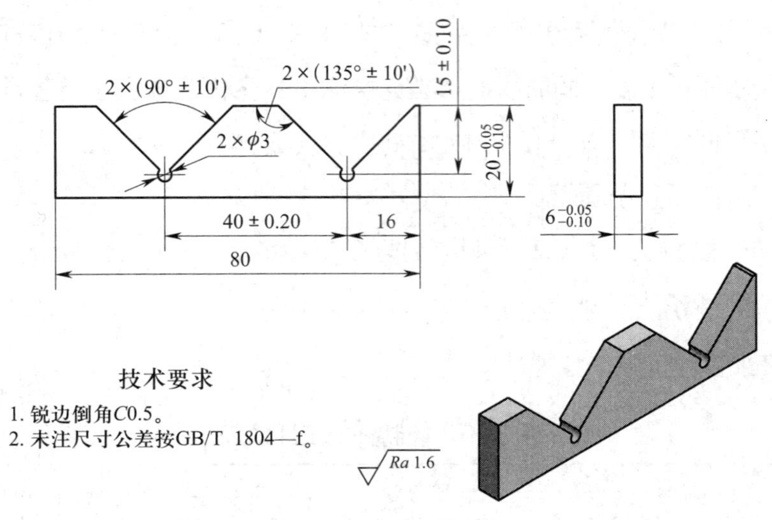

图 3–18 挡板零件图

1. 加工前准备工作

设备：立式铣床、台式钻床、砂轮机等。

辅具：机用虎钳、平行垫铁、铣夹头、钻夹头、锤子、活扳手、毛刷、钢丝钳、油壶、寻边器、倒角器、划线工具、油石等。

量具：平板、表面粗糙度比较样块、精密直角尺、万能量角器、正弦规（或测量柱）、量块、百分表、外径千分尺、游标高度卡尺、游标卡尺等。

刀具：面铣刀、立铣刀、手锯、锉刀、钻头等。

劳动防护用品：护目镜、工作服、工作鞋、工作帽等。

2. 零件加工

（1）检查毛坯尺寸为 85 mm × 25 mm × 8 mm，材料为 45 钢。

（2）检查铣床，安装机用虎钳并找正。

（3）铣外形。

1）用机用虎钳夹持工件 8 mm 高度，铣两侧面，粗加工图样上 $20^{-0.05}_{-0.10}$ mm 尺寸至 21 mm。

2）用机用虎钳夹持工件 21 mm 宽度，垫平行垫铁，粗、精加工图样上 $6^{-0.05}_{-0.10}$ mm 尺寸至 7 mm。

3）工件翻转 180°，用机用虎钳夹持工件 21 mm 宽度，垫平行垫铁，精加工图样上 $6^{-0.05}_{-0.10}$ mm 高度尺寸。

4）用机用虎钳夹持工件 $6^{-0.05}_{-0.10}$ mm 高度，精加工图样上 $20^{-0.05}_{-0.10}$ mm 尺寸至

20.5 mm。

5）工件翻转 180°，用机用虎钳夹持工件 $6_{-0.10}^{-0.05}$ mm 高度，精加工图样上 $20_{-0.10}^{-0.05}$ mm 宽度尺寸。

6）用机用虎钳夹持工件 $20_{-0.10}^{-0.05}$ mm 宽度，垫平行垫铁，工件两端分别伸出机用虎钳钳口，用立铣刀粗、精铣挡板长度方向尺寸 80 mm。

7）锐边倒角 $C0.5$ mm。

（4）钳加工工序。

1）划两 V 形面加工线。

2）钻两个 ϕ3 mm 工艺孔。

3）锯锉 V 形面，V 形面的位置尺寸可用两种方法测量，一是用测量柱、量块和百分表测量，二是用正弦规、量块和百分表测量，这两种方法都需要计算。

4）锐边倒角 $C0.5$ mm。

3. 加工评价

挡板加工评价见表 3-10。

表 3-10 挡板加工评价表

序号	项目	项目要求	实测结果	配分	得分	备注
1	80 mm	79.85 ~ 80.15 mm		10		
2	$20_{-0.10}^{-0.05}$ mm	19.90 ~ 19.95 mm		15		
3	$6_{-0.10}^{-0.05}$ mm	5.90 ~ 5.95 mm		15		
4	（40 ± 0.20）mm	39.80 ~ 40.20 mm		10		
5	（15 ± 0.10）mm	14.90 ~ 15.10 mm		15		
6	90° ± 10′（2 处）	89° 50′ ~ 90° 10′		10		
7	135° ± 10′（2 处）	134° 50′ ~ 135° 10′		10		
8	Ra1.6 μm	$Ra \leqslant 1.6$ μm		10		
9	安全文明生产	是否遵守车间安全操作规程	是 / 否	5		

六、摇杆加工

如图 3-19 所示为摇杆零件图，摇杆为杆类零件，其截面形状为矩形，一端为圆弧面，另一端开槽，摇杆外形与其他零件没有配合要求，但其与销和销钉有配合运动关系，因此加工时要控制这些孔和槽本身的尺寸精度。

摇杆加工工艺分为铣外形、钻孔、攻螺纹、铣槽、锉圆弧等。

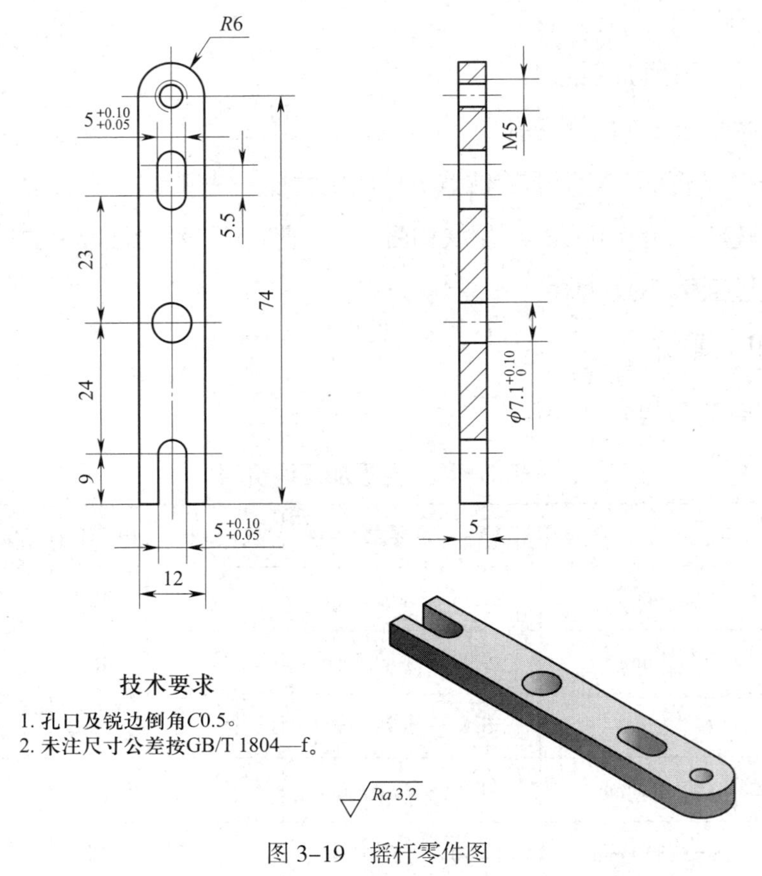

图 3-19　摇杆零件图

1. 加工前准备工作

设备：立式铣床、砂轮机等。

辅具：机用虎钳、平行垫铁、铣夹头、钻夹头、锤子、活扳手、铰杠、毛刷、钢丝钳、油壶、寻边器、倒角器、划线工具、油石等。

量具：平板、表面粗糙度比较样块、直角尺、百分表、游标高度卡尺、数显卡尺、半径样板等。

刀具：面铣刀、立铣刀、钻头、丝锥、手锯、锉刀等。

劳动防护用品：护目镜、工作服、工作鞋、工作帽等。

2. 零件加工

（1）检查毛坯尺寸为 85 mm × 15 mm × 8 mm，材料为 45 钢。

（2）检查铣床，安装机用虎钳并找正。

（3）铣外形。

1）用机用虎钳夹持工件 8 mm 高度，铣两侧面，粗加工图样上 12 mm 尺寸至 13 mm。

2）用机用虎钳夹持工件 13 mm 宽度，垫平行垫铁，粗、精加工图样上 5 mm 尺寸至 6 mm。

3）工件翻转 180°，用机用虎钳夹持工件 13 mm 宽度，垫平行垫铁，精加工图样上 5 mm 高度尺寸。

4）用机用虎钳夹持工件 5 mm 高度，精加工图样上 12 mm 尺寸至 12.5 mm。

5）工件翻转 180°，用机用虎钳夹持工件 5 mm 高度，精加工图样上 12 mm 宽度尺寸。

6）用机用虎钳夹持工件 12 mm 宽度，垫平行垫铁，工件直角边一端伸出机用虎钳钳口，用立铣刀粗、精铣直角边，控制总长尺寸大于 80 mm。

（4）钻孔、攻螺纹。

1）保持上工步装夹，以直角边和工件宽度方向为基准，用寻边器定位，钻 M5 螺纹底孔，底孔直径为 4.2 mm；钻 $\phi 7.1^{+0.10}_{0}$ mm 通孔；钻封闭槽 $5^{+0.10}_{+0.05}$ mm 的工艺通孔，其工艺通孔的直径为 4.2 mm；攻 M5 螺纹。

2）孔口倒角 $C0.5$ mm。

（5）铣半封闭槽和封闭槽。

1）保持上工步装夹，以直角边和工件宽度方向为基准，粗、精铣半封闭槽 $5^{+0.10}_{+0.05}$ mm，长 9 mm；粗、精铣封闭槽 $5^{+0.10}_{+0.05}$ mm，长 5.5 mm。

2）锐边倒角 $C0.5$ mm。

（6）钳加工工序。

1）划圆弧加工线。

2）锯锉圆弧面 $R6$ mm，控制总长尺寸为 80 mm。

3）锐边倒角 $C0.5$ mm。

3. 加工评价

摇杆加工评价见表 3-11。

表 3-11　摇杆加工评价表

序号	项目	项目要求	实测结果	配分	得分	备注
1	74 mm	73.80 ~ 74.20 mm		20		
2	12 mm	11.90 ~ 12.10 mm		20		
3	5 mm	4.95 ~ 5.05 mm		20		
4	$5^{+0.10}_{+0.05}$ mm（2 处）	5.05 ~ 5.10 mm		20		
5	$\phi7.1^{+0.10}_{0}$ mm	7.10 ~ 7.20 mm		5		
6	M5			5		
7	*Ra*3.2 μm	*Ra* ≤ 3.2 μm		5		
8	安全文明生产	是否遵守车间安全操作规程	是 / 否	5		

七、连杆加工

如图 3-20 所示为连杆零件图，连杆是杆类零件，其截面形状为矩形，两端为圆弧面，连杆高度与活塞杆开口槽有间隙配合精度要求，连杆两端孔与销钉有配合并做相对旋转运动，孔本身有一定的加工精度要求。

连杆加工工艺分为铣外形、钻孔、锉圆弧等。

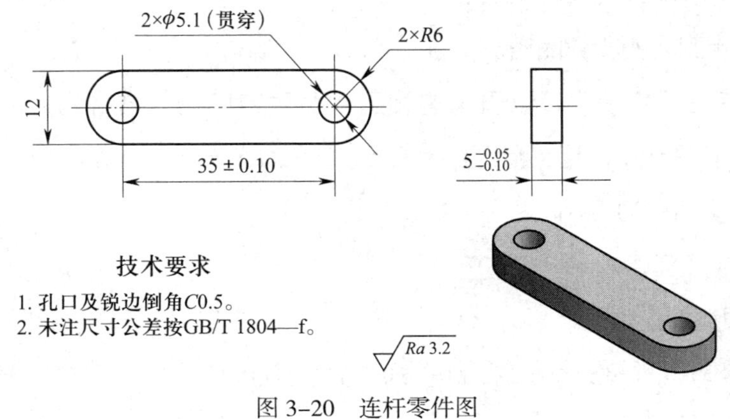

图 3-20　连杆零件图

1. 加工前准备工作

设备：立式铣床、砂轮机等。

辅具：机用虎钳、平行垫铁、铣夹头、钻夹头、锤子、活扳手、毛刷、钢丝钳、油壶、寻边器、倒角器、划线工具、油石等。

量具：平板、表面粗糙度比较样块、直角尺、百分表、外径千分尺、游标高度卡尺、游标卡尺、半径样板等。

刀具：面铣刀、立铣刀、手锯、锉刀、钻头等。

劳动防护用品：护目镜、工作服、工作鞋、工作帽等。

2. 零件加工

（1）检查毛坯尺寸为 50 mm × 15 mm × 8 mm，材料为 45 钢。

（2）检查铣床，安装机用虎钳并找正。

（3）铣外形。

1）用机用虎钳夹持工件 8 mm 高度，铣前、后两侧面，粗加工图样上 12 mm 尺寸至 13 mm。

2）用机用虎钳夹持工件 13 mm 宽度，垫平行垫铁，粗、精加工图样上 $5_{-0.10}^{-0.05}$ mm 尺寸至 6 mm。

3）工件翻转 180°，用机用虎钳夹持工件 13 mm 宽度，垫平行垫铁，精加工图样上 $5_{-0.10}^{-0.05}$ mm 高度尺寸。

4）用机用虎钳夹持工件 $5_{-0.10}^{-0.05}$ mm 高度，精加工图样上 12 mm 尺寸至 12.5 mm。

5）工件翻转 180°，用机用虎钳夹持工件 $5_{-0.10}^{-0.05}$ mm 高度，精加工图样上 12 mm 宽度尺寸。

6）用机用虎钳夹持工件 12 mm 宽度，垫平行垫铁，工件圆弧面任意端伸出机用虎钳一侧，用立铣刀粗、精铣一工艺基准面，控制总长尺寸大于 47 mm。

7）保持上工步装夹，以工艺基准面和工件宽度方向为基准，用寻边器找正（注意 ϕ5.1 mm 孔到工艺基准面的距离要保证圆弧面有一定的加工余量），中心钻定位，钻两个 ϕ5.1 mm 通孔，控制两孔中心距为（35 ± 0.10）mm。

8）孔口及锐边倒角 $C0.5$ mm。

（4）钳加工工序。

1）划两端圆弧面加工线。

2）锯锉两端圆弧面 $R6$ mm，控制总长尺寸 47 mm。

3）锐边倒角 $C0.5$ mm。

3. 加工评价

连杆加工评价见表 3-12。

表 3-12　连杆加工评价表

序号	项目	项目要求	实测结果	配分	得分	备注
1	（35 ± 0.10）mm	34.90 ~ 35.10 mm		20		
2	12 mm	11.90 ~ 12.10 mm		20		
3	$5^{-0.05}_{-0.10}$ mm	4.90 ~ 4.95 mm		20		
4	ϕ5.1 mm（2 处）	5.05 ~ 5.15 mm		10		
5	$R6$ mm（2 处）	5.95 ~ 6.05 mm		15		
6	Ra3.2 μm	$Ra \leqslant 3.2$ μm		10		
7	安全文明生产	是否遵守车间安全操作规程	是 / 否	5		

八、中间连杆加工

如图 3-21 所示为中间连杆零件图，中间连杆两端的孔加工精度要求较高，其加工工艺分为铣外形、钻孔、扩孔、锉圆弧等。

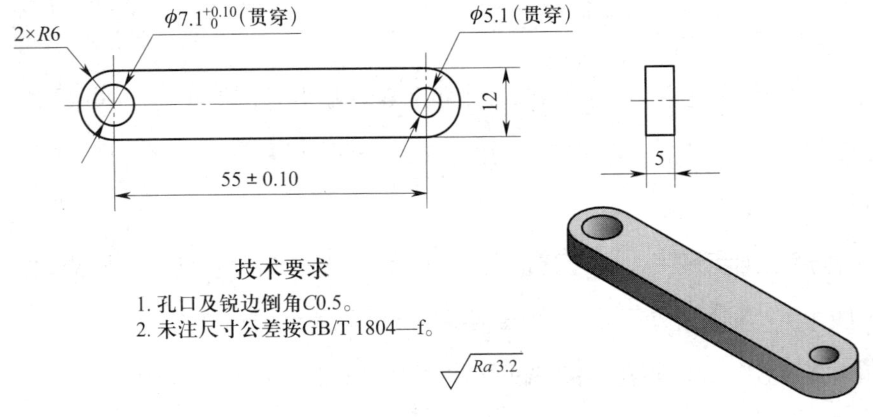

图 3-21　中间连杆零件图

1. 加工前准备工作

设备：立式铣床、砂轮机等。

辅具：机用虎钳、平行垫铁、铣夹头、钻夹头、锤子、活扳手、毛刷、钢丝钳、油壶、寻边器、倒角器、划线工具、油石等。

量具：平板、表面粗糙度比较样块、直角尺、百分表、外径千分尺、游标高度卡尺、游标卡尺、半径样板等。

刀具：面铣刀、立铣刀、钻头、手锯、锉刀等。

劳动防护用品：护目镜、工作服、工作鞋、工作帽等。

2. 零件加工

（1）检查毛坯尺寸为 70 mm × 15 mm × 8 mm，材料为 45 钢。

（2）检查铣床，安装机用虎钳并找正。

（3）铣外形。

1）用机用虎钳夹持工件 8 mm 高度，铣两侧面，粗加工图样上 12 mm 尺寸至 13 mm。

2）用机用虎钳夹持工件 13 mm 宽度，垫平行垫铁，粗、精加工图样上 5 mm 尺寸至 6 mm。

3）工件翻转 180°，用机用虎钳夹持工件 13 mm 宽度，垫平行垫铁，精加工图样上 5 mm 高度尺寸。

4）用机用虎钳夹持工件 5 mm 高度，精加工图样上 12 mm 尺寸至 12.5 mm。

5）工件翻转 180°，用机用虎钳夹持工件 5 mm，精加工图样上 12 mm。

6）用机用虎钳夹持工件 12 mm 宽度，垫平行垫铁，工件圆弧面任意端伸出机用虎钳一侧，用立铣刀粗、精铣一工艺基准面，控制总长尺寸大于 67 mm。

7）保持上工步装夹，以工艺基准面和工件宽度方向为基准，用寻边器找正定位（注意 ϕ5.1 mm 孔或 $\phi 7.1^{+0.10}_{0}$ mm 孔到工艺基准面的距离要保证圆弧面有一定的加工余量），中心钻定位，钻 ϕ5.1 mm 孔和 $\phi 7.1^{+0.10}_{0}$ mm 孔，控制两孔中心距为（55 ± 0.10）mm。

8）孔口及锐边倒角 C0.5 mm。

（4）钳加工工序。

1）划两端圆弧面加工线。

2）锯锉两端圆弧面 R6 mm，控制总长尺寸 67 mm。

3）锐边倒角 $C0.5$ mm。

3. 加工评价

中间连杆加工评价见表 3-13。

表 3-13　中间连杆加工评价表

序号	项目	项目要求	实测结果	配分	得分	备注
1	（55 ± 0.10）mm	54.90 ～ 55.10 mm		20		
2	12 mm	11.90 ～ 12.10 mm		15		
3	5 mm	4.95 ～ 5.05 mm		15		
4	ϕ5.1 mm	5.05 ～ 5.15 mm		10		
5	$\phi 7.1^{+0.10}_{0}$ mm	7.10 ～ 7.20 mm		10		
6	R6 mm（2 处）	5.95 ～ 6.05 mm		15		
7	Ra3.2 μm	$Ra \leqslant 3.2$ μm		10		
8	安全文明生产	是否遵守车间安全操作规程	是 / 否	5		

九、缸体加工

如图 3-22 所示为缸体零件图，缸体呈六面体形，其外形有一定的尺寸精度和几何精度要求，缸体中部孔与活塞杆间隙配合并做相对运动，属于精密滑动摩擦，因此配合精度、位置精度和表面粗糙度都有较高要求。

缸体加工工艺分为铣外形、钻孔、扩孔、锪孔、铰孔等。

1. 加工前准备工作

设备：立式铣床、砂轮机等。

辅具：机用虎钳、平行垫铁、铣夹头、钻夹头、锤子、活扳手、毛刷、钢丝钳、油壶、ϕ12 mm 圆棒、寻边器、倒角器、油石等。

量具：平板、表面粗糙度比较样块、直角尺、百分表、外径千分尺、游标卡尺、塞规等。

刀具：面铣刀、钻头、铰刀、锉刀等。

劳动防护用品：护目镜、工作服、工作鞋、工作帽等。

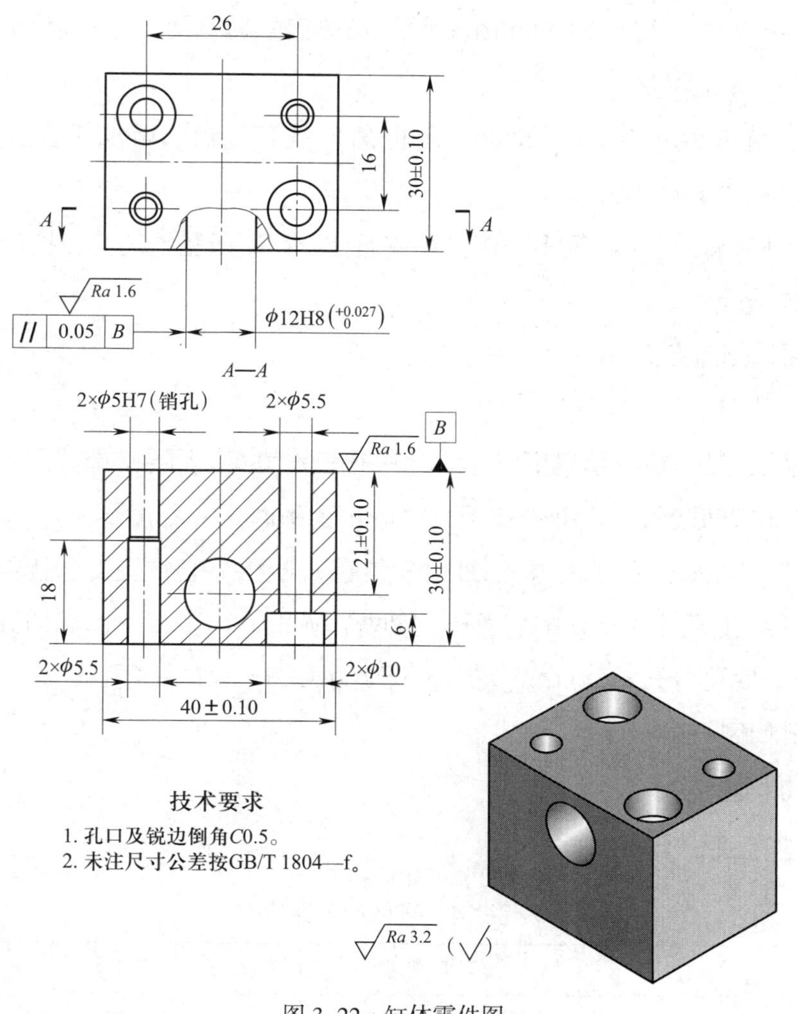

图 3–22 缸体零件图

2. 零件加工

（1）检查毛坯尺寸为 45 mm × 35 mm × 35 mm，材料为 45 钢。

（2）检查铣床，安装机用虎钳并找正。

（3）铣外形。

1）夹持工件 35 mm 宽度，粗、精加工图样上（30 ± 0.10）mm 尺寸至 33 mm，作为基准面。

2）基准面靠近固定钳口安装，活动钳口放置圆棒夹持工件，粗、精加工图样上另一侧（30 ± 0.10）mm 尺寸至 33 mm。

3）工件翻转 180°，同上一工步装夹方法，用平行垫铁垫实，精铣另一面至（30 ± 0.10）mm。

4）夹持工件（30 ± 0.10）mm，用平行垫铁垫实基准面，精铣基准面的对面至（30 ± 0.10）mm。

5）夹持工件（30 ± 0.10）mm，用直角尺找正，粗、精加工图样上（40 ± 0.10）mm 尺寸至 43 mm。

6）工件翻转 180°，同上一工步装夹方法，用平行垫铁垫实，精铣另一面至（40 ± 0.10）mm。

7）锐边倒角 *C*0.5 mm。

（4）孔加工。

1）基准面 *B* 靠近固定钳口安装，用平行垫铁垫实，用寻边器找正，中心钻定位，钻铰 ϕ12H8 通孔，保证孔边距（21 ± 0.10）mm 及平行度要求。

2）将工件翻转 90°（注意 ϕ12H8 孔位置），用平行垫铁垫实，用寻边器找正，中心钻定位。钻两个 ϕ5.5 mm 通孔，锪两个 ϕ10 mm 深 6 mm 台阶孔；钻两个 ϕ5H7 孔，底孔小于 ϕ4.8 mm；扩 ϕ5.5 mm 深 18 mm 台阶孔。

3）孔口倒角 *C*0.5 mm。

3. 加工评价

缸体加工评价见表 3–14。

表 3–14　缸体加工评价表

序号	项目	项目要求	实测结果	配分	得分	备注
1	（40 ± 0.10）mm	39.90 ~ 40.10 mm		15		
2	（30 ± 0.10）mm	29.90 ~ 30.10 mm		15		
3	（30 ± 0.10）mm	29.90 ~ 30.10 mm		15		
4	（21 ± 0.10）mm	20.90 ~ 21.10 mm		10		
5	ϕ12H8	12.000 ~ 12.027 mm		10		
6	ϕ5.5 mm，ϕ10 mm，深 6 mm（2 处）			10		
7	相对基准 *B* 的平行度 0.05 mm			10		
8	基准面 *Ra*1.6 μm	*Ra* ≤ 1.6 μm		5		
9	孔表面 *Ra*1.6 μm	*Ra* ≤ 1.6 μm		5		
10	安全文明生产	是否遵守车间安全操作规程	是 / 否	5		

课题三 连杆折弯机构的装配与调整

一、装配前准备工作

连杆折弯机构装配前准备工作包括清点零件（表 3-15）、标准件（表 3-16），准备工具、刃具和量具（表 3-17）。装配过程中要认真检查零件和标准件的品种、数量、质量和规格是否符合要求，以免在装配过程中发现零件质量不合格或发生安全事故。

表 3-15　连杆折弯机构零件的准备

序号	零件名称	材料	数量
1	底板	45 钢	1
2	立板	45 钢	1
3	插孔面板	45 钢	1
4	控制杆	45 钢	2
5	挡板	45 钢	1
6	摇杆	45 钢	1
7	连杆	45 钢	1
8	中间连杆	45 钢	1
9	缸体	45 钢	1
10	活塞杆	45 钢	1
11	支承螺栓	45 钢	1
12	偏心轮	45 钢	1
13	手轮	45 钢	1

表 3-16　连杆折弯机构标准件的准备

序号	名称	规格 / mm	数量
1	开槽盘头台阶螺钉	M5 × 5	2
2	内六角圆柱头螺钉	M5 × 15	4
3	内六角圆柱头螺钉	M5 × 35	2
4	内六角锥端紧定螺钉	M5 × 6	1
5	圆柱销	ϕ5n6 × 12	3
6	圆柱销	ϕ5n6 × 20	6

表 3-17　工具、刃具和量具的准备

序号	名称	规格	数量
1	手电钻		1
2	内六角扳手	3 ~ 12 mm	1 套
3	一字旋具	250 mm	1
4	锤子（或铜棒）	0.5 ~ 1 kg	1
5	铰杠	200 mm	1
6	钢丝钳		1
7	C 形夹头	100 mm	1
8	锉刀	300 ~ 150 mm	1 套
9	油石		1
10	防锈清洗剂		1
11	油枪		1
12	钻头	ϕ4 mm、ϕ4.8 mm	各 1
13	铰刀	ϕ5H7	1
14	杠杆百分表及表座	0 ~ 0.8 mm，精度 0.01 mm	1
15	数显卡尺	0 ~ 150 mm，精度 0.01 mm	1
16	刀口形直角尺	200 mm，1 级	1
17	塞规	ϕ5H7	1
18	塞尺	0.02 ~ 0.5 mm	1

二、连杆折弯机构的装配

1. 装配工艺分析

图 3-9 所示为连杆折弯机构装配图，该机构是曲柄滑块、曲柄摇杆和偏心机构的应用原理和结构形式，因此装配形式多为杆件连接和滑动配合连接，杆件连接为销孔配合和销槽配合，要求相对转动灵活；活塞杆和缸体为间隙配合，要求活塞杆在缸体孔内滑移灵活；插孔面板槽与控制杆、挡块等为间隙配合，同样也要求滑动灵活无卡死，连杆机构装配重点是配合间隙的测量和调整。

2. 装配与调整

（1）清点各零件，并对零件进行清理、清洗及擦拭。

（2）装配前进行零件精度检测。

（3）试装。

1）立板 ϕ12H8 孔与偏心轮试配，转动灵活。

2）插孔面板槽与挡块试配，滑动灵活。

3）插孔面板槽与控制杆试配，滑动灵活。

4）活塞杆与缸体 ϕ12H8 孔试配，滑动灵活。

5）手轮 ϕ8H8 孔与偏心轮轴颈 ϕ8h8 试配正确。

（4）部件装配。

1）将底板与立板用内六角圆柱头螺钉（M5×15）紧固安装，底板与立板垂直。

2）两控制杆分别装入 ϕ5n6×12 mm 圆柱销（过渡配合），圆柱销端面与控制杆侧面平齐。

3）偏心轮装入 ϕ5n6×20 mm 圆柱销（过渡配合），圆柱销端面与偏心轮轴肩面平齐。

4）手轮装入 ϕ5n6×20 mm 圆柱销（过渡配合），圆柱销装到孔底部。

5）活塞杆与连杆用 ϕ5n6×12 mm 圆柱销连接，连杆在活塞杆槽内摆动灵活。

（5）总装配。

1）将支承螺栓拧入立板 M10 螺纹孔中并锁紧。

2）安装插孔面板，用内六角圆柱头螺钉（M5×15）将插孔面板紧固在立板上，螺钉先不要锁紧。

3）将挡板（注意 V 形面的位置方向）和两控制杆插入插孔面板槽内，逐步锁紧两内六角圆柱头螺钉（M5×15），挡板和两控制杆在插孔面板槽内滑动灵活，并使插孔面板底侧面与底板紧密贴合，锁紧螺钉。

4）将摇杆用开槽盘头台阶螺钉（M5×5），紧固在支承螺栓上面，两控制杆的销钉装入摇杆两端槽内，紧固螺钉，摇杆摆动灵活，带动两控制杆在插孔面板槽内滑动灵活。

5）将偏心轮装入立板 ϕ12H8 孔，偏心轮轴肩面靠实立板侧面，将手轮装入偏心轮轴颈 ϕ8h8 上，手轮端面靠实立板另一侧面，然后将 0.02 ~ 0.5 mm 塞尺塞入手轮端面与立板侧面之间（或偏心轮轴肩面与立板侧面之间），用 C 形夹头夹住偏心轮和手轮两端面，手电钻夹持 ϕ4 mm 钻头，通过手轮 M5 螺纹孔配钻偏心轮轴颈 ϕ8h8 上 ϕ3 mm 孔，锪 90°锥窝，拧入内六角锥端紧定螺钉（M5×6）并锁紧，松开 C 形夹头，取出塞尺，转动手轮，旋转灵活。

6）中间连杆一端装入偏心轮圆柱销上，另一端用开槽盘头台阶螺钉（M5×5）紧固在摇杆 M5 螺纹孔上，转动手轮中间连杆带动摇杆灵活摆动。

7）把偏心轮圆柱销摇至上方，将活塞杆装入缸体孔中，缸体、活塞杆和连杆同步移动，使连杆另一端孔装入偏心轮圆柱销，用内六角圆柱头螺钉（M5×35）将缸体紧固在立板上，缸体底面与底板上面紧密贴合，转动手轮，连杆带动活塞杆上、下移动灵活。

8）检查各螺钉是否拧紧，转动手轮，用力均匀且无阻滞现象，转动手轮，挡块上、下移动灵活无卡死，活塞杆上、下移动灵活无卡死。

9）用手电钻钻铰两个 ϕ5H7 插孔面板与立板连接定位圆柱销孔，配两个 ϕ5n6×20 mm 圆柱销，圆柱销端面装入立板侧面 2 mm，配圆柱销时要注意钻铰一个孔配一个圆柱销，不允许一起钻孔、一起铰孔、一起打销。

10）用手电钻钻铰两个 ϕ5H7 缸体与立板连接的定位圆柱销孔，配两个 ϕ5n6×20 mm 圆柱销，圆柱销端面装入立板侧面 2 mm。

11）清理连杆折弯机构，各运动部位加注润滑油。

12）试运转。

三、装配评价

连杆折弯机构装配评价过程见表 3-18。

表 3-18 连杆折弯机构装配评价表

序号	评价内容	装配要求	实测结果	配分	得分
1	零件清理	零件的清洗、清理、去毛刺		5	
2	零件精度检测	根据装配图和零件图要求检查装配零件的主要尺寸精度，并做好记录		10	
3	试装	（1）立板 ϕ 12H8 孔与偏心轮试配，转动灵活 （2）插孔面板槽与挡块试配，滑动灵活 （3）插孔面板槽与控制杆试配，滑动灵活 （4）活塞杆与缸体 ϕ 12H8 孔试配，滑动灵活 （5）手轮 ϕ 8H8 孔与偏心轮轴颈 ϕ 8h8 试配正确		15	
4	装配	（1）底板与立板紧固安装，要求底板与立板间垂直度≤ 0.05 mm （2）两控制杆分别装入 ϕ 5n6 × 12 mm 圆柱销（过渡配合），圆柱销端面与控制杆侧面平齐，不许脱落 （3）偏心轮装入 ϕ 5n6 × 20 mm 圆柱销（过渡配合），圆柱销端面与偏心轮轴肩面平齐，不许脱落 （4）手轮装入 ϕ 5n6 × 20 mm 圆柱销（过渡配合），圆柱销装到孔底部，不许脱落 （5）活塞杆与连杆用 ϕ 5n6 × 12 mm 圆柱销连接，连杆在活塞杆槽内摆动灵活		30	
5	总装配	（1）支承螺栓安装、锁紧正确 （2）插孔面板安装、锁紧正确，要求挡板和两控制杆在插孔面板槽内滑动灵活，并使插孔面板底侧面与底板紧密贴合 （3）摇杆安装正确，摇杆与两控制杆连接正确，摇杆摆动灵活并带动两控制杆在插孔面板槽内滑动灵活 （4）偏心轮与手轮装配正确，紧定螺钉锁紧，手轮转动灵活，轴向窜动量≤ 0.05 mm （5）中间连杆安装正确，转动手轮，中间连杆带动摇杆摆动灵活		25	

续表

序号	评价内容	装配要求	实测结果	配分	得分
5	总装配	（6）活塞杆与缸体装配正确，缸体与立板安装锁紧正确，要求缸体底面与底板上面紧密贴合，转动手轮连杆带动活塞杆上、下移动灵活 （7）插孔面板与立板配圆柱销安装正确，圆柱销端面装入立板侧面 2 mm （8）缸体与立板配圆柱销安装正确，圆柱销端面装入立板侧面 2 mm		25	
6	试运转	（1）检查各零件安装是否正确，各螺钉是否拧紧，定位销安装是否牢靠 （2）清理连杆折弯机构，各运动部位加注润滑油 （3）转动手轮，要求用力均匀、无阻滞现象；挡块上、下移动灵活无卡死；活塞杆上、下移动灵活无卡死 （4）连续转动手轮 3 min，各零件运行正常，无卡死，零件无脱落，螺钉无松动		10	
7	安全文明生产	是否遵守车间安全操作规程	是 / 否	5	

任务四

万向滑块机构制作

学习目标

1. 能借助万向滑块机构装配图，描述万向滑块机构的传动原理。

2. 能读懂万向滑块机构零件图并分析其加工工艺过程，正确选择刀具、工具、量具，对零件进行加工并检验加工质量。

3. 能读懂万向滑块机构装配图，制定装配工艺规程，确定装配方法，进行万向滑块机构的装配与调试并检测装配精度。

4. 能根据万向滑块机构装配精度要求，分析零件的加工精度对机构装配质量的影响，并对零件加工精度进行控制。

5. 能掌握万向滑块机构零件的制作方法，了解各种配合的应用场合和装配方法。

6. 能在操作过程中严格遵守车间安全操作规程，做到安全文明生产。

相关知识

一、轴的结构和轴上零件的固定

1. 轴的结构

图 4-1 所示为一齿轮轴的结构，主要由轴颈、轴头和轴身三部分组成。安装轴承的部分为轴颈，安装传动部件（齿轮、带轮）的部分为轴头，连接轴颈和轴头的部分为轴身。在轴上还有轴肩或轴环等。

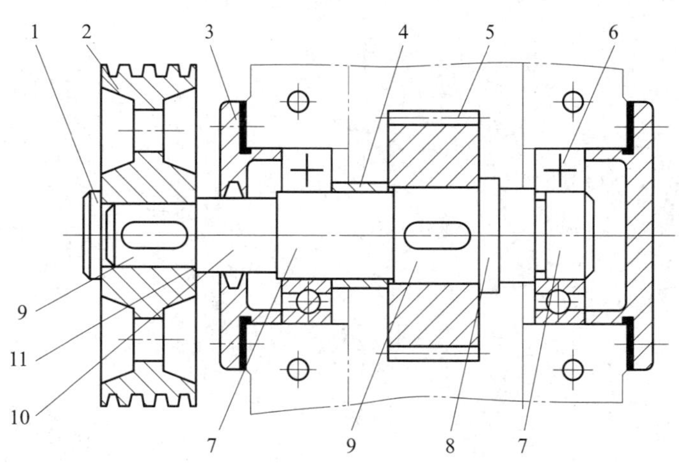

图 4-1　齿轮轴的结构

1—轴端挡圈　2—带轮　3—轴承盖　4—套筒　5—齿轮　6—滚动轴承
7—轴颈　8—轴环　9—轴头　10—轴身　11—轴肩

（1）轴的结构要求。

轴的结构要保证强度条件，具有合理的形状尺寸，轴和轴上零件要有准确的工作位置，各零件要牢固、可靠地相对固定，轴上的零件应便于装拆和调整。轴应具有良好的制造工艺性，还应具有应力集中小等特点。

（2）轴的结构工艺性。

为了便于轴的制造和轴上零件的装配、使用、维修，应进行轴的结构工艺性设计。

1）轴的结构应简单，台阶数尽可能少，直径应中间大、两端小，以便于装拆。

2）轴端、轴颈与轴肩（或轴环）的过渡部位应有倒角或过渡圆角，如图 4-2a 所示，并应尽可能使倒角大小和圆角半径相同，以便于加工。

3）轴端若需要磨削，须留出砂轮越程槽，如图 4-2b 所示；若需要切削螺纹，须留出螺纹退刀槽，如图 4-2c 所示。

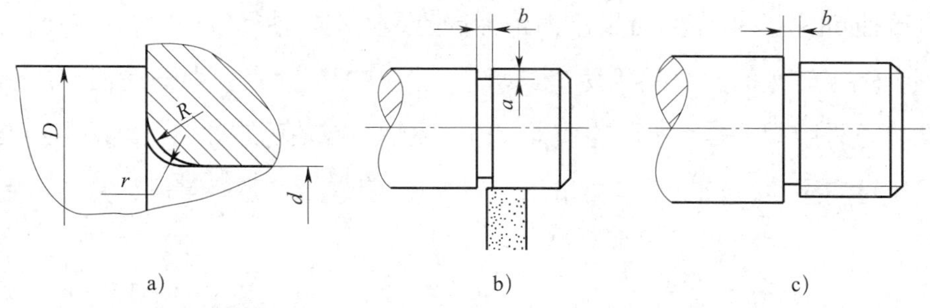

图 4-2　轴的结构工艺性

a）倒圆与倒角　b）砂轮越程槽　c）螺纹退刀槽

4）当轴上零件与轴过盈配合时，为便于装配，轴的装入端应加工出导向圆锥面。

2. 轴上零件的固定

（1）轴向固定。

为了确定轴上零件的轴向位置，并防止在轴向力的作用下产生轴向位移，必须对轴上零件定位和固定，常用的方法有以下几种。

1）用轴肩或轴环固定。台阶轴的截面变化部位称为轴肩或轴环。轴肩或轴环固定具有结构简单、定位可靠、可承受较大轴向力等优点，因此应用最为广泛，如用于对齿轮、带轮、棘轮、轴承、联轴器、制动器等传动零件的轴向固定。

为了保证轴上零件的可靠固定，轴肩或轴环的尺寸应选择适当。如图 4-3 所示，轴肩或轴环的高度 h 为 2 ~ 10 mm（轴径较小时取小值），安装及固定滚动轴承时，h 应小于滚动轴承内圈的高度，以便于滚动轴承的拆卸；轴环的宽度 b 约为 1.4h。

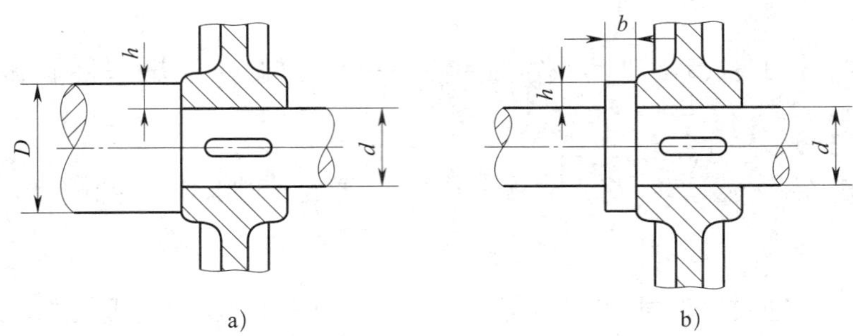

图 4–3　轴肩或轴环固定

a）轴肩固定　b）轴环固定

2）用轴端挡圈或圆锥面固定。当零件位于轴端时，可利用轴端挡圈或圆锥面加挡圈进行轴向固定。图 4-4a 所示为用轴端挡圈固定，轴径较小时，只需用一个螺钉锁紧；轴径较大时，则需用两个或两个以上的螺钉锁紧。为防止轴端挡圈和螺钉松动，可采用图 4-4a 所示的锁紧装置。无轴肩或轴环的轴端，可采用圆锥面加挡圈进行轴向固定，如图 4-4b 所示，这种固定有较高的定心精度，并能承受冲击载荷。

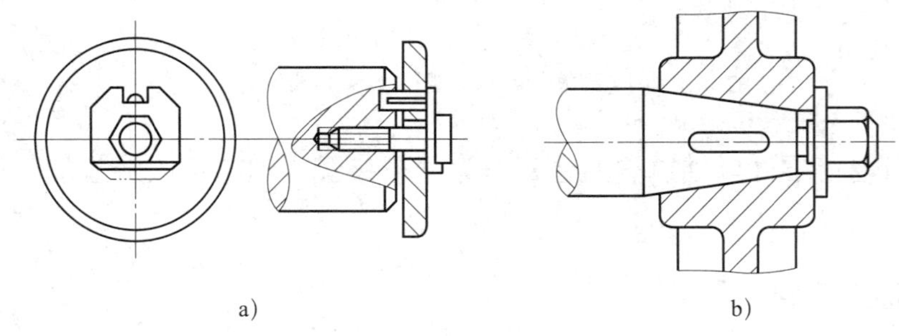

图 4–4　轴端挡圈和圆锥面固定

a）轴端挡圈固定　b）圆锥面固定

3）用轴套固定。轴套又称套筒，图 4-5 所示为轴套固定，这种固定方式具有结构简单、定位可靠的特点。由于轴套固定在轴上不需要开槽或钻孔，也不需要攻制螺纹，因此不削弱轴的强度，不影响轴的疲劳强度。轴套固定一般用于零件间间距较小的场合，但不宜在转速很高的场合下使用。

4）用圆螺母固定。当无法采用轴套固定或轴套太长时，可采用圆螺母做轴向固定，如图 4-6 所示。这种方法通常用在轴的中部或端部，具有装拆方便、固定可靠、能承受较大的轴向力等优点。其缺点是需在轴上切削螺纹，会在螺纹处产生应力集中而降低轴的疲劳强度，因此设计时一般采用细牙螺纹，以减小对轴强度的影响。为防止圆螺母松脱，常采用双螺母或一个螺母加止推垫圈来防松。

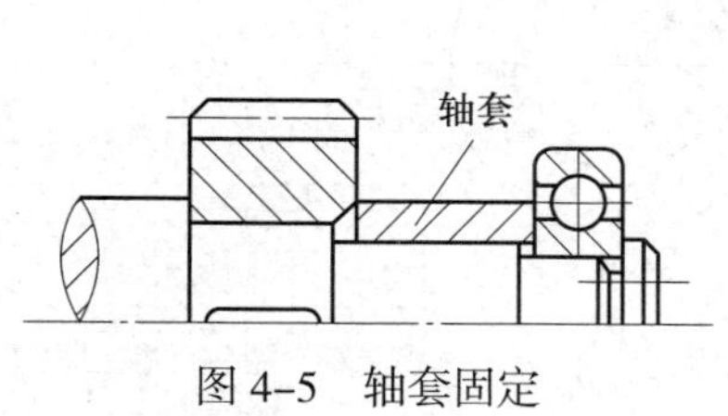

图 4-5　轴套固定

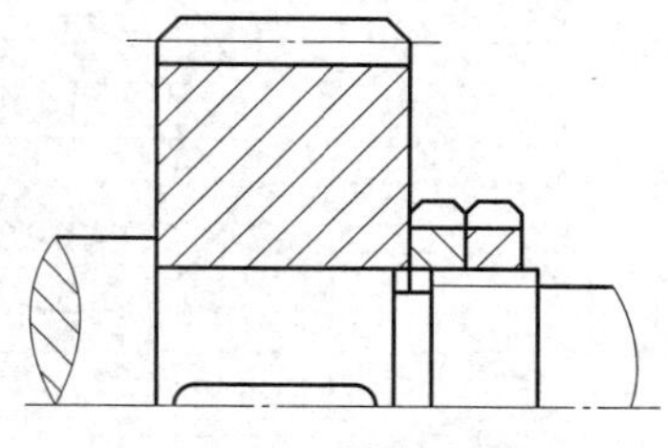
图 4-6　圆螺母固定

5）用弹性挡圈固定（图 4-7）。弹性挡圈结构简单、紧凑，装拆方便，能承受的轴向力较小，一般用于轴向力较小的滚动轴承的轴向固定。

6）用紧定螺钉固定（图 4-8）。用紧定螺钉轴向固定具有结构简单、同时起周向固定作用等特点，一般用于轴向力很小、转速很低的光轴上的零件的轴向固定。为了保证固定可靠，防止紧定螺钉松动，应设防松装置，如安装锁圈、捆扎铁丝等。

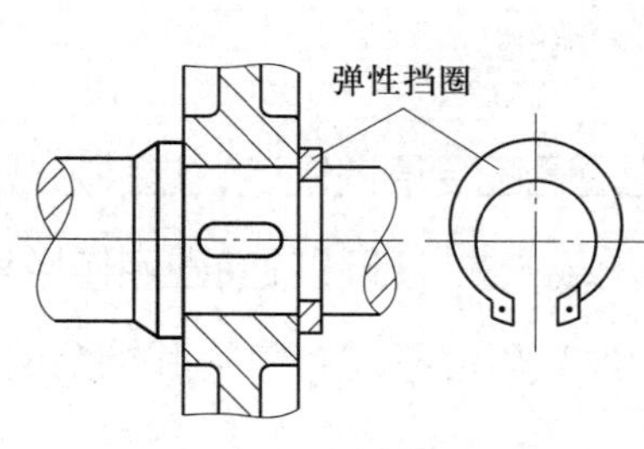

图 4-7　弹性挡圈固定

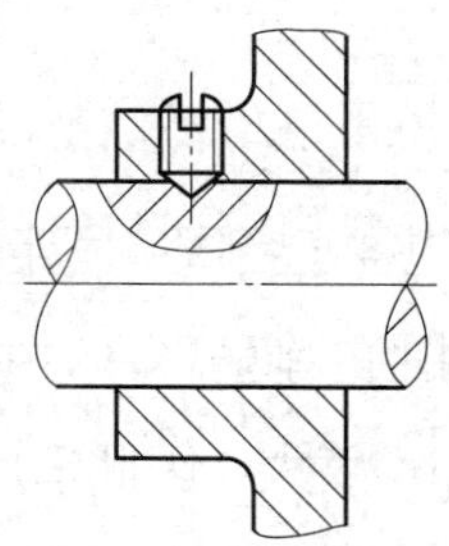
图 4-8　紧定螺钉固定

（2）周向固定。

轴上零件周向固定的目的是传递转矩和防止零件与轴产生相对转动。常采用键和过盈配合等方法。

1）用键周向固定。图 4-9a 所示为用平键连接做周向固定，这种方式具有结构简单、对中性好、装拆方便等特点，应用较为广泛。平键连接常用于高精度、高转速、大冲击及交变载荷作用下的固定连接，也用于要求不高的导向连接。

用楔键连接做周向固定，在传递转矩的同时，还能承受单向的轴向力，但对中性较差，常用于轴端零件的周向固定。

图 4-9b 所示为用花键连接周向固定，这种方式具有较高的承载能力，对中性与导向性均较好，但制造工艺较为复杂，因此成本较高。花键连接常用于对中要求高、大载荷作用的周向固定，也用于导向滑动连接。

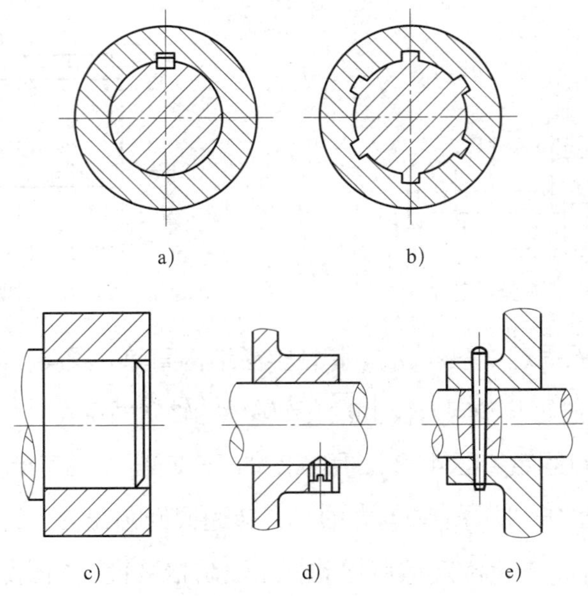

图 4-9　轴上零件的周向固定

a）平键连接　b）花键连接　c）过盈配合

d）紧定螺钉连接　e）销连接

2）用过盈配合周向固定。图 4-9c 所示为过盈配合周向固定，这种方式具有结构简单、对轴的削弱小、对中性好、过盈量和承载力大、兼起轴向固定作用等特点，但由于拆卸难度大，因此适用于对中要求高、大载荷但不需经常拆卸场合的周向固定。

对于过盈量较小的场合，可与平键同时使用，以提高承载能力并可承受大的振动和冲击。

3）其他方法周向固定。在传递载荷很小时，可以用紧定螺钉（图 4-9d）或圆锥销（图 4-9e）周向固定。这两种方法均兼有轴向固定的作用。

二、万向节

万向节由两个具有叉状端部的万向接头和一个十字销组成，如图 4-10 所示。万向节主要用于两轴线不在一条直线上的传动，它是实现变角度动力传递的元件，用于改变传动轴线的方向。万向节与传动轴组合，称为万向节传动装置，广泛应用于汽车、拖拉机及金属切削机床中，如转向轮与汽车转向器的连接。

图 4-10　万向节

任务布置

万向滑块机构由底板等零件组成。本任务按照零件图的要求进行加工工艺分析，对涉及装配精度的尺寸及配合尺寸进行分析，按照零件加工后实际几何参数对装配精度的影响，对零件加工过程进行控制。加工时根据零件的形状大小、结构特征、精度要求等选择合适的刀具、量具、机床。

图 4-11 所示为万向滑块机构装配图。各零件按照装配单元分三部分进行工艺分析和加工，一是底板、立板、支承板、转动板；二是滑块、底座、滑块套板、盖板、铰链轴；三是叉件、曲柄、连接销、曲轴、短轴、手轮。装配时确定装配单元，了解零件间的相互位置、配合间隙、结合面的松紧等，进行加工前准备工作。

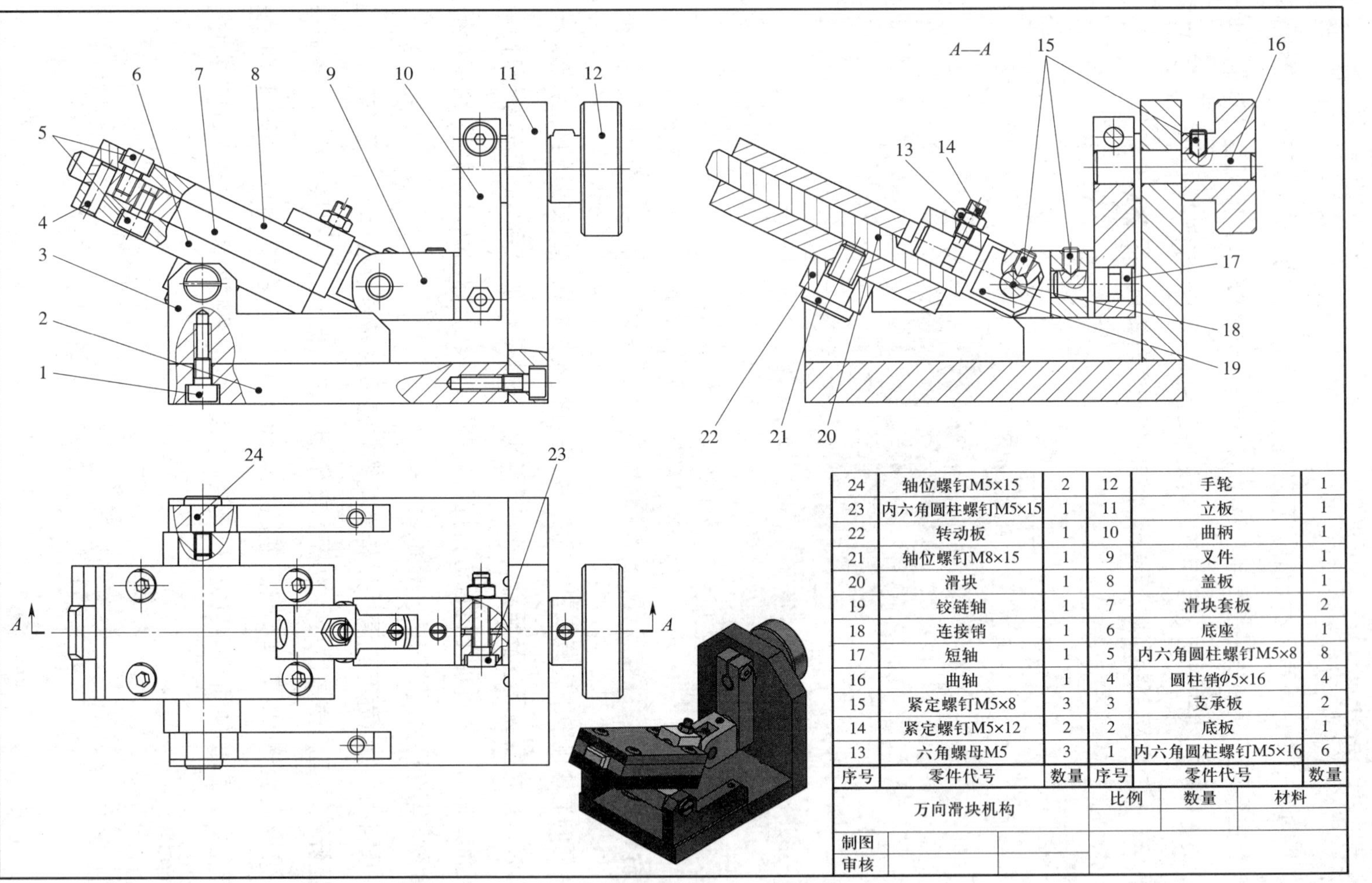

序号	零件代号	数量	序号	零件代号	数量
24	轴位螺钉M5×15	2	12	手轮	1
23	内六角圆柱螺钉M5×15	1	11	立板	1
22	转动板	1	10	曲柄	1
21	轴位螺钉M8×15	1	9	叉件	1
20	滑块	1	8	盖板	1
19	铰链轴	1	7	滑块套板	2
18	连接销	1	6	底座	1
17	短轴	1	5	内六角圆柱螺钉M5×8	8
16	曲轴	1	4	圆柱销φ5×16	4
15	紧定螺钉M5×8	3	3	支承板	2
14	紧定螺钉M5×12	2	2	底板	1
13	六角螺母M5	3	1	内六角圆柱螺钉M5×16	6

万向滑块机构	比例	数量	材料
制图			
审核			

图 4-11　万向滑块机构装配图

课题一 底板等零件的制作

一、底板加工

图 4-12 所示为底板零件图。底板为重要的基础零件，立板、支承板通过螺纹连接装在底板上，装配时要保证立板、支承板与底板的垂直度。$30^{-0.10}_{-0.20}$ mm 凸台与立板 $30^{+0.10}_{0}$ mm 凹槽配合，加工时注意尺寸精度。

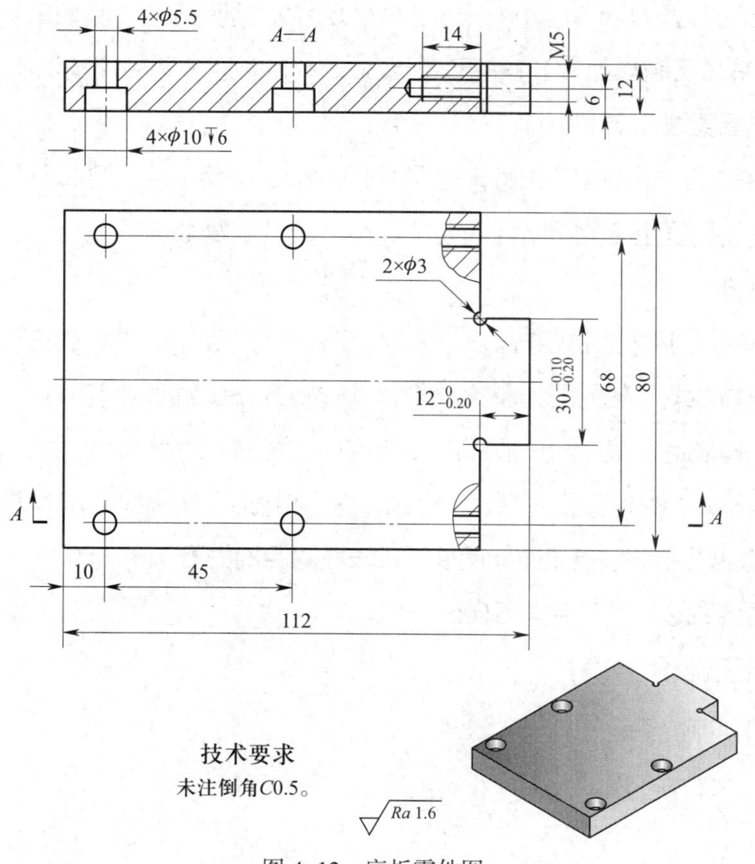

图 4-12　底板零件图

1. 加工前准备工作

设备：立式铣床、砂轮机等。

辅具：机用虎钳、平行垫铁、铣夹头、钻夹头、锤子、活扳手、铰杠、毛刷、钢丝钳、油壶、寻边器、倒角器、油石等。

量具：平板、直角尺、百分表、游标卡尺、塞规、螺纹塞规等。

刀具：面铣刀、立铣刀、钻头、丝锥、锉刀等。

劳动防护用品：护目镜、工作鞋、工作服、工作帽等。

2. 零件加工

（1）检查毛坯尺寸为 120 mm × 85 mm × 15 mm，材料为 45 钢。

（2）铣外形。

1）用机用虎钳夹持毛坯并找正，粗加工图样上 80 mm 尺寸至 81 mm。

2）粗加工图样上 12 mm 尺寸至 13 mm。

3）用直角尺找正，粗加工图样上 112 mm 尺寸至 113 mm。

4）半精加工图样上 112 mm 尺寸至 112.5 mm，翻转工件，精加工至 112 mm。

5）半精加工图样上 80 mm 尺寸至 80.5 mm，翻转工件，精加工至 80 mm，与大平面垂直度为 0.05 mm。

6）半精加工图样上 12 mm 尺寸至 12.5 mm，翻转工件，精加工至 12 mm。

（3）精铣图样上 $30^{-0.10}_{-0.20}$ mm、$12^{0}_{-0.20}$ mm 尺寸至要求。

（4）钻孔。

1）所有孔均用中心钻定位。

2）以中心线、左侧面为基准，钻 4 个 ϕ5.5 mm 通孔；锪 4 个 ϕ10 mm 深 6 mm 孔，孔边距为 10 mm，两孔长度方向中心距为 45 mm。

3）钻 ϕ4.2 mm 底孔，攻 M5 螺纹，深 14 mm，两螺纹孔宽度方向中心距为 68 mm，螺纹孔中心线高度方向距底板下表面的距离为 6 mm。

（5）倒钝锐边，孔口倒角 C0.5 mm。

3. 加工评价

底板加工评价见表 4-1。

表 4-1　底板加工评价表

序号	项目	项目要求	实测结果	配分	得分	备注
1	80 mm	79.85 ～ 80.15 mm		5		
2	112 mm	111.85 ～ 112.15 mm		5		
3	12 mm	11.90 ～ 12.10 mm		5		
4	$30_{-0.20}^{-0.10}$ mm	29.80 ～ 29.90 mm		10		
5	$12_{-0.20}^{0}$ mm	11.80 ～ 12.00 mm		15		
6	10 mm（孔边距）	9.90 ～ 10.10 mm		10		
7	45 mm（孔中心距）	44.85 ～ 45.15 mm		10		
8	68 mm（孔中心距）	67.85 ～ 68.15 mm		10		
9	ϕ5.5 mm，ϕ10 mm 深 6 mm（4 处）	5.45 ～ 5.55 mm，9.90 ～ 10.10 mm，5.95 ～ 6.05 mm		20		
10	M5 螺纹孔，深 14 mm（2 处）			10		
11	安全文明生产	是否遵守车间安全操作规程	是 / 否			

二、立板加工

图 4-13 所示为立板零件图。立板是机构中重要的支承件，其一端与底板连接，另一端装入曲轴。立板的凹槽宽度 $30_{0}^{+0.10}$ mm、深度 $11.7_{0}^{+0.10}$ mm 与底板凸台配合，两个 ϕ 5.5 mm 孔与底板 M5 螺纹孔连接，ϕ 10H7 通孔与曲轴 ϕ 10e8 外圆配合，加工时注意连接处和配合处的尺寸精度。

1．加工前准备工作

设备：立式铣床、砂轮机等。

辅具：机用虎钳、平行垫铁、铣夹头、钻夹头、锤子、活扳手、铰杠、毛刷、钢丝钳、油壶、寻边器、倒角器、油石等。

量具：平板、直角尺、百分表、游标卡尺、塞规、螺纹塞规等。

刀具：面铣刀、立铣刀、钻头、铰刀、丝锥、锉刀等。

劳动防护用品：护目镜、工作服、工作鞋、工作帽等。

2．零件加工

（1）检查毛坯尺寸为 85 mm × 95 mm × 15 mm，材料为 45 钢。

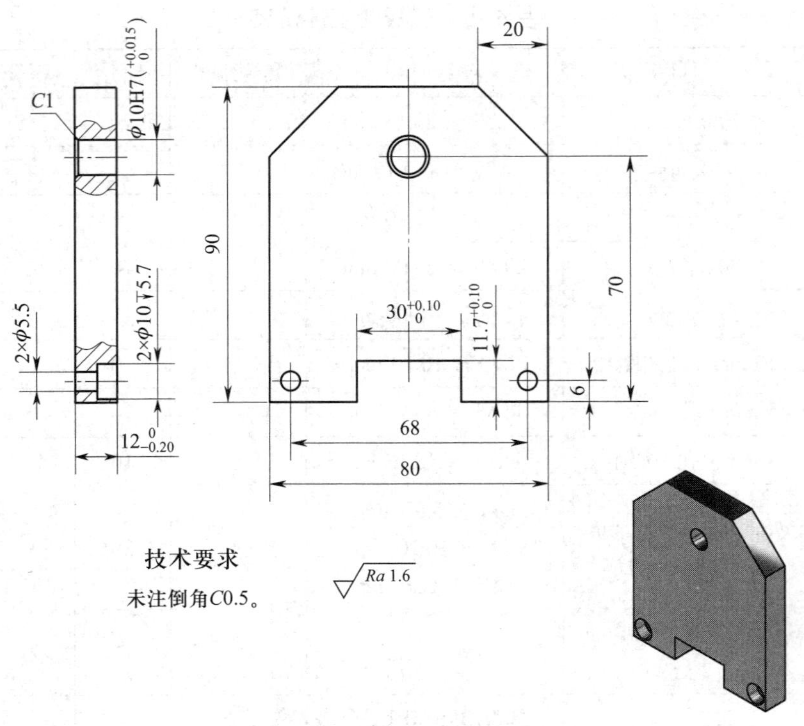

图 4-13　立板零件图

（2）铣外形。

1）用机用虎钳夹持毛坯并找正，铣两侧面，粗加工图样上 80 mm 尺寸至 81 mm。

2）粗加工图样上 $12_{-0.20}^{\ 0}$ mm 尺寸至 13 mm。

3）用直角尺找正，粗加工图样上 90 mm 尺寸至 91 mm。

4）半精加工图样上 $12_{-0.20}^{\ 0}$ mm 尺寸至 12.5 mm，翻转工件，精加工至 $12_{-0.20}^{\ 0}$ mm。

5）半精加工图样上 80 mm 尺寸至 80.5 mm，翻转工件，精加工至 80 mm。

6）半精加工图样上 90 mm 尺寸至 90.5 mm，翻转工件，精加工至 90 mm。

（3）铣凹槽。

1）粗加工图样上 $11.7_{\ 0}^{+0.10}$ mm 尺寸至 10.7 mm，粗加工图样上 $30_{\ 0}^{+0.10}$ mm 尺寸至 29 mm。

2）精加工图样上 $11.7_{\ 0}^{+0.10}$ mm 尺寸至要求，精加工图样上 $30_{\ 0}^{+0.10}$ mm 尺寸至要求。

（4）铣斜角。

1）夹持工件，寻边，找正。

2）铣两个 20 mm 斜角。

（5）钻孔。

1）夹持工件 80 mm 方向，寻边，中心钻定位，孔边距 70 mm。

2）钻 ϕ10H7 通孔。

3）钻两个 ϕ5.5 mm 通孔，锪两个 ϕ10 mm、深 5.7 mm 孔，两孔中心距为 68 mm，孔边距为 6 mm。

4）孔口倒角 C0.5 mm，倒钝锐边。

3. 加工评价

立板加工评价见表 4-2。

表 4-2　立板加工评价表

序号	项目	项目要求	实测结果	配分	得分	备注
1	90 mm	89.85 ~ 90.15 mm		5		
2	80 mm	79.85 ~ 80.15 mm		5		
3	$12_{-0.20}^{0}$ mm	11.80 ~ 12.00 mm		10		
4	$30_{0}^{+0.10}$ mm	30.00 ~ 30.10 mm		10		
5	$11.7_{0}^{+0.10}$ mm	11.70 ~ 11.80 mm		10		
6	68 mm	67.85 ~ 68.15 mm		10		
7	70 mm	69.85 ~ 70.15 mm		10		
8	6 mm	5.95 ~ 6.05 mm		10		
9	ϕ5.5 mm，ϕ10 mm，深 5.7 mm（2 处）	ϕ5.45 ~ 5.55 mm，ϕ9.90 ~ 10.10 mm，5.65 ~ 5.75 mm		20		
10	ϕ10H7	ϕ10.000 ~ 10.015 mm		10		
11	安全文明生产	是否遵守车间安全操作规程	是 / 否	不符合要求酌情扣分		

三、支承板加工

支承板数量为两件，$\phi 7.1_{0}^{+0.10}$ mm 孔通过轴位螺钉与转动板相连。加工时，孔径尺寸及孔边距要符合图样要求。图 4-14 所示为支承板零件图。

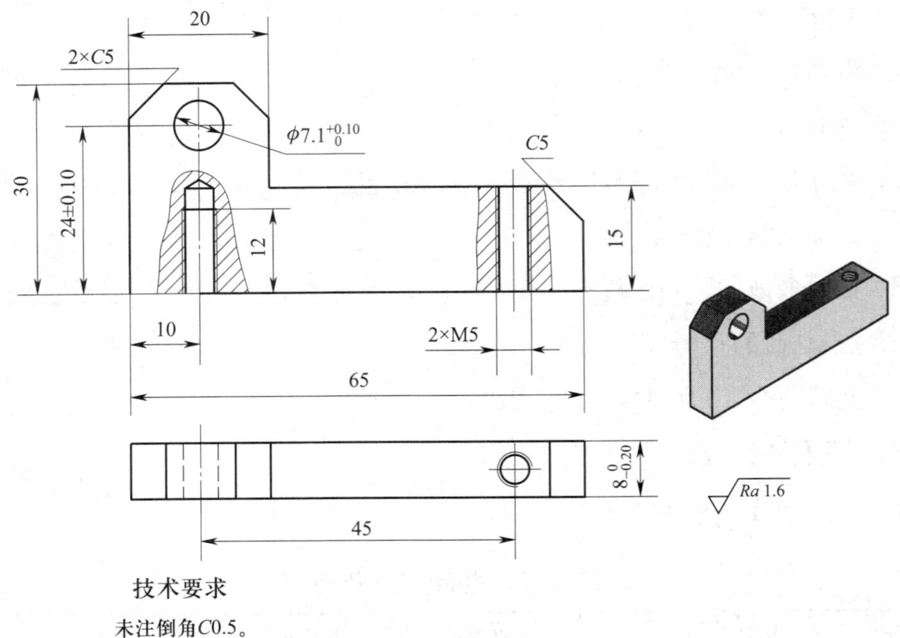

图 4-14 支承板零件图

1. 加工前准备工作

设备：立式铣床、砂轮机等。

辅具：机用虎钳、平行垫铁、铣夹头、钻夹头、锤子、活扳手、铰杠、毛刷、钢丝钳、油壶、寻边器、倒角器、油石等。

量具：平板、直角尺、百分表、游标卡尺、塞规、螺纹塞规等。

刀具：面铣刀、立铣刀、钻头、丝锥、锉刀等。

劳动防护用品：护目镜、工作服、工作鞋、工作帽等。

2. 零件加工

（1）检查毛坯尺寸为 70 mm × 35 mm × 10 mm，材料为 45 钢。

（2）铣外形。

1）用机用虎钳夹持毛坯并找正，粗加工图样上 30 mm 尺寸至 31 mm。

2）粗加工图样上 $8_{-0.20}^{\ 0}$ mm 尺寸至 9 mm。

3）半精加工图样上 $8_{-0.20}^{\ 0}$ mm 尺寸至 8.5 mm，翻转工件，精加工至 $8_{-0.20}^{\ 0}$ mm。

4）半精加工图样上 30 mm 尺寸至 30.5 mm，翻转工件，精加工至 30 mm。

5）用直角尺找正，粗加工图样上 65 mm 尺寸至 66 mm。

6）半精加工图样上 65 mm 尺寸至 65.5 mm，翻转工件，精加工至 65 mm。

7）夹持工件上、下两平面，找正，寻边。

8）铣 15 mm 台阶面至图样要求，注意保证 20 mm 尺寸要求。

9）铣三处 $C5$ mm 倒角。

（3）钻孔。

1）夹持工件，寻边。

2）钻 $\phi 7.1^{+0.10}_{0}$ mm 通孔，注意保证孔径尺寸及（24 ± 0.10）mm 尺寸。

3）钻两底孔后攻 M5 螺纹孔，孔边距为 10 mm，孔中心距为 45 mm。

（4）倒角。

倒钝锐边，孔口倒角 $C0.5$ mm。

3. 加工评价

支承板加工评价见表 4-3。

表 4-3　支承板加工评价表

序号	项目	项目要求	实测结果	配分	得分	备注
1	65 mm	64.85 ~ 65.15 mm		5		
2	30 mm	29.90 ~ 30.10 mm		5		
3	20 mm	19.90 ~ 20.10 mm		10		
4	15 mm	14.90 ~ 15.10 mm		10		
5	（24 ± 0.10）mm	23.90 ~ 24.10 mm		10		
6	10 mm	9.90 ~ 10.10 mm		5		
7	45 mm	44.85 ~ 45.15 mm		10		
8	$\phi 7.1^{+0.10}_{0}$ mm	ϕ7.10 ~ 7.20 mm		10		
9	M5（2 处）			10		
10	12 mm	11.90 ~ 12.10 mm		5		
11	$C5$ mm（3 处）			10		
12	$8^{0}_{-0.20}$ mm	7.80 ~ 8.00 mm		5		
13	安全文明生产	是否遵守车间安全操作规程	是 / 否	5		

四、转动板加工

图 4-15 所示为转动板零件图。转动板连接支承板与滑块组件，加工时应保证

两个 M5 螺纹孔的位置、ϕ10 mm 孔径尺寸及对称度符合要求，使转动板转动灵活，在机构运转时，可使滑块组件上、下摆动灵活。

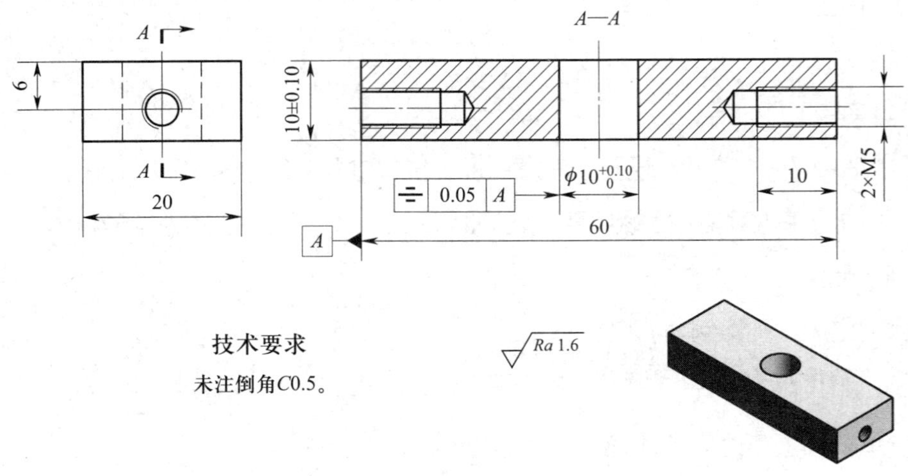

图 4-15　转动板零件图

1. 加工前准备工作

设备：立式铣床、砂轮机等。

辅具：机用虎钳、平行垫铁、铣夹头、钻夹头、锤子、活扳手、铰杠、毛刷、钢丝钳、油壶、寻边器、倒角器、油石等。

量具：平板、直角尺、百分表、游标卡尺、塞规、螺纹塞规等。

刀具：面铣刀、立铣刀、钻头、铰刀、丝锥、锉刀等。

劳动防护用品：护目镜、工作服、工作鞋、工作帽等。

2. 零件加工

（1）检查毛坯尺寸为 65 mm × 25 mm × 14 mm，材料为 45 钢。

（2）铣外形。

1）用机用虎钳夹持毛坯并找正，铣两侧面，粗加工图样上 20 mm 尺寸至 21 mm。

2）夹持工件 20 mm 宽度方向，粗加工图样上（10 ± 0.10）mm 至 11 mm。

3）半精加工图样上 60 mm 尺寸至 60.5 mm，翻转工件，精加工至 60 mm。

4）半精加工图样上（10 ± 0.10）mm 至 10.5 mm，翻转工件，精加工至（10 ± 0.10）mm。

5）半精加工图样上 20 mm 尺寸至 20.5 mm，翻转工件，精加工至 20 mm。

（3）钻孔。

1）夹持工件 20 mm 宽度方向，找正，寻边，用中心钻定位，钻 $\phi 10^{+0.10}_{0}$ mm 孔，保证与基准 A 的对称度误差小于 0.05 mm。

2）翻转 90° 夹持工件，找正，钻、攻 M5 螺纹孔；翻转 180° 夹持工件，找正，钻、攻 M5 螺纹孔，保证两螺纹孔深度 10 mm，孔边距 6 mm。

（4）倒钝锐边，孔口倒角 C0.5 mm。

3. 加工评价

转动板加工评价见表 4-4。

表 4-4　转动板加工评价表

序号	项目	项目要求	实测结果	配分	得分	备注
1	60 mm	59.85 ~ 60.15 mm		10		
2	20 mm	19.90 ~ 20.10 mm		10		
3	（10 ± 0.10）mm	9.90 ~ 10.10 mm		20		
4	6 mm	5.95 ~ 6.05 mm		10		
5	$\phi 10^{+0.10}_{0}$ mm	ϕ10.00 ~ 10.10 mm		20		
6	螺纹孔 M5、深 10 mm（2 处）			10		
7	[⌯ 0.05 A]			15		
8	安全文明生产	是否遵守车间安全操作规程	是 / 否	5		

课题二 滑块等零件的制作

一、滑块加工

图 4-16 所示为滑块零件图。滑块是万向滑块机构的关键零件，机构运转时滑块在滑块组件中滑动。加工时应保证滑块的 20 mm、16 mm 外形尺寸及 $8^{-0.30}_{-0.40}$ mm 台阶尺寸精度。ϕ10H7 孔为半通孔，应先钻铰 ϕ10H7 孔，再铣 $8^{-0.30}_{-0.40}$ mm、$20^{0}_{-0.10}$ mm 台阶尺寸，以保证孔的精度要求。

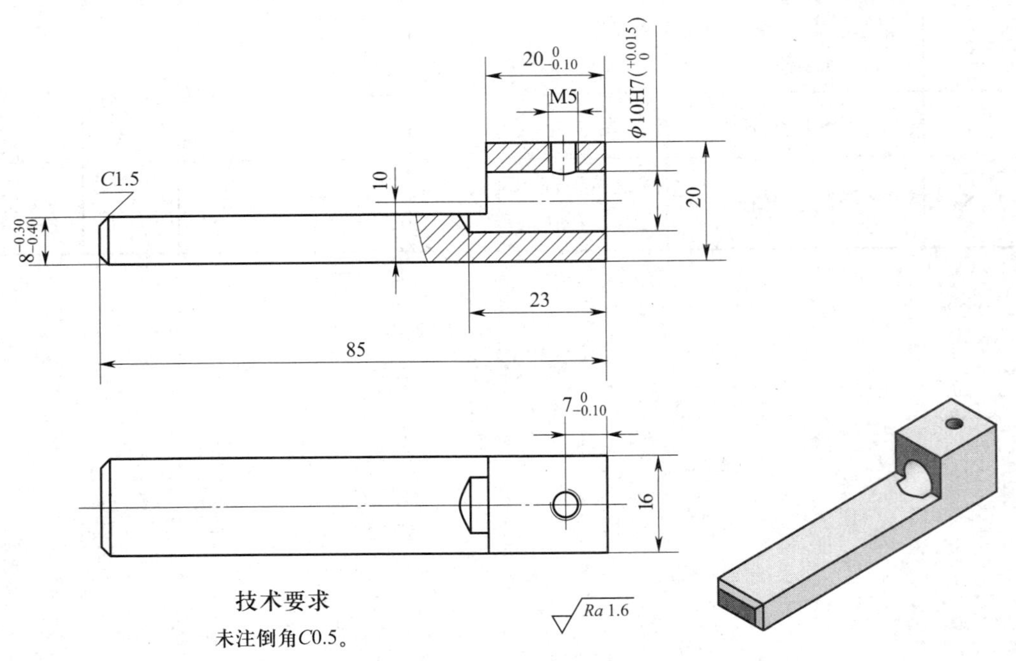

图 4-16 滑块零件图

1. 加工前准备工作

设备：立式铣床、砂轮机等。

辅具：机用虎钳、平行垫铁、铣夹头、钻夹头、锤子、活扳手、铰杠、毛刷、钢丝钳、油壶、寻边器、倒角器、油石等。

量具：平板、直角尺、百分表、游标卡尺、塞规、螺纹塞规等。

刀具：面铣刀、立铣刀、钻头、铰刀、丝锥、锉刀等。

劳动防护用品：护目镜、工作服、工作鞋、工作帽等。

2. 零件加工

（1）检查毛坯尺寸为 90 mm × 25 mm × 20 mm，材料为 45 钢。

（2）铣外形。

1）用机用虎钳夹持毛坯并找正，粗加工图样上 16 mm 尺寸至 17 mm。

2）粗加工图样上 20 mm 尺寸至 21 mm。

3）粗加工图样上 85 mm 尺寸至 86 mm。

4）半精加工图样上 20 mm 尺寸至 20.5 mm，翻转工件，精加工至 20 mm。

5）半精加工图样上 16 mm 尺寸至 16.5 mm，翻转工件，精加工至 16 mm。

6）半精加工图样上 85 mm 尺寸至 85.5 mm，翻转工件，精加工至 85 mm。

（3）钻孔。

1）夹持工件，寻边。

2）用中心钻定位，钻铰 ϕ10H7 孔深 23 mm 。

3）工件翻转 90°装夹并找正，钻、攻 M5 螺纹孔，保证孔边距 $7_{-0.10}^{0}$ mm。

（4）铣台阶。

1）夹持工件 16 mm，找正。

2）铣 $8_{-0.40}^{-0.30}$ mm 台阶至要求，保证 $20_{-0.10}^{0}$ mm 尺寸。

3）倒角 C1.5 mm。

（5）倒钝锐边，孔口倒角 C0.5 mm。

3. 加工评价

滑块加工评价见表 4-5。

表 4-5　滑块加工评价表

序号	项目	项目要求	实测结果	配分	得分	备注
1	85 mm	84.85 ~ 85.15 mm		10		
2	20 mm	19.90 ~ 20.10 mm		10		

续表

序号	项目	项目要求	实测结果	配分	得分	备注
3	16 mm	15.90 ~ 16.10 mm		10		
4	$20_{-0.10}^{0}$ mm	19.90 ~ 20.00 mm		10		
5	$8_{-0.40}^{-0.30}$ mm	7.60 ~ 7.70 mm		10		
6	$7_{-0.10}^{0}$ mm	6.90 ~ 7.00 mm		10		
7	10 mm	9.90 ~ 10.10 mm		10		
8	ϕ10H7	ϕ10.000 ~ 10.015 mm		10		
9	M5			10		
10	23 mm（孔深）	22.90 ~ 23.10 mm		5		
11	安全文明生产	是否遵守车间安全操作规程	是 / 否	5		

二、底座加工

图 4-17 所示为底座零件图。底座在滑块组件中用于支承和安装滑块套板，装配时要调整装配间隙，保证滑块在底座与盖板之间滑动灵活。底座上的安装孔较多，加工时要保证孔径及孔距的尺寸精度，便于在装配时安装调整。

1. 加工前准备工作

设备：立式铣床、砂轮机等。

辅具：机用虎钳、平行垫铁、铣夹头、钻夹头、锤子、活扳手、铰杠、毛刷、钢丝钳、油壶、倒角器、油石等。

量具：平板、直角尺、百分表、游标卡尺、塞规、螺纹塞规等。

刀具：面铣刀、立铣刀、钻头、铰刀、丝锥、锉刀等。

劳动防护用品：护目镜、工作服、工作鞋、工作帽等。

2. 零件加工

（1）检查毛坯尺寸为 80 mm × 45 mm × 10 mm，材料为 45 钢。

（2）铣外形。

1）用机用虎钳夹持毛坯并找正，粗加工图样上 40 mm 尺寸至 41 mm。

2）粗加工图样上 8 mm 尺寸至 9 mm。

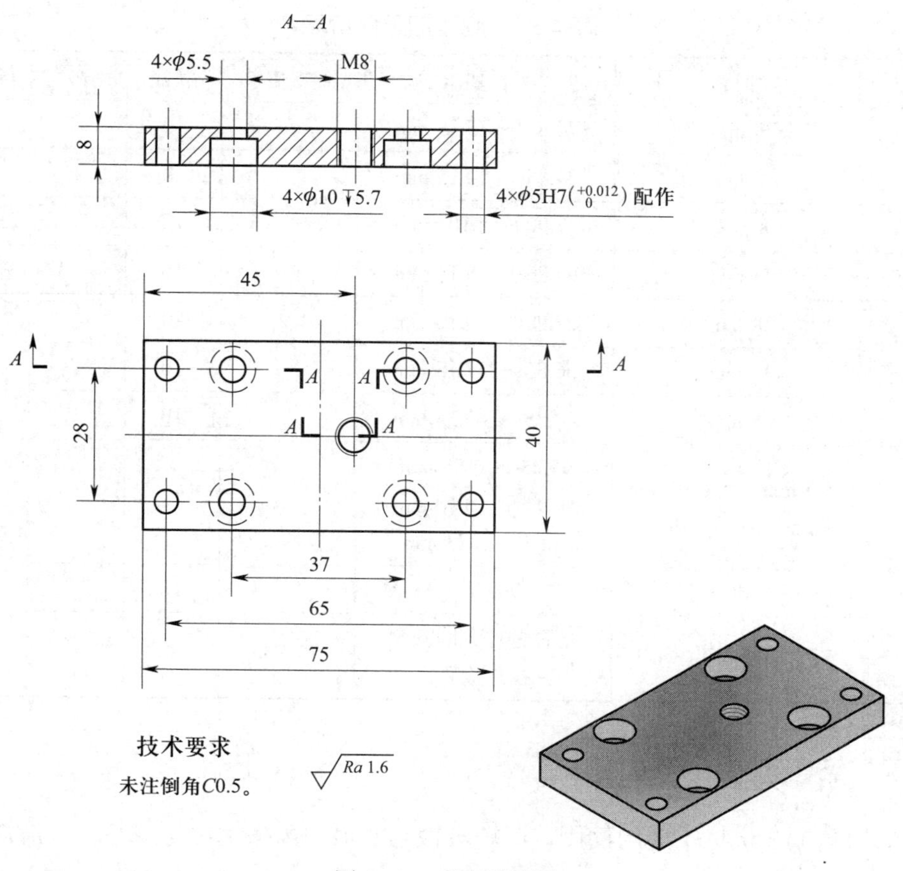

图 4-17　底座零件图

3）半精加工图样上 8 mm 尺寸至 8.5 mm，翻转工件，精加工至 8 mm。

4）半精加工图样上 40 mm 尺寸至 40.5 mm，翻转工件，精加工至 40 mm。

5）夹持工件 8 mm 高度方向，粗加工图样上 75 mm 尺寸至 76 mm。

6）半精加工图样上 75 mm 尺寸至 75.5 mm，翻转工件，精加工至 75 mm。

（3）钻孔。

1）夹持工件 40 mm 宽度方向，找正，寻边。

2）用中心钻定位，保证各孔中心距 37 mm、65 mm 和 28 mm。

3）钻 4 个 ϕ5.5 mm 通孔，锪 4 个 ϕ10 mm 深 5.7 mm 孔。

4）钻、攻 M8 螺纹孔，保证孔边距 45 mm。

（4）倒钝锐边，孔口倒角 C0.5 mm。

3. 加工评价

底座加工评价见表 4-6。

表 4-6　底座加工评价表

序号	项目	项目要求	实测结果	配分	得分	备注
1	75 mm	74.85 ~ 75.15 mm		10		
2	40 mm	39.85 ~ 40.15 mm		10		
3	8 mm	7.90 ~ 8.10 mm		10		
4	45 mm	44.85 ~ 45.15 mm		10		
5	28 mm	27.90 ~ 28.10 mm		10		
6	37 mm	36.85 ~ 37.15 mm		10		
7	65 mm	64.85 ~ 65.15 mm		10		
8	ϕ5.5 mm，锪ϕ10 mm 深 5.7 mm（4 处）	ϕ5.45 ~ 5.55 mm，ϕ9.90 ~ 10.10 mm，5.65 ~ 5.75 mm		15		
9	M8			10		
10	安全文明生产	是否遵守车间安全操作规程	是 / 否	5		

三、滑块套板加工

滑块套板在机构中成对使用，滑块套板与底板、盖板组合形成腔体，滑块在腔体内滑动，加工时两个滑块套板尽量等高，以便于装配时调整配合间隙。图 4-18 所示为滑块套板零件图。

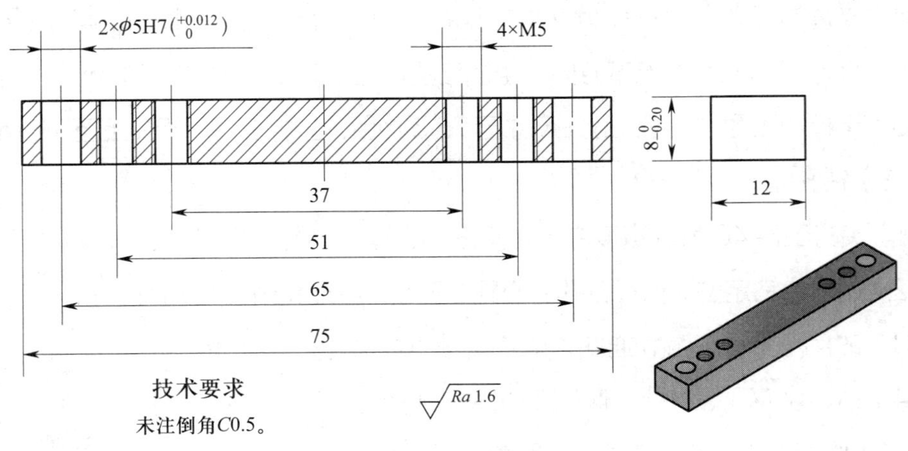

图 4-18　滑块套板零件图

1. 加工前准备工作

设备：立式铣床、砂轮机等。

辅具：机用虎钳、平行垫铁、铣夹头、钻夹头、锤子、活扳手、铰杠、毛刷、钢丝钳、油壶、寻边器、倒角器、油石等。

量具：平板、直角尺、百分表、游标卡尺、塞规、螺纹塞规等。

刀具：面铣刀、立铣刀、钻头、铰刀、丝锥、锉刀等。

劳动防护用品：护目镜、工作服、工作鞋、工作帽等。

2. 零件加工

（1）检查毛坯尺寸为 80 mm × 15 mm × 10 mm，材料为 45 钢。

（2）铣外形。

1）用机用虎钳夹持毛坯并找正，粗加工图样上 $8_{-0.20}^{\ 0}$ mm 尺寸至 9 mm。

2）夹持工件两侧面，粗加工图样上 12 mm 尺寸至 13 mm，粗加工图样上 75 mm 尺寸至 76 mm。

3）半精加工图样上 $8_{-0.20}^{\ 0}$ mm 尺寸至 8.5 mm，翻转工件，精加工至 $8_{-0.20}^{\ 0}$ mm。

4）夹持工件 $8_{-0.20}^{\ 0}$ mm 两侧面，半精加工图样上 12 mm 尺寸至 12.5 mm，翻转工件，精加工至 12 mm。

5）半精加工图样上 75 mm 尺寸至 75.5 mm，翻转工件，精加工至 75 mm。

（3）钻孔。

1）夹持工件 12 mm 宽度方向，找正、寻边，用中心钻定位，保证中心距 37 mm 和 51 mm。

2）钻、攻 4 个 M5 螺纹孔。

3）钻铰 2 个 ϕ5H7 孔，装配时配作。

（4）倒钝锐边，孔口倒角 $C0.5$ mm。

3. 加工评价

滑块套板加工评价见表 4-7。

表 4-7　滑块套板加工评价表

序号	项目	项目要求	实测结果	配分	得分	备注
1	75 mm	74.85 ~ 75.15 mm		5		
2	12 mm	11.90 ~ 12.10 mm		10		
3	$8_{-0.20}^{\ 0}$ mm	7.80 ~ 8.00 mm		10		

续表

序号	项目	项目要求	实测结果	配分	得分	备注
4	65 mm	64.85 ~ 65.15 mm		10		
5	51 mm	50.85 ~ 51.15 mm		20		
6	37 mm	36.85 ~ 37.15 mm		20		
7	M5（4 处）			20		
8	安全文明生产	是否遵守车间安全操作规程	是 / 否	5		

四、盖板加工

盖板与滑块、滑块套板、底板组成滑块组件，其半通槽与滑块相连，加工时应注意半通槽的尺寸精度要求。图 4-19 所示为盖板零件图。

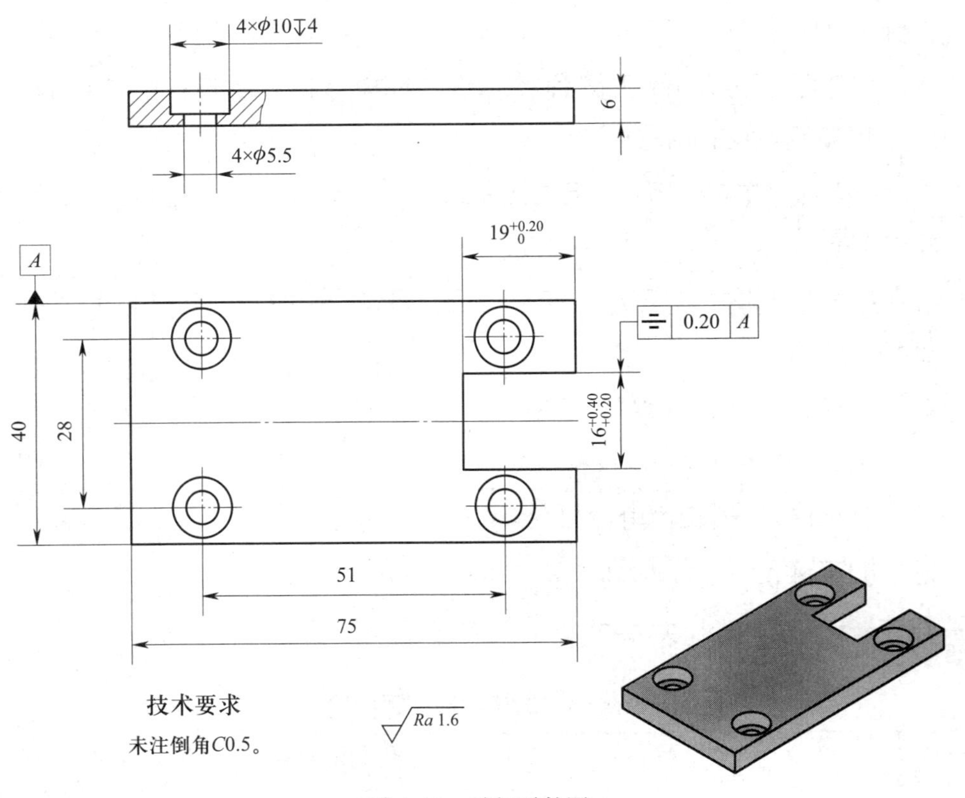

图 4-19　盖板零件图

1. 加工前准备工作

设备：立式铣床、砂轮机等。

辅具：机用虎钳、平行垫铁、铣夹头、钻夹头、锤子、活扳手、铰杠、毛刷、钢丝钳、油壶、寻边器、倒角器、油石等。

量具：平板、直角尺、百分表、游标卡尺、塞规、螺纹塞规等。

刀具：面铣刀、立铣刀、钻头、锉刀等。

劳动防护用品：护目镜、工作服、工作鞋、工作帽等。

2. 零件加工

（1）检查毛坯尺寸为 80 mm × 45 mm × 10 mm，材料为 45 钢。

（2）铣外形。

1）用机用虎钳夹持毛坯并找正，粗加工图样上 40 mm 尺寸至 41 mm。

2）夹持工件 40 mm 两侧面，粗加工图样上 6 mm 尺寸至 7 mm。

3）半精加工图样上 40 mm 尺寸至 40.5 mm，翻转工件，精加工至 40 mm。

4）半精加工图样上 6 mm 尺寸至 6.5 mm，翻转工件，精加工至 6 mm。

5）夹持工件上、下两表面，粗加工图样上 75 mm 尺寸至 76 mm。

6）半精加工图样上 75 mm 尺寸至 75.5 mm，翻转工件，精加工至 75 mm。

（3）铣半通槽。

1）夹持工件上、下两表面，寻边。

2）粗加工图样上 $19^{+0.20}_{0}$ mm 尺寸至 18 mm，粗加工图样上 $16^{+0.40}_{+0.20}$ mm 尺寸至 14 mm。

3）半精加工图样上 $19^{+0.20}_{0}$ mm 尺寸至 18.5 mm，半精加工图样上 $16^{+0.40}_{+0.20}$ mm 尺寸至 15 mm。

4）精加工图样上 $19^{+0.20}_{0}$ mm 尺寸至要求，精加工图样上 $16^{+0.40}_{+0.20}$ mm 尺寸至要求，保证半通槽槽中心线相对于基准 *A* 的对称度为 0.20 mm。

（4）钻孔。

1）夹持工件 40 mm 宽度方向，找正、寻边，用中心钻定位，保证孔中心距 51 mm、28 mm。

2）钻孔 4 个 ϕ5.5 mm 通孔，锪 4 个 ϕ10 mm 深 4 mm 孔。

（5）倒钝锐边，孔口倒角 C0.5 mm。

3. 加工评价

盖板加工评价见表 4-8。

表 4-8　盖板加工评价表

序号	项目	项目要求	实测结果	配分	得分	备注
1	75 mm	74.85 ~ 75.15 mm		10		
2	40 mm	39.85 ~ 40.15 mm		10		
3	6 mm	5.95 ~ 6.05 mm		10		
4	51 mm	50.85 ~ 51.15 mm		10		
5	28 mm	27.90 ~ 28.10 mm		10		
6	ϕ5.5 mm，锪ϕ10 mm，深 4 mm（4 处）	ϕ5.45 ~ 5.55 mm，ϕ9.90 ~ 10.10 mm，3.95 ~ 4.05 mm		20		
7	$19^{+0.20}_{0}$ mm	19.00 ~ 19.20 mm		10		
8	$16^{+0.40}_{+0.20}$ mm	16.20 ~ 16.40 mm		10		
9	⌯ 0.20 A			5		
10	安全文明生产	是否遵守车间安全操作规程	是 / 否	5		

五、铰链轴加工

图 4-20 所示为铰链轴零件图。铰链轴一端通过连接销连接滑块，另一端与叉件组成万向节机构，在万向节机构运转时上下、左右摆动。铰链轴 ϕ10e8 外圆与滑块 ϕ10H7 半通孔配合，ϕ8H7 孔与连接销外圆配合，在加工时要保证铰链轴 ϕ8H7 孔中心线相对于基准 $10^{-0.05}_{-0.10}$ mm 尺寸对称中心线的垂直度为 0.05 mm。

1. 加工前准备工作

设备：卧式车床、立式铣床、砂轮机等。

辅具：卡盘扳手、刀架扳手、加力杆、活扳手、内六角扳手、铣夹头、钻夹头、锤子、机用虎钳、平行垫铁、毛刷、钢丝钳、垫刀片、油壶、倒角器、油石等。

量具：平板、百分表、外径千分尺、游标卡尺、塞规等。

刀具：外圆车刀、车槽刀、倒角刀、立铣刀、钻头、铰刀、锉刀等。

劳动防护用品：护目镜、工作服、工作鞋、工作帽等。

2. 零件加工

（1）检查毛坯尺寸为 ϕ30 mm × 45 mm，材料为 45 钢。

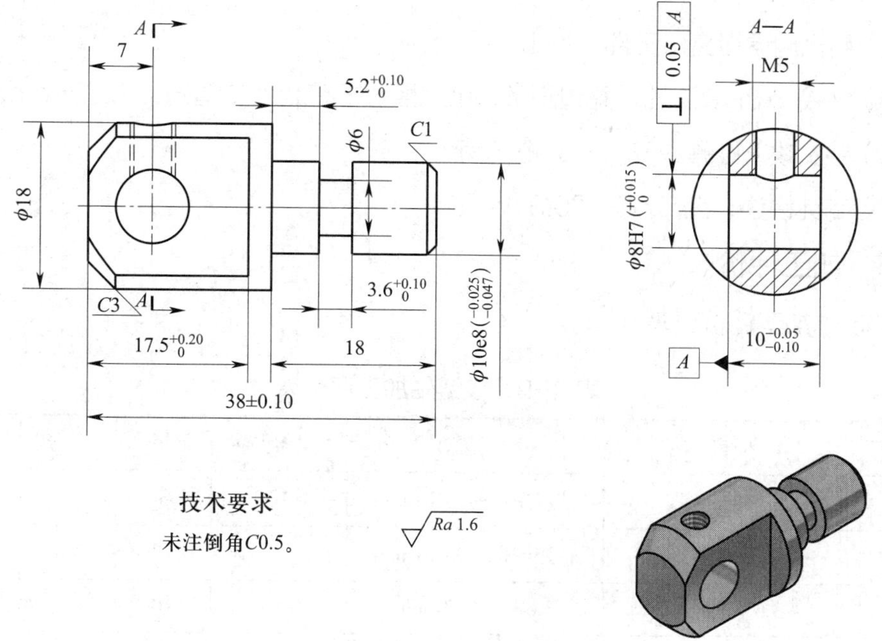

图 4-20　铰链轴零件图

（2）车削加工工序。

1）夹持毛坯，工件伸出三爪自定心卡盘 10 mm，车台阶 ϕ25 mm × 5 mm。

2）夹持 ϕ25 mm × 5 mm 台阶并找正，粗加工图样上 ϕ18 mm 尺寸至 ϕ19 mm，长 21 mm。

3）精加工图样上 ϕ18 mm 外圆，倒角 C3 mm。

4）夹持工件 ϕ18 mm 外圆，车端面，控制总长（38 ± 0.10）mm。

5）粗加工图样上 ϕ10e8 尺寸至 ϕ11 mm，长度 18 mm。

6）精加工图样上 ϕ10e8 外圆至要求，长度 18 mm。

7）粗、精加工图样上 ϕ6 mm 槽，宽 $3.6^{+0.10}_{0}$ mm，保证图样上宽度为 $5.2^{+0.10}_{0}$ mm 的台阶。

8）ϕ10e8 外圆倒角 C1 mm。

（3）铣削加工工序。

1）用分度头定位，夹持工件 ϕ10e8 外圆并找正。

2）铣尺寸为 $10^{-0.05}_{-0.10}$ mm、$17.5^{+0.20}_{0}$ mm 的平面。

3）分度头旋转 180°，铣另一侧尺寸为 $10^{-0.05}_{-0.10}$ mm、$17.5^{+0.20}_{0}$ mm 的平面至要求。

（4）钻孔。

1）用机用虎钳夹持工件，找正。

2）钻铰 ϕ 8H7 通孔，孔边距 7 mm，相对于基准 A 的垂直度 0.05 mm。

3）钻、攻 M5 螺纹孔，孔边距 7 mm。

4）倒钝锐边，孔口倒角 C0.5 mm。

3. 加工评价

铰链轴加工评价见表 4-9。

表 4-9　铰链轴加工评价表

序号	项目	项目要求	实测结果	配分	得分	备注
1	ϕ18 mm	ϕ17.90 ~ 18.10 mm		5		
2	ϕ10e8	ϕ9.953 ~ 9.975 mm		10		
3	$3.6^{+0.10}_{0}$ mm	3.60 ~ 3.70 mm		10		
4	$5.2^{+0.10}_{0}$ mm	5.20 ~ 5.30 mm		10		
5	$17.5^{+0.20}_{0}$ mm	17.50 ~ 17.70 mm		10		
6	18 mm	17.90 ~ 18.10 mm		5		
7	（38 ± 0.10）mm	37.90 ~ 38.10 mm		5		
8	$10^{-0.05}_{-0.10}$ mm	9.90 ~ 9.95 mm		10		
9	M5			5		
10	ϕ8H7	ϕ8.000 ~ 8.015 mm		10		
11	⊥ | 0.05 | A			5		
12	7 mm	6.90 ~ 7.10 mm		5		
13	C3 mm			5		
14	安全文明生产	是否遵守车间安全操作规程	是 / 否	5		

课题三
叉件等零件的制作

一、叉件加工

图 4–21 所示为叉件零件图，叉件一端与铰链轴连接，另一端装入短轴。叉件 $10^{+0.20}_{+0.10}$ mm 槽与铰链轴 $10^{-0.05}_{-0.10}$ mm 尺寸配合，其 ϕ 8H7 孔装入连接销与铰链轴连接。加工时应注意 $10^{+0.20}_{+0.10}$ mm 槽中心平面与基准 A 的对称度公差为 0.05 mm。

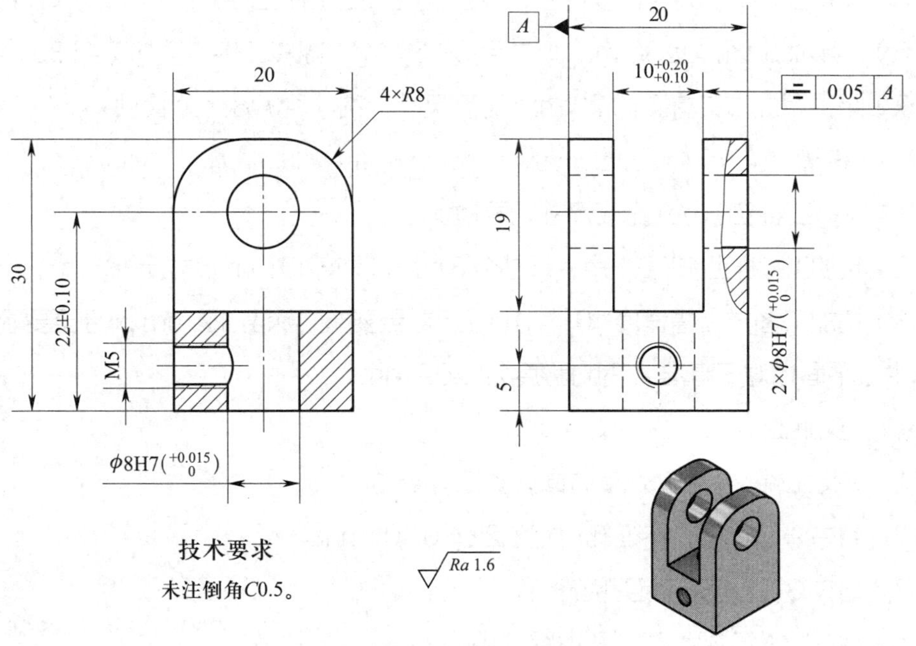

图 4–21　叉件零件图

1. 加工前准备工作

设备：立式铣床、砂轮机等。

辅具：机用虎钳、平行垫铁、铣夹头、钻夹头、锤子、活扳手、铰杠、毛刷、钢丝钳、油壶、寻边器、倒角器、油石等。

量具：精密平板、直角尺、百分表、游标卡尺、塞规、螺纹塞规等。

刀具：面铣刀、立铣刀、钻头、铰刀、丝锥、锉刀等。

劳动防护用品：护目镜、工作服、工作鞋、工作帽等。

2. 零件加工

（1）检查毛坯尺寸为 25 mm × 25 mm × 35 mm，材料为 45 钢。

（2）铣外形。

1）用机用虎钳夹持毛坯并找正，粗加工图样上 20 mm 长度方向尺寸至 21 mm。

2）粗加工图样上 20 mm 宽度方向尺寸至 21 mm。

3）半精加工图样上 20 mm 长度方向尺寸至 20.5 mm，翻转工件，精加工至 20 mm。

4）半精加工图样上 20 mm 宽度方向尺寸至 20.5 mm，翻转工件，精加工至 20 mm。

5）夹持工件 20 mm 长度尺寸，找正，粗加工图样上 30 mm 尺寸至 31 mm。

6）半精加工图样上 30 mm 尺寸至 30.5 mm，翻转工件，精加工至 30 mm。

7）用机用虎钳夹持工件 20 mm 宽度尺寸，铣 4 个 $R8$ mm 圆弧。

（3）铣槽。

1）夹持工件 20 mm 宽度尺寸，寻边。

2）粗加工图样上 $10^{+0.20}_{+0.10}$ mm 尺寸至 8 mm，深度 19 mm 尺寸至 18 mm。

3）精加工图样上槽宽度 $10^{+0.20}_{-0.10}$ mm 尺寸至要求，深度 19 mm 尺寸至要求，保证槽中心平面相对于基准 A 的对称度为 0.05 mm。

（4）孔加工。

1）夹持工件 20 mm 宽度方向，找正，寻边。

2）用中心钻定位，保证孔边距（22 ± 0.10) mm。

3）钻铰 3 个 ϕ 8H7 通孔。

4）钻、攻 M5 螺纹孔，孔边距 5 mm。

（5）倒钝锐边，孔口倒角 $C0.5$ mm。

3. 加工评价

叉件加工评价见表 4-10。

表 4-10　叉件加工评价表

序号	项目	项目要求	实测结果	配分	得分	备注
1	30 mm	29.90 ~ 30.10 mm		10		
2	20 mm（2 处）	19.90 ~ 20.10 mm		20		
3	$10^{+0.20}_{+0.10}$ mm	10.10 ~ 10.20 mm		10		
4	19 mm	18.90 ~ 19.10 mm		10		
5	(22 ± 0.10) mm	21.90 ~ 22.10 mm		5		
6	5 mm	4.95 ~ 5.05 mm		5		
7	ϕ8H7（3 处）	ϕ8.000 ~ 8.015 mm		15		
8	M5			10		
9	⌯ 0.05 A	对称度公差≤ 0.05 mm		10		
10	安全文明生产	是否遵守车间安全操作规程	是 / 否	5		

二、曲柄加工

曲柄在万向滑块机构中主要用于传递运动和支承零件。图 4-22 所示为曲柄零件图，其 ϕ10 mm 孔装入曲柄轴，用螺钉锁紧，ϕ10H7 孔装入短轴，用紧定螺钉定位。曲柄上 1.5 mm 槽可用钳加工的方法锯削成形。

1. 加工前准备工作

设备：立式铣床、砂轮机等。

辅具：机用虎钳、平行垫铁、铣夹头、钻夹头、锤子、活扳手、铰杠、毛刷、钢丝钳、油壶、寻边器、倒角器、油石等。

量具：平板、直角尺、百分表、游标卡尺、塞规、螺纹塞规等。

刀具：面铣刀、立铣刀、钻头、丝锥、锉刀等。

劳动防护用品：护目镜、工作服、工作鞋、工作帽等。

2. 零件加工

（1）检查毛坯尺寸为 65 mm × 25 mm × 15 mm，材料为 45 钢。

（2）铣外形。

1）用机用虎钳夹持毛坯并找正，粗加工图样上 20 mm 尺寸至 21 mm。

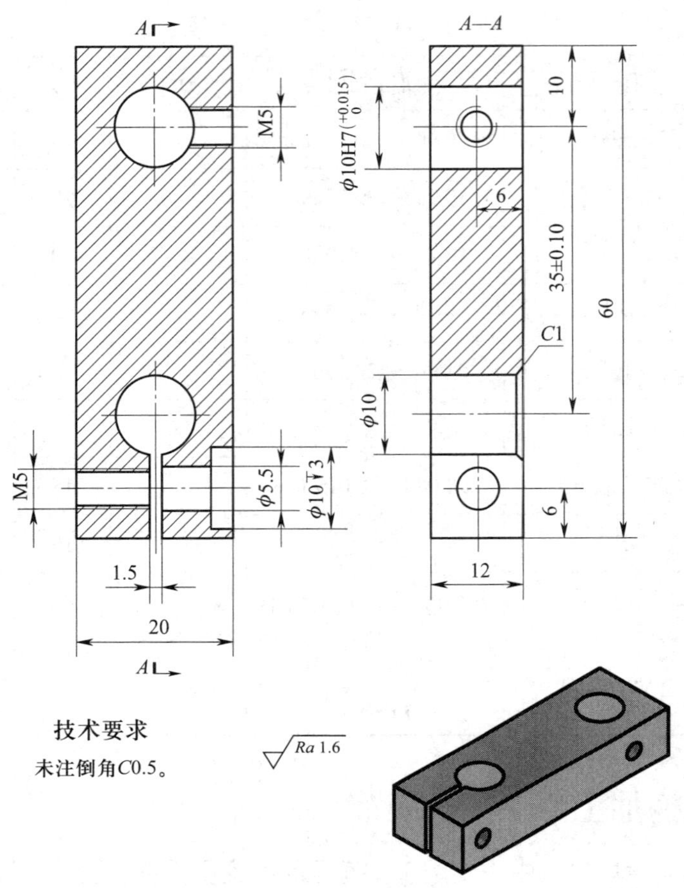

图 4-22　曲柄零件图

2）粗加工图样上 12 mm 尺寸至 13 mm。

3）半精加工图样上 12 mm 尺寸至 12.5 mm，翻转工件，精加工至 12 mm。

4）半精加工图样上 20 mm 尺寸至 20.5 mm，翻转工件，精加工至 20 mm。

5）夹持工件 12 mm 高度尺寸，粗加工图样上 60 mm 尺寸至 61 mm。

6）半精加工图样上 60 mm 尺寸至 60.5 mm，翻转工件，精加工至 60 mm。

（3）钻孔。

1）夹持工件 20 mm 宽度方向，找正，寻边。

2）用中心钻定位，保证两孔中心距（35 ± 0.10）mm。

3）钻 ϕ10 mm 通孔，钻铰 ϕ10H7 孔，孔口倒角 C1 mm。

4）翻转夹持工件并找正，钻 ϕ5.5 mm 孔，控制深度，锪 ϕ10 mm、深 3 mm 孔，孔边距 6 mm。

5）钻、攻两处 M5 螺纹孔。

（4）铣槽。

1）夹持工件 20 mm 宽度方向，找正，寻边。

2）铣 1.5 mm 槽。

（5）倒钝锐边，孔口倒角 $C0.5$ mm。

3. 加工评价

曲柄加工评价见表 4-11。

表 4-11　曲柄加工评价表

序号	项目	项目要求	实测结果	配分	得分	备注
1	12 mm	11.90 ~ 12.10 mm		10		
2	20 mm	19.90 ~ 20.10 mm		10		
3	60 mm	59.85 ~ 60.15 mm		10		
4	（35 ± 0.10）mm	34.90 ~ 35.10 mm		10		
5	10 mm	9.90 ~ 10.10 mm		5		
6	ϕ10H7	ϕ10.000 ~ 10.015 mm		10		
7	ϕ10 mm	ϕ9.90 ~ 10.10 mm		5		
8	ϕ5.5 mm，锪ϕ10 mm，深 3 mm	ϕ5.45 ~ 5.55 mm，ϕ9.90 ~ 10.10 mm，2.95 ~ 3.05		10		
9	6 mm（2 处）	5.95 ~ 6.05 mm		10		
10	M5（2 处）			10		
11	1.5 mm	1.45 ~ 1.55 mm		5		
12	安全文明生产	是否遵守车间安全操作规程	是 / 否	5		

三、连接销加工

连接销在机构中主要用于连接叉件和铰链轴，其结构简单，可单独加工，也可用 ϕ 8 mm 圆柱销改制，图 4-23 所示为连接销零件图。

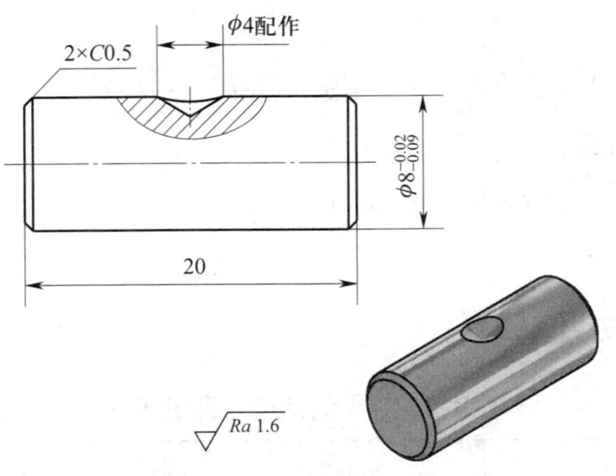

图 4–23　连接销零件图

1. 加工前准备工作

设备：卧式车床、砂轮机等。

辅具：卡盘扳手、刀架扳手、加力杆、活扳手、内六角扳手、钻夹头、锤子、毛刷、钢丝钳、垫刀片、油壶、油石、倒角器等。

量具：平板、百分表、外径千分尺、游标卡尺等。

刀具：外圆车刀、倒角刀、切断刀、锉刀等。

劳动防护用品：护目镜、工作服、工作鞋、工作帽等。

2. 零件加工

（1）检查毛坯尺寸为 ϕ12 mm×30 mm，材料为 45 钢。

（2）夹持毛坯，工件伸出三爪自定心卡盘 15 mm，车 ϕ10 mm×10 mm 台阶。

（3）夹持工件 ϕ10 mm×10 mm 台阶并找正。

（4）粗加工图样上 $\phi 8^{-0.02}_{-0.09}$ mm 外圆尺寸至 ϕ9 mm。

（5）精加工图样上 $\phi 8^{-0.02}_{-0.09}$ mm 外圆。

（6）工件一端倒角 C0.5 mm。

（7）夹持工件 $\phi 8^{-0.02}_{-0.09}$ mm 外圆，垫铜皮，找正。

（8）保证工件总长尺寸为 20 mm。

（9）倒钝锐边，倒角 C0.5 mm。

3. 加工评价

连接销加工评价见表 4–12。

表 4-12　连接销加工评价表

序号	项目	项目要求	实测结果	配分	得分	备注
1	$\phi 8^{-0.02}_{-0.09}$ mm	ϕ7.91 ~ 7.98 mm		30		
2	20 mm	19.90 ~ 20.10 mm		30		
3	*C*0.5 mm（2 处）			20		
4	*Ra*1.6 μm	*Ra* ≤ 1.6 μm		15		
5	安全文明生产	是否遵守车间安全操作规程	是 / 否	5		

四、曲轴加工

曲轴在万向滑块机构中的作用主要是支承零件和传递动力，图 4-24 所示为曲轴零件图，其 $\phi 10^{\ 0}_{-0.10}$ mm、ϕ10e8、ϕ8e8 外圆表面分别与曲柄 ϕ10 mm 孔、立板 ϕ10H7 孔、手轮 ϕ8H7 孔配合。加工时注意保证各外圆表面径向及轴向尺寸精度，掉头夹持车削加工外圆表面时，注意找正。

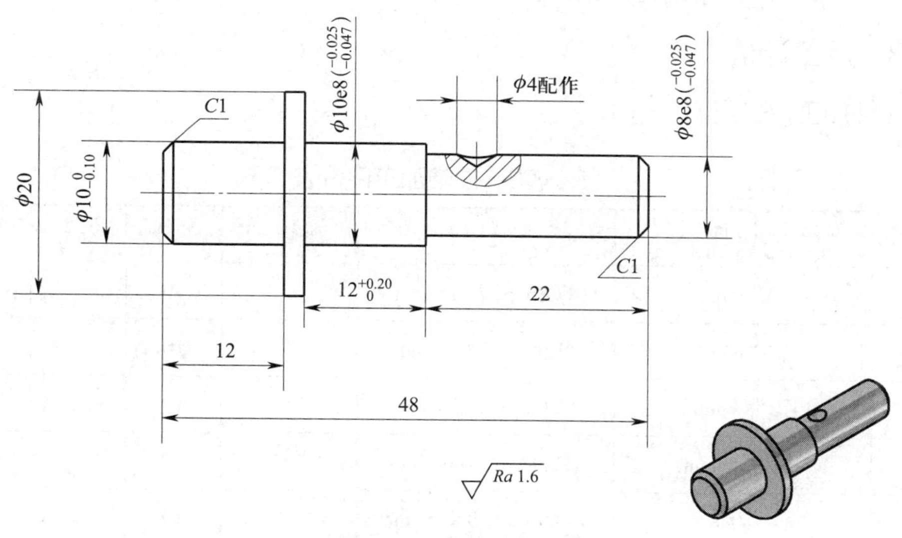

图 4-24　曲轴零件图

1. 加工前准备工作

设备：卧式车床、砂轮机等。

辅具：卡盘扳手、刀架扳手、加力杆、活扳手、内六角扳手、钻夹头、锤子、毛刷、钢丝钳、垫刀片、油壶、油石、倒角器等。

量具：平板、百分表、外径千分尺、游标卡尺等。

刀具：外圆车刀、倒角刀、切断刀、锉刀等。

劳动防护用品：护目镜、工作服、工作鞋、工作帽等。

2. 零件加工

（1）检查毛坯尺寸为 ϕ30×60 mm，材料为 45 钢。

（2）夹持毛坯，工件伸出三爪自定心卡盘15 mm，车台阶 ϕ25 mm×10 mm。

（3）夹持工件 ϕ25 mm×10 mm 台阶，粗、精车图样上 ϕ20 mm 外圆尺寸至要求。

（4）加工图样上 $\phi10_{-0.10}^{0}$ mm 外圆及 12 mm 尺寸至要求。

（5）垫铜皮，夹持工件 $\phi10_{-0.10}^{0}$ mm 外圆并找正。

（6）加工总长 48 mm 至要求。

（7）精加工图样上 ϕ10e8 外圆至要求。

（8）精加工图样上 ϕ8e8 外圆及 $12_{0}^{+0.20}$ mm、22 mm 尺寸至要求。

（9）倒钝锐边，倒角 C1 mm。

3. 加工评价

曲轴加工评价见表 4-13。

表 4-13　曲轴加工评价表

序号	项目	项目要求	实测结果	配分	得分	备注
1	48 mm	47.85 ~ 48.15 mm		10		
2	12 mm	11.90 ~ 12.10 mm		10		
3	$12_{0}^{+0.20}$ mm	12.00 ~ 12.20 mm		10		
4	$\phi10_{-0.10}^{0}$ mm	ϕ9.90 ~ 10.00 mm		10		
5	ϕ10e8	ϕ9.953 ~ 9.975 mm		10		
6	ϕ8e8	ϕ7.953 ~ 7.975 mm		10		
7	22 mm	21.90 ~ 22.10 mm		10		
8	ϕ20 mm	ϕ19.90 ~ 20.10 mm		10		
9	C1 mm（2 处）			10		
10	安全文明生产	是否遵守车间安全操作规程	是 / 否	10		

五、短轴加工

短轴分别装入叉件与曲柄中，图 4-25 所示为短轴零件图，其 ϕ 8e8、ϕ 10e8 外圆有较高的尺寸精度，加工时要垫铜皮夹持外圆并找正，防止夹伤外圆表面。

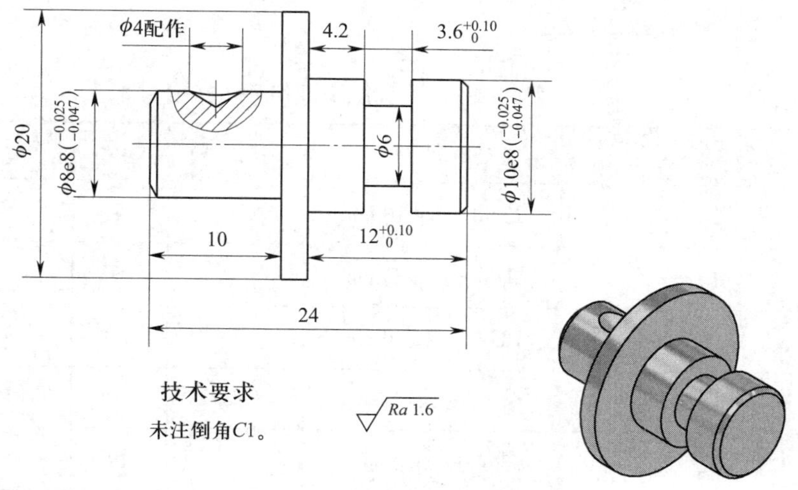

图 4-25　短轴零件图

1. 加工前准备工作

设备：卧式车床、砂轮机等。

辅具：卡盘扳手、刀架扳手、加力杆、活扳手、内六角扳手、钻夹头、锤子、毛刷、钢丝钳、垫刀片、油壶、油石、倒角器等。

量具：平板、百分表、外径千分尺、游标卡尺等。

刀具：外圆车刀、倒角刀、切断刀、锉刀、车槽刀等。

劳动防护用品：护目镜、工作服、工作鞋、工作帽等。

2. 零件加工

（1）检查毛坯尺寸为 ϕ 30 mm × 35 mm，材料为 45 钢。

（2）夹持毛坯，工件伸出三爪自定心卡盘 10 mm，车 ϕ 25 mm × 8 mm 台阶。

（3）夹持 ϕ 25 mm × 8 mm 台阶，加工图样上 ϕ 20 mm 外圆尺寸至要求。

（4）加工图样上 ϕ 8e8 外圆、10 mm 尺寸至要求，倒角 C1 mm。

（5）夹持工件 ϕ 8e8 外圆，垫铜皮，找正。

（6）加工总长 24 mm 至要求。

（7）精加工图样上 ϕ 10e8 外圆、$12^{+0.10}_{0}$ mm 尺寸。

（8）加工图样上 ϕ6 mm、长 $3.6^{+0.10}_{0}$ mm 槽，保证图样上 ϕ10e8、长 4.2 mm 台阶。

（9）倒钝锐边，倒角 C1 mm。

3. 加工评价

短轴加工评价见表 4–14。

表 4–14　短轴加工评价表

序号	项目	项目要求	实测结果	配分	得分	备注
1	24 mm	23.90 ~ 24.10 mm		5		
2	10 mm	9.90 ~ 10.10 mm		5		
3	$12^{+0.10}_{0}$ mm	12.00 ~ 12.10 mm		5		
4	4.2 mm	4.15 ~ 4.25 mm		10		
5	$3.6^{+0.10}_{0}$ mm	3.60 ~ 3.70 mm		10		
6	ϕ10e8	ϕ9.953 ~ 9.975 mm		20		
7	ϕ8e8	ϕ7.953 ~ 7.975 mm		20		
8	ϕ6 mm	ϕ5.95 ~ 6.05 mm		10		
9	ϕ20 mm	ϕ19.90 ~ 20.10 mm		10		
10	安全文明生产	是否遵守车间安全操作规程	是 / 否	5		

六、手轮加工

手轮零件结构较简单，加工时外圆与内孔一次装夹即可加工完成，图 4–26 所示为手轮零件图，钻铰 ϕ 8H7 孔时应注意保证尺寸精度。

1. 加工前准备工作

设备：卧式车床、钻床、砂轮机等。

辅具：卡盘扳手、刀架扳手、加力杆、活扳手、铰杠、内六角扳手、钻夹头、锤子、毛刷、钢丝钳、垫刀片、油壶、油石、倒角器等。

量具：平板、百分表、外径千分尺、游标卡尺等。

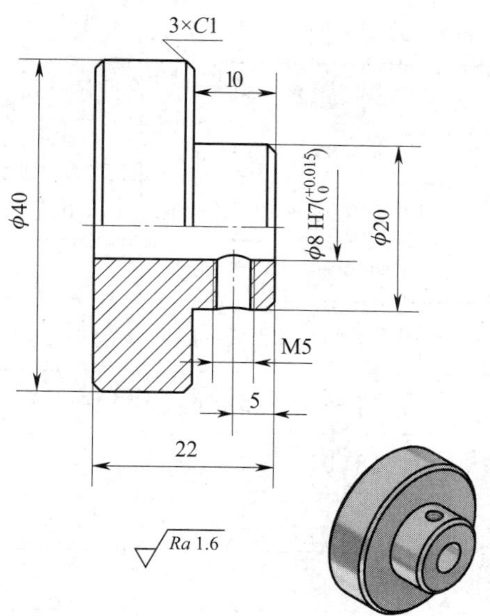

图 4-26 手轮零件图

刀具：外圆车刀、倒角刀、切断刀、钻头、丝锥、锉刀等。

劳动防护用品：护目镜、工作服、工作鞋、工作帽等。

2. 零件加工

（1）检查毛坯尺寸为 ϕ45 mm×35 mm，材料为 45 钢。

（2）车削加工工序。

1）夹持毛坯，工件伸出三爪自定心卡盘 10 mm，车 ϕ42 mm×5 mm 台阶。

2）夹持 ϕ42 mm×5 mm 台阶，加工 ϕ40 mm 外圆至要求。

3）加工 ϕ20 mm 外圆至要求，车端面，保证图样上 10 mm 尺寸。

4）倒角 C1 mm。

5）用中心孔定位，钻铰 ϕ8H7 通孔。

6）夹持 ϕ20 mm 外圆，垫铜皮，找正，加工总长尺寸为 22 mm。

7）倒角 C1 mm。

（3）钻孔。

1）持夹工件 22 mm 长度方向并找正，钻、攻 M5 螺纹孔。

2）倒钝锐边，孔口倒角 C0.5 mm。

3. 加工评价

手轮加工评价见表 4-15。

表 4-15　手轮加工评价表

序号	项目	项目要求	实测结果	配分	得分	备注
1	ϕ40 mm	ϕ39.85 ~ 40.15 mm		10		
2	ϕ20 mm	ϕ19.90 ~ 20.10 mm		10		
3	10 mm	9.90 ~ 10.10 mm		10		
4	22 mm	21.90 ~ 22.10 mm		10		
5	5 mm	4.95 ~ 5.05 mm		10		
6	ϕ8H7	ϕ8.000 ~ 8.015 mm		20		
7	M5			10		
8	C1 mm（3 处）			15		
9	安全文明生产	是否遵守车间安全操作规程	是 / 否	5		

课题四
万向滑块机构的装配与调整

一、装配前准备工作

装配前要研究和熟悉万向滑块机构装配图和装配技术要求，了解万向滑块机构的结构，各零件的作用及相互连接关系，确定装配方法，制定装配工艺规程。装配前准备工作包括清点零件（表 4-16）、标准件（表 4-17），准备工具、量具（表 4-18）。

表 4-16　万向滑块机构零件的准备

序号	零件名称	材料	数量
1	底板	45 钢	1
2	立板	45 钢	1
3	支承板	45 钢	2
4	转动板	45 钢	1
5	滑块	45 钢	1
6	底座	45 钢	1
7	滑块套板	45 钢	2
8	盖板	45 钢	1
9	铰链轴	45 钢	1
10	叉件	45 钢	1
11	曲柄	45 钢	1
12	连接销	45 钢	1
13	曲轴	45 钢	1
14	短轴	45 钢	1
15	手轮	45 钢	1

表 4–17　万向滑块机构标准件的准备

序号	名称	规格 / mm	数量
1	圆柱销	ϕ5 × 16	4
2	轴位螺钉	M5 × 15	2
3		M8 × 15	1
4	内六角圆柱螺钉	M5 × 8	8
5		M5 × 16	6
		M5 × 15	1
6	紧定螺钉	M5 × 8	3
7		M5 × 12	2
8	六角螺母	M5	3

表 4–18　工具、刃具和量具的准备

序号	名称	规格	数量
1	手电钻		1
2	活扳手	12in	1
3	内六角扳手	3 ~ 12 mm	1 套
4	锤子（或铜棒）	0.5 ~ 1 kg	1
5	锉刀		1
6	铰杠		1
7	C 形夹头	100 mm	1
8	防锈清洗剂		1
9	油枪		1
10	油石		1
11	毛刷		1
12	钻头	ϕ4 mm、ϕ4.8 mm	1
13	铰刀	ϕ5H7	1
14	刀口形直角尺	200 mm，1 级	1

续表

序号	名称	规格	数量
15	杠杆百分表及表座	0 ~ 0.8 mm，精度 0.01 mm	1
16	数显卡尺	0 ~ 200 mm，精度 0.01 mm	1
17	数显深度卡尺	0 ~ 200 mm，精度 0.01 mm	1
18	钢直尺	0 ~ 300 mm	1
19	塞规	ϕ5H7、ϕ8H7	1
20	塞尺	0.02 ~ 0.5 mm	1

二、万向滑块机构的装配

1. 装配工艺分析

图 4-11 所示为万向滑块机构装配图，万向滑块机构是将手轮的旋转运动通过叉件、铰链轴、连接销组成的万向节转换为滑块的直线运动，并带动底座沿着上下、左右方向摆动。万向滑块机构由底板、立板、支承板、转动板、滑块、底座、滑块套板、盖板、铰链轴、叉件、曲柄、连接销、曲轴、短轴、手轮 15 个零件组成。装配完成后要求滑块滑动及其他各部分转动灵活，因此各配合面装配间隙直接影响装配精度。装配时，支承板与底板要进行垂直度调整，两个支承板要进行平行度调整，并且保证转动板转动灵活；滑块与滑块套板、盖板、底座装配时的配合精度影响滑块的滑动是否准确、灵活；曲柄与滑块之间依靠叉件、铰链轴、连接销连接，装配时要保证各个零件之间转动灵活。装配过程中各螺纹紧固件之间的预紧力要保证连接安全可靠，防止在机构运行过程中松动，影响万向滑块机构的运行。

2. 装配与调整

（1）清点各零件，并对零件进行清理、清洗及擦拭。

（2）装配前进行零件精度检测。

（3）配合件试装。

1）底板与立板、支承板、转动板试装。

2）底座与滑块、滑块套板、盖板试装。

3）滑块与铰链轴、叉件、连接销试装。

4）短轴、曲柄、曲轴、手轮试装。

（4）装配。

1）滑块组件装配。用内六角圆柱螺钉将底座与滑块套板连接，检查并确认滑块与滑块套板之间的配合间隙合格后，配作 ϕ5 mm 圆柱销孔，用圆柱销定位，装入滑块，装上盖板，用内六角圆柱螺钉连接，检查滑块与底座、盖板之间的配合间隙是否合格，保证滑块在组件中滑动灵活。将铰链轴装入滑块孔中，用紧定螺钉定位，保证铰链轴转动灵活后，锁紧 M5 六角螺母。

2）曲柄组件装配。将短轴一端装入曲柄，用紧定螺钉（M5×12）定位，保证转动灵活，锁紧六角螺母（M5），另一端装入叉件，用紧定螺钉（M5×8）紧固。

（5）总装配。

以底板为装配基准件，装上立板，用内六角圆柱螺钉紧固，将曲轴装入立板孔中，转动灵活，再将曲轴一端装入曲柄孔中，用内六角圆柱螺钉（M5×16）紧固，另一端装上手轮，用紧定螺钉（M5×8）紧固。

以底板为基准，装上支承板，在两支承板之间，通过两个轴位螺钉（M5×15）连接转动板，然后通过轴位螺钉（M8×15）将转动板与滑块组件连接，转动灵活。

将滑块组件的铰链轴与曲柄组件的叉件通过连接销装在一起，铰链轴与连接销通过紧定螺钉（M5×8）紧固，保证叉件与连接销转动灵活。

3. 装配后清理

清除在装配时产生的金属切屑，如配钻孔、铰孔、攻螺纹等加工后残存的切屑和油污等。

4. 试运行

转动部位加注润滑油，试运行，检查曲柄、滑块等传动件运行是否正常，检验万向滑块机构是否达到装配要求。

三、装配评价

万向滑块机构装配评价见表 4-19。

表 4-19　万向滑块机构装配评价表

序号	评价内容	装配要求	实测结果	配分	得分
1	零件清理	零件的清洗、清理、去毛刺		5	
2	零件精度检测	根据装配图和零件图要求检查装配零件的主要尺寸精度，并做好记录		10	
3	试装	（1）底板与立板、支承板、转动板试装，测量支承板与底板、底板与立板的垂直度 （2）底座与滑块、滑块套板、盖板试装，滑块的滑动灵活、无阻滞，测量滑块与滑块套板之间的配合间隙 （3）滑块与铰链轴、叉件、连接销试装，要求各部分转动灵活、无阻滞 （4）短轴、曲柄、曲轴、手轮试装，要求各部分转动灵活、无阻滞		15	
4	组件装配	（1）滑块组件装配。底座与滑块套板连接，装入滑块，配作 ϕ5 mm 圆柱销孔，用圆柱销定位，测量滑块与滑块套板之间的配合间隙。装上盖板，测量滑块与底座、盖板之间的配合间隙。将铰链轴装入滑块孔中，用紧定螺钉定位，检查转动是否灵活、无阻滞，检查 M5 六角螺母是否锁紧。 （2）曲柄组件装配。将短轴一端装入曲柄，另一端装入叉件，计算短轴与曲柄、叉件之间的配合间隙		20	
5	总装配	（1）以底板为装配基准件，装上立板，测量底板与立板间的垂直度误差；曲柄装入立板孔中，再将曲轴一端装入曲柄孔中，另一端装上手轮，分别计算各配合间隙处的数值 （2）以底板为基准，装上支承板，测量底板与支承板间的垂直度误差并记录，测量两支承板之间的平行度误差并记录；通过两个 M5 × 16 轴位螺钉，连接转动板，装入滑块组件，检测转动是否均匀、灵活 （3）铰链轴与曲柄组件的叉件通过连接销装配，检查紧定螺钉 M5 × 8 是否紧固，叉件与连接销是否转动灵活		30	

续表

序号	评价内容	装配要求	实测结果	配分	得分
6	试运转	（1）检查各零件安装是否正确，各螺钉是否拧紧，定位销安装是否牢靠 （2）清洁万向滑块机构，各运动部分加注润滑油 （3）转动手轮，检测滑块的滑动是否均匀、无阻滞现象，机构运转是否无死点 （4）连续运转 3 min，各零件运行正常，无卡死，零件无脱落，螺钉无松动		10	
7	安全文明生产	是否遵守车间安全操作规程	是 / 否	10	

任务五

棘轮机构制作

学习目标

1. 能熟悉棘轮机构的工作原理。
2. 能读懂棘轮机构零件图并分析其加工工艺过程。
3. 能按照零件图要求正确选择刀具、工具、量具，并对零件进行加工。
4. 能根据零件图技术要求，对零件的加工质量进行检验。
5. 能读懂棘轮机构装配图，掌握棘轮机构的装配方法和技巧，制定装配工艺规程，并对装配精度进行检测。
6. 能在操作过程中严格遵守车间安全操作规程，做到安全文明生产。

相关知识

一、棘轮机构工作原理

棘轮机构是由棘轮和棘爪组成的一种单向间歇运动机构，如图 5-1 所示，它主要由摇杆、棘爪和棘轮组成。摇杆为运动输入构件，棘轮为运动输出构件。当摇杆逆时针摆动时，铰接在摇杆上的棘爪插入棘轮的齿内，使棘轮同时转过一定角度；当摇杆顺时针摆动时，棘爪在棘轮的齿上滑过，棘轮静止不动。当摇杆连续往复摆动时，棘轮单向、间歇转动。

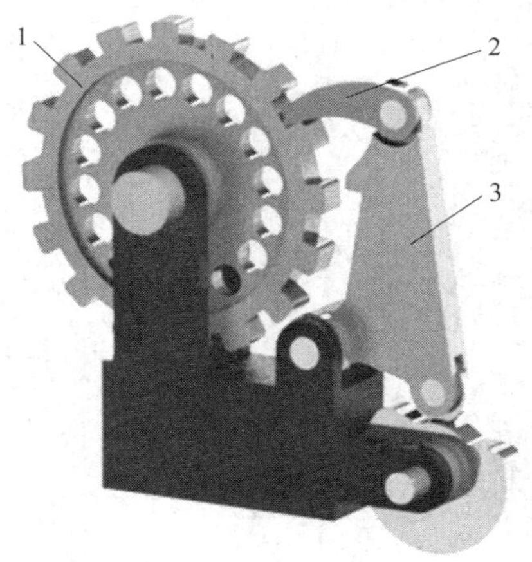

图 5-1　棘轮机构

1—棘轮　2—棘爪　3—摇杆

二、螺纹连接的装配

螺纹连接是一种可拆卸的固定连接，其具有结构简单、连接可靠、装拆方便等优点，在机械中广泛应用。如图 5-2 所示，螺纹连接的类型有螺栓连接、双头螺柱连接、螺钉连接及紧定螺钉连接等。

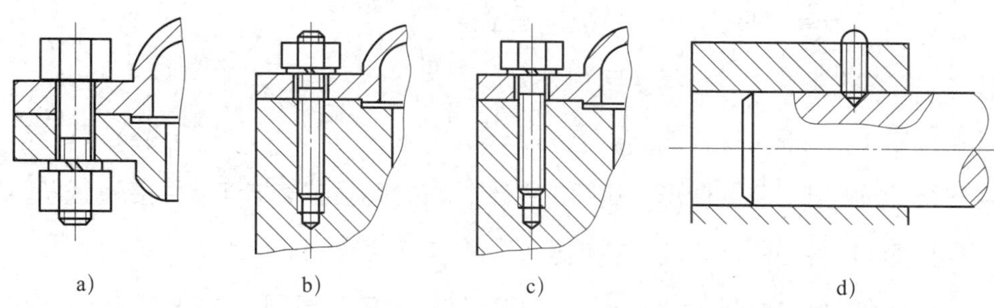

图 5-2　螺纹连接的类型

a）螺栓连接　b）双头螺柱连接　c）螺钉连接　d）紧定螺钉连接

1. 螺纹连接的预紧

预紧的目的是增强连接的刚度、紧密性和提高防松能力。对于受轴向拉力的螺栓连接，预紧还可以提高螺栓的疲劳强度；对于受横向载荷的普通螺栓连接，有利于增大接合面间的摩擦。

2. 螺纹连接的防松

在静载荷作用下，螺纹升角较小，能满足自锁条件。但在受冲击、振动或变载荷以及温度变化大时，螺纹连接有可能自动松脱，容易发生事故。因此，在螺纹连接时，必须考虑防松问题。防松的根本在于防止螺纹副的相对转动。按工作原理分，螺纹连接有三种防松方式，一是附加摩擦力防松，如图 5-3 所示；二是利用机械元件直接锁住防松；三是破坏螺纹副的运动关系防松。棘轮机构采用的是附加摩擦力防松中的加弹簧垫圈防松。

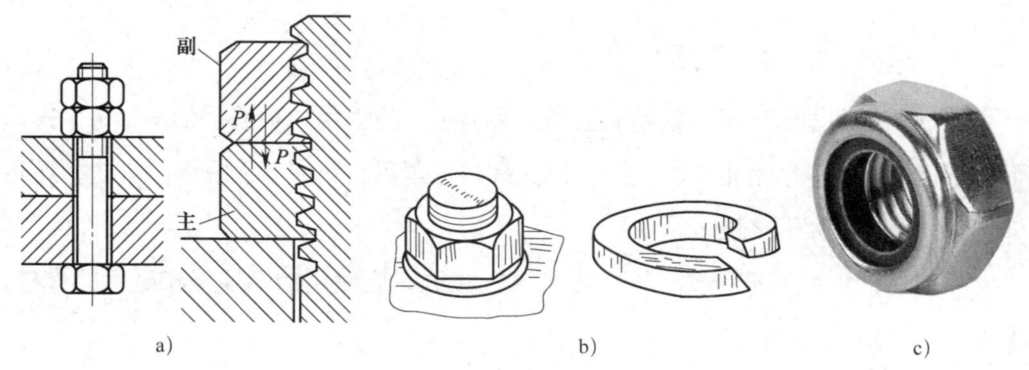

图 5-3　附加摩擦力防松

a）双螺母防松　b）加弹簧垫圈防松　c）自锁螺母防松

3. 螺纹连接的装配要点

（1）保证双头螺柱与机体螺纹的配合有足够的紧固性。

（2）双头螺柱的轴线必须与机体表面垂直。

（3）装入双头螺柱时必须使用润滑剂。

（4）注意常用双头螺柱的拧紧方法。

（5）螺杆不产生弯曲变形，螺钉的头部、螺母底面应该与连接件接触良好。

（6）被连接件应受压均匀，互相紧密贴合，连接牢固。

（7）拧紧成组螺母或者螺钉时，要注意拧紧顺序，原则上先拧紧中间的螺母或螺钉，后拧紧两边的，应分层次，对称、逐步拧紧，如图 5-4 所示。

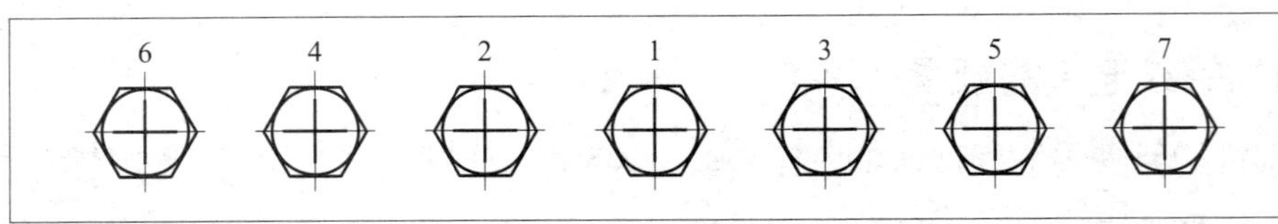

a)

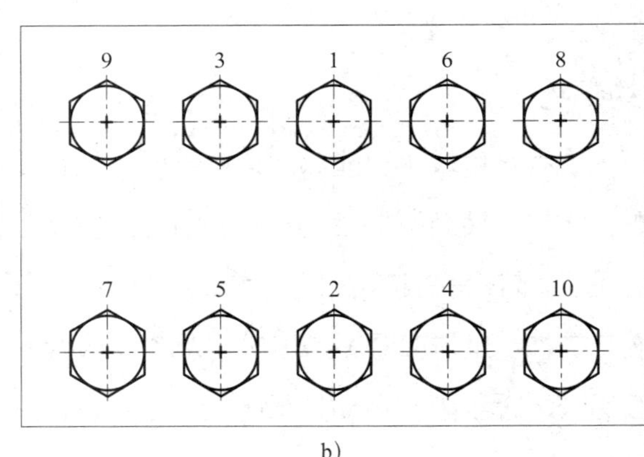

b)

图 5-4　成组螺母或螺钉的拧紧顺序

4. 螺钉、螺栓装配规范

（1）螺栓紧固时，不得使用活扳手、呆扳手，应使用力矩扳手锁紧；每个螺母下面不得使用 1 个以上相同的垫圈；沉头螺钉拧紧后，其尾部应埋入机件内，不得外露；垫片不得大于接触面。

（2）覆盖件装配或同类、同一零部件锁紧时，应使用相同规格和颜色的螺栓、螺母、垫片及结构方式。

（3）一般情况下，螺纹连接应有防松弹簧垫圈或在连接处加涂螺纹胶。

（4）螺栓与螺母拧紧后，螺栓应露出螺母 1 ~ 2 个螺距；螺钉在紧固运动装置中或在维护时无须拆卸部件的场合中，装配前应在螺纹上加涂螺纹胶。

（5）螺栓锁紧后，应松两圈然后再最终锁紧。

（6）有规定拧紧力矩要求的紧固件，应采用力矩扳手，按规定拧紧力矩紧固。

（7）螺钉、螺栓和螺母紧固时，严禁使用不合适的旋具与扳手。紧固后，螺钉槽、螺母、螺钉和螺栓头部不得损伤。

（8）同一零件用多个螺钉或螺栓紧固时，各螺钉或螺栓需顺时针、交错、对称、逐步拧紧，如有定位销，应从靠近定位销的螺钉或螺栓开始拧紧。

（9）螺栓和螺母拧紧后，其支承面应与被紧固件贴合。

三、销连接的装配

销连接在机械中主要用来固定两个（或两个以上）零件之间的相对位置，也用于连接零件并传递不大的载荷，有时还可以作为安全装置中的过载剪断元件。销是一种标准件，其形状和尺寸都已标准化、系列化。销的种类较多，其中最多的是圆柱销和圆锥销。销连接结构简单，装拆方便，在机械元件中主要起定位、连接和安全保护作用，如图 5-5 所示。

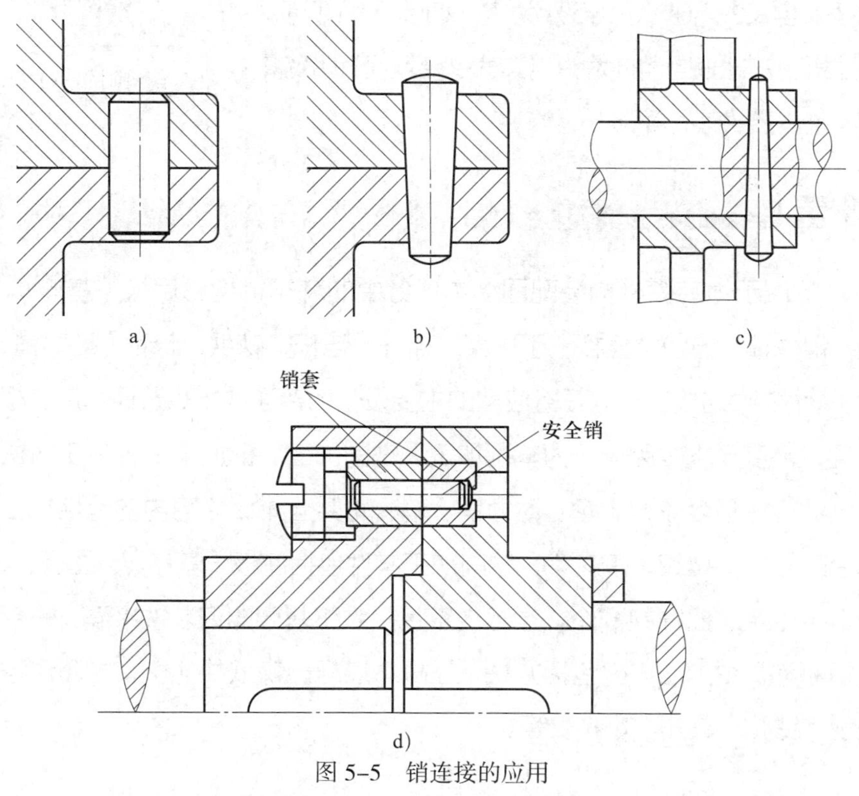

图 5-5　销连接的应用

a）圆柱销定位　b）圆锥销定位　c）连接　d）安全保护

1. 圆柱销的装配

圆柱销与孔一般为过盈连接，常用来固定零件、传递动力或作为定位元件。用圆柱销定位时，为了保证连接质量，被连接件的两孔应同时钻铰。销孔的尺寸、形状和表面粗糙度要求较高，孔壁的表面粗糙度值一般为 *Ra*1.6 μm。

圆柱销装配时，应在销表面涂上润滑油，用铜棒轻轻打入销孔。由于圆柱销孔经过铰削加工，多次装拆会降低定位的精度和连接的紧固程度，因此圆柱销不宜多次装拆。

2. 圆锥销的装配

圆锥销具有 1∶50 的锥度，其小头直径代表规格，钻孔时以小头直径大小为标准选用钻头。圆锥销定位准确，装拆方便，在横向力作用下可保证自锁，一般多用作定位，常用于经常装拆的场合。

圆锥销装配时，被连接件的两孔应同时钻铰，用 1∶50 的锥度铰刀铰孔，用试装法控制孔径。以圆锥销自由地插入全长的 80% ~ 85% 为宜，如图 5-6 所示，然后用锤子敲击圆锥销的大头，其大头部分可稍微露出，或与被连接件表面平齐。

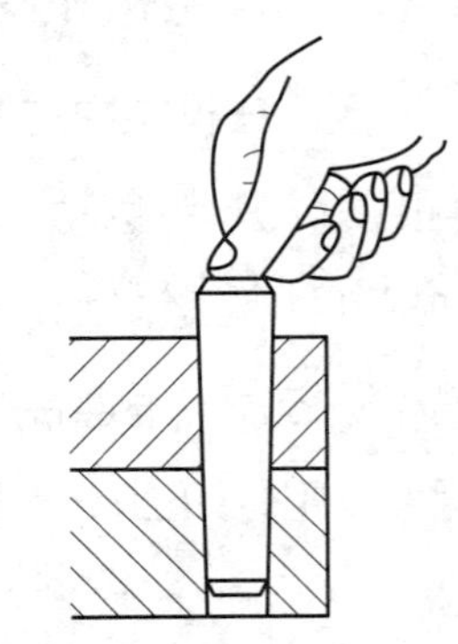

图 5-6 圆锥销自由放入深度

任务布置

图 5-7 所示为棘轮机构装配图。本任务中的棘轮机构由底板（基座）、立板、导向板、滑动板、方块、压板、手轮架、摇杆、连杆、棘爪、棘轮、动力销、手轮、偏心轮 14 个零件组成。实施任务应用的主要设备为普通铣床和普通车床，根据零件结构特征、精度要求等因素分为车削加工、铣削加工、钳加工 3 种加工方法，其中车削加工零件包括棘轮、手轮、动力销、偏心轮共 4 个，学习内容包括车工基础知识、车台阶轴、车螺纹、滚花等。铣削加工零件包括底板（基座）、立板、导向板、滑动板、手轮架、摇杆共 6 个，学习内容包括铣工基础知识、铣平面、铣台阶、铣沟槽、切断等。钳加工零件包括方块、压板、连杆、棘爪共 4 个，学习内容包括划线、锉削、钻孔、铰孔、攻螺纹等。

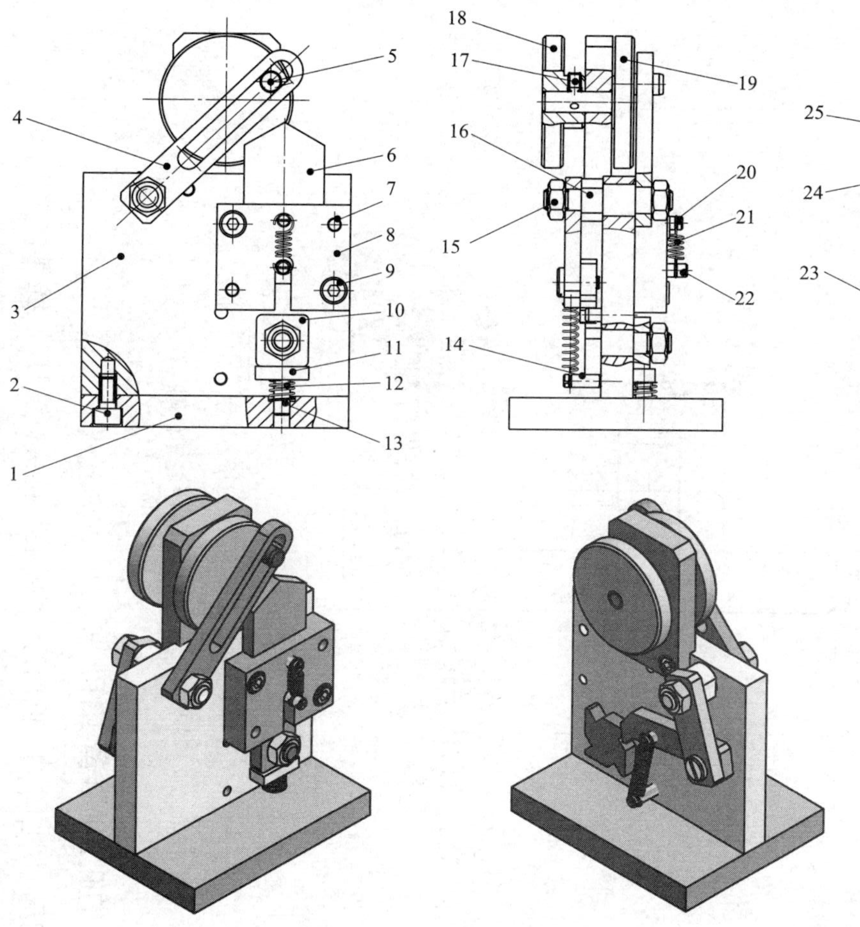

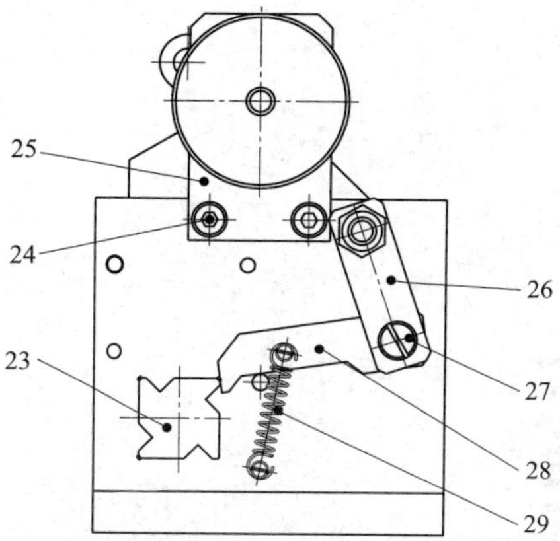

序号	零件代号	数量	序号	零件代号	数量
29	强力弹簧0.6×6×35	1			
28	棘爪	1	14	开槽无头螺钉M5×16	1
27	开槽销钉M5×10	1	13	开槽无头螺钉M6×20	1
26	连杆	1	12	强力弹簧0.5×9×10	1
25	手轮架	1	11	压板	1
24	内六角螺钉M5×12	2	10	方块	1
23	棘轮	1	9	内六角螺钉M5×16	2
22	开槽无头螺钉M5×20	1	8	导向板	1
21	强力弹簧0.6×6×20	1	7	圆柱销$\phi5\times20$	3
20	开槽无头螺钉M5×12	2	6	滑动板	1
19	偏心轮	1	5	圆柱销$\phi8\times18$	1
18	手轮	1	4	摇杆	1
17	尖头紧定螺钉M5×8	1	3	立板	1
16	动力销	1	2	内六角螺钉M6×12	2
15	六角螺母M8	3	1	底板	1

棘轮机构	材料		
	比例		
制图			
审核			

图 5-7　棘轮机构装配图

课题一 手轮等零件的制作

一、手轮加工

图 5-8 所示为手轮零件图。

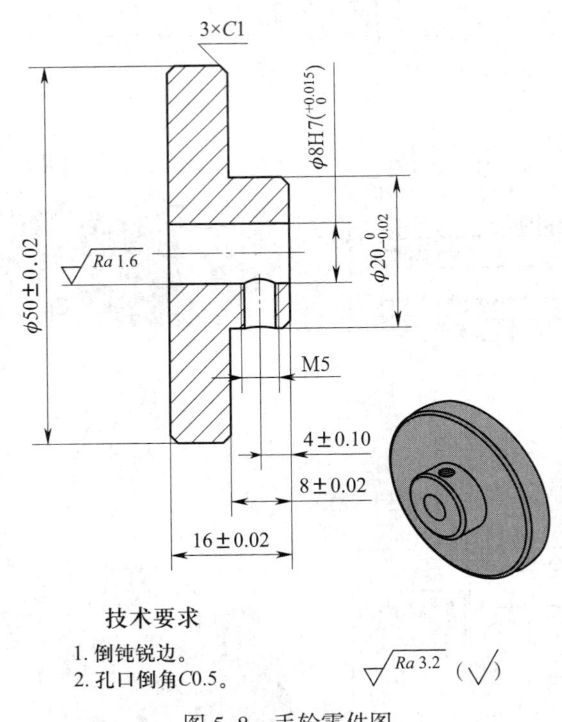

图 5-8 手轮零件图

1. 加工前准备工作

刀具：外圆车刀、倒角刀、中心钻、钻头、铰刀、丝锥等。

工具：锤子、机用虎钳、活扳手、油壶、铰杠等。

量具：外径千分尺、游标卡尺、游标万能角度尺、游标高度卡尺、百分表等。

2. 零件加工

（1）检查毛坯尺寸为 ϕ55 mm × 30 mm，材料为 45 钢。

（2）夹持毛坯，工件伸出三爪自定心卡盘 15 mm，车 ϕ50 mm × 10 mm 台阶。

（3）掉头，夹持工件 ϕ50 mm × 10 mm 台阶，车端面和外圆。

1）粗加工图样上 ϕ（50 ± 0.02）mm 外圆尺寸至 ϕ51 mm，长度 17 mm；精加工至 ϕ（50 ± 0.02）mm，长度 17 mm。

2）粗加工图样上 $\phi 20_{-0.02}^{0}$ mm 外圆尺寸至 ϕ21 mm，长度 7.5 mm；精加工至 $\phi 20_{-0.02}^{0}$ mm，控制长度（8 ± 0.02）mm。

3）钻 ϕ7.8 mm 底孔后，铰 ϕ8H7 通孔。

4）倒角 C1 mm。

（4）掉头，垫铜皮夹持工件 $\phi 20_{-0.02}^{0}$ mm 外圆，车端面，控制长度（16 ± 0.02）mm，倒角 C1 mm。

（5）钳加工工序。

1）用游标高度卡尺划出 M5 螺纹孔加工线，打样冲。

2）钻 ϕ4.2 mm 底孔，控制中心偏移量（4 ± 0.10）mm。

3）加工 M5 螺纹。

4）孔口倒角 C0.5 mm。

3. 加工评价

手轮加工评价见表 5-1。

表 5-1 手轮加工评价表

序号	项目	项目要求	实测结果	配分	得分	备注
1	$\phi 20_{-0.02}^{0}$ mm	ϕ19.98 ~ 20.00 mm		10		
2	（8 ± 0.02）mm	7.98 ~ 8.02 mm		10		
3	（16 ± 0.02）mm	15.98 ~ 16.02 mm		15		
4	ϕ8H7	ϕ8.000 ~ 8.015 mm		10		
5	（4 ± 0.10）mm	3.90 ~ 4.10 mm		15		
6	ϕ（50 ± 0.02）mm	ϕ49.98 ~ 50.02 mm		10		
7	C1 mm（3 处）			15		
8	Ra1.6 μm	$Ra \leqslant 1.6$ μm		5		
9	M5			5		
10	安全文明生产	是否遵守车间安全操作规程	是 / 否	5		

二、棘轮加工

图 5-9 所示为棘轮零件图。

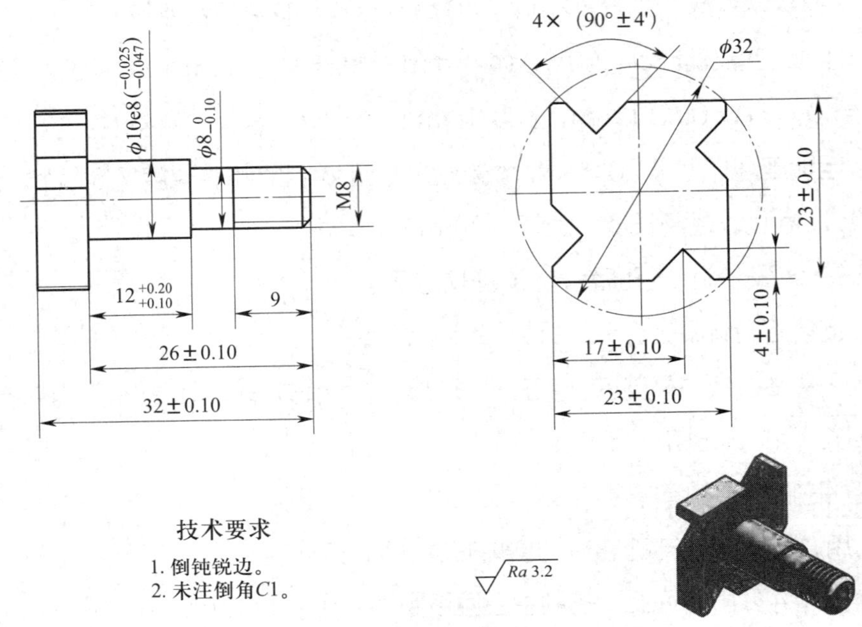

图 5–9 棘轮零件图

1. 加工前准备工作

刀具：外圆车刀、倒角刀、立铣刀、M8 板牙、中心钻等。

工具：锤子、机用虎钳、活扳手、油壶、板牙架等。

量具：外径千分尺、游标卡尺、游标万能角度尺、游标高度卡尺、百分表、直角尺等。

2. 零件加工

（1）检查毛坯尺寸为 ϕ35 mm×50 mm，材料为 45 钢。

（2）夹持毛坯，工件伸出三爪自定心卡盘 15 mm，车 ϕ30 mm×10 mm 台阶。

（3）掉头，夹持工件 ϕ30 mm×10 mm 台阶，车外圆。

1）粗加工图样上 ϕ32 mm 外圆尺寸至 ϕ33 mm，长度 33 mm；精加工至 ϕ32 mm，长度 33 mm。

2）粗加工图样上 ϕ10e8 外圆尺寸至 ϕ11 mm，长度 25.5 mm；精加工至 ϕ10e8，长度（26±0.10）mm。

3）粗加工图样上 $\phi 8_{-0.10}^{0}$ mm 外圆尺寸至 $\phi 9$ mm，长度 13.5 mm；精加工至 $\phi 8_{-0.10}^{0}$ mm，长度 14 mm。

4）端面倒角 $C1$ mm。

5）用板牙加工 M8 外螺纹，控制长度 9 mm。

（4）掉头，夹持工件 ϕ10e8 外圆，车端面，控制总长（32±0.10）mm。

（5）用 V 形铁夹持工件 ϕ10e8 外圆，对称铣 23 mm×23 mm 四方形结构。

（6）根据零件图，加工 4 个（90° ±4′）深（4±0.10）mm 槽，倒钝锐边。

3. 加工评价

棘轮加工评价见表 5-2。

表 5-2 棘轮加工评价表

序号	项目	项目要求	实测结果	配分	得分	备注
1	$\phi 8_{-0.10}^{0}$ mm	ϕ7.90 ~ 8.00 mm		5		
2	ϕ10e8	ϕ9.953 ~ 9.975 mm		5		
3	$12_{+0.10}^{+0.20}$ mm	12.10 ~ 12.20 mm		15		
4	（26±0.10）mm	25.90 ~ 26.10 mm		15		
5	（32±0.10）mm	31.90 ~ 32.10 mm		10		
6	（23±0.10）mm（2 处）	22.90 ~ 23.10 mm		10		
7	90° ±4′（4 处）	89° 56′ ~ 90° 04′		10		
8	（17±0.10）mm（4 处）	16.90 ~ 17.10 mm		10		
9	（4±0.10）mm（4 处）	3.90 ~ 4.10 mm		10		
10	安全文明生产	是否遵守车间安全操作规程	是 / 否	10		

三、动力销加工

图 5-10 所示为动力销零件图。

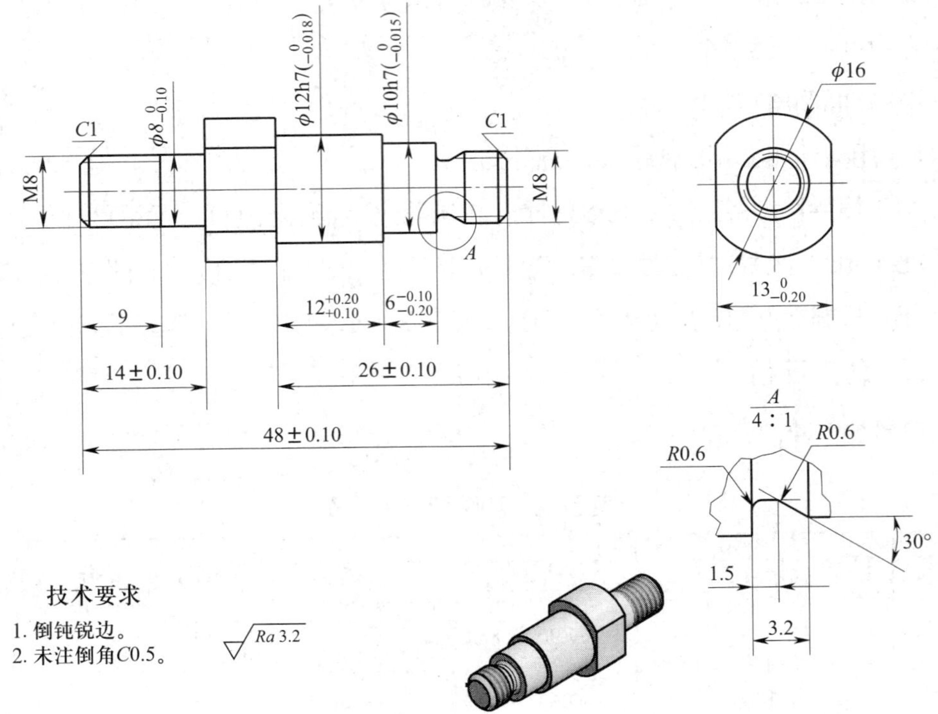

图 5-10　动力销零件图

1. 加工前准备工作

刀具：外圆车刀、倒角刀、立铣刀、M8 板牙、中心钻等。

工具：锤子、机用虎钳、活扳手、油壶、板牙架等。

量具：外径千分尺、游标卡尺、游标万能角度尺、百分表等。

2. 零件加工

（1）检查毛坯尺寸为 φ20 mm×60 mm，材料为 45 钢。

（2）夹持毛坯，工件伸出三爪自定心卡盘 15 mm，车 φ16 mm×10 mm 台阶。

（3）掉头夹持工件 φ16 mm×10 mm 台阶，车端面和外圆。

1）粗车图样上 φ16 mm 外圆尺寸至 φ17 mm，长度 35 mm；精加工至 φ16 mm，长度 35 mm。

2）粗车图样上 φ12h7 外圆尺寸至 φ13 mm，长度 25.5 mm；精加工至 φ12h7，长度（26±0.10）mm。

3）粗车图样上 φ10h7 外圆尺寸至 φ11 mm，长度 13.5 mm；精加工至 φ10h7，长度 14 mm。

4）粗车图样上 $\phi 8_{-0.10}^{0}$ mm 外圆尺寸至 ϕ9 mm，长度 7.5 mm；精加工至 $\phi 8_{-0.10}^{0}$ mm，长度 8 mm。

5）端面倒角 $C1$ mm，车退刀槽。

6）用板牙加工 M8 外螺纹。

（4）掉头，垫铜皮夹持工件 ϕ12h7 外圆。

1）车端面，控制总长（48 ± 0.10）mm。

2）粗车图样上 $\phi 8_{-0.10}^{0}$ mm 外圆尺寸至 ϕ9 mm，长度 13.5 mm；精加工至 $\phi 8_{-0.10}^{0}$ mm，长度（14 ± 0.10）mm。

3）端面倒角 $C1$ mm。

4）用板牙加工 M8 外螺纹，控制长度 9 mm。

（5）锉削扁口。

1）锉削加工图样上 $13_{-0.20}^{0}$ 尺寸至 14.5 mm。

2）锉削加工图样上 $13_{-0.20}^{0}$ 尺寸至要求。

3）倒钝锐边。

3. 加工评价

动力销加工评价见表 5-3。

表 5-3　动力销加工评价表

序号	项目	项目要求	实测结果	配分	得分	备注
1	$\phi 8_{-0.10}^{0}$ mm	ϕ7.90 ~ 8.00 mm		5		
2	ϕ12h7	ϕ11.982 ~ 12.000 mm		5		
3	ϕ10h7	ϕ9.985 ~ 10.000 mm		5		
4	M8（2 处）			5		
5	$12_{+0.10}^{+0.20}$ mm	12.10 ~ 12.20 mm		15		
6	$6_{-0.20}^{-0.10}$ mm	5.80 ~ 5.90 mm		15		
7	（26 ± 0.10）mm	25.90 ~ 26.10 mm		10		
8	（14 ± 0.10）mm	13.90 ~ 14.10 mm		10		
9	（48 ± 0.10）mm	47.90 ~ 48.10 mm		10		
10	$13_{-0.20}^{0}$ mm	12.80 ~ 13.00 mm		10		
11	安全文明生产	是否遵守车间安全操作规程	是 / 否	10		

四、偏心轮加工

图 5-11 所示为偏心轮零件图。

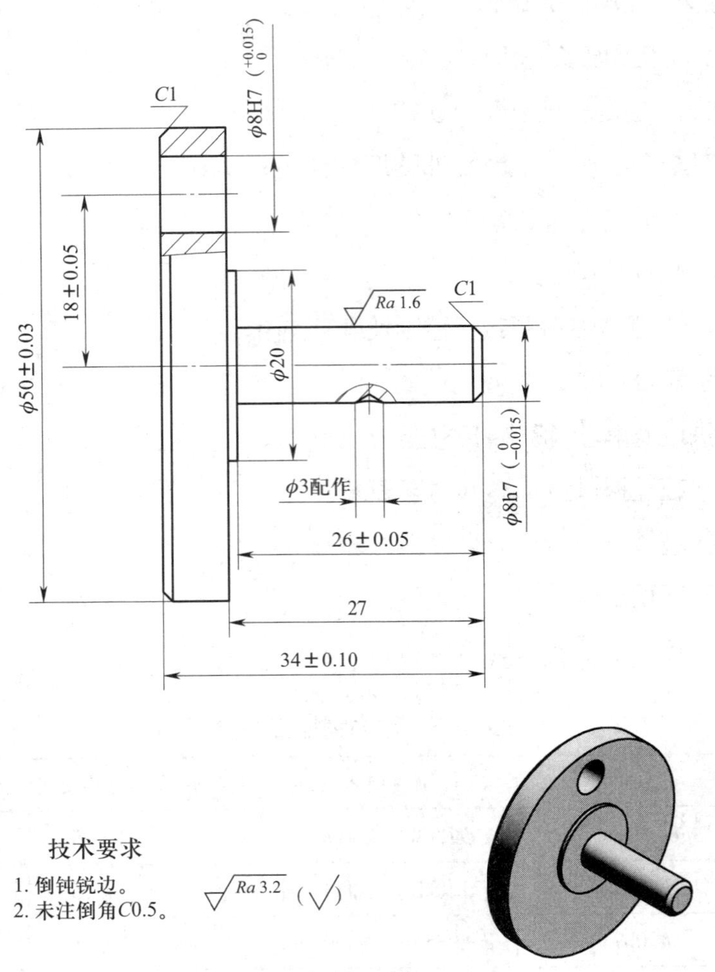

图 5-11　偏心轮零件图

1. 加工前准备工作

刀具：外圆车刀、倒角刀、中心钻、钻头、铰刀等。

工具：锤子、机用虎钳、活扳手、油壶等。

量具：外径千分尺、游标卡尺、游标万能角度尺等。

2. 零件加工

（1）检查毛坯尺寸为 ϕ55 mm×50 mm，材料为 45 钢。

（2）夹持毛坯，工件伸出三爪自定心卡盘 15 mm，车 ϕ50 mm×10 mm 台阶。

（3）掉头，夹持工件 ϕ50 mm×10 mm 台阶。

1）粗加工图样上 ϕ（50±0.03）mm 尺寸至 ϕ51 mm，精加工至 ϕ（50±0.03）mm，长度 35 mm。

2）粗加工图样上 ϕ20 mm 尺寸至 ϕ21 mm，精加工至 ϕ20 mm，长度 27 mm。

3）粗加工图样上 ϕ8h7 尺寸至 ϕ9 mm，精加工至 ϕ8h7，长度（26±0.05）mm。

4）倒角 C1 mm。

（4）掉头，夹持工件 ϕ8h7 外圆，车端面，控制总长（34±0.10）mm。

（5）用 V 形铁夹持工件 ϕ8h7 外圆。

1）找出 ϕ（50±0.03）mm 中心，用中心钻定位，保证 ϕ8H7 孔中心线距 ϕ（50±0.03）mm 外圆中心的距离为（18±0.05）mm。

2）钻 ϕ7.8 mm 通孔，用 ϕ8H7 圆柱铰刀铰孔。

（6）倒钝锐边，倒角 C0.5 mm。

3. 加工评价

偏心轮加工评价见表 5-4。

表 5-4 偏心轮加工评价表

序号	项目	项目要求	实测结果	配分	得分	备注
1	ϕ8h7	ϕ7.985 ~ 8.000 mm		10		
2	ϕ（50±0.03）mm	ϕ49.97 ~ 50.03 mm		10		
3	ϕ8H7	ϕ8.000 ~ 8.015 mm		10		
4	（26±0.05）mm	25.95 ~ 26.05 mm		20		
5	（34±0.10）mm	33.90 ~ 34.10 mm		20		
6	（18±0.05）mm	17.95 ~ 18.05 mm		20		
7	安全文明生产	是否遵守车间安全操作规程	是 / 否	10		

课题二 底板等零件的制作

一、底板加工

图 5-12 所示为底板零件图。

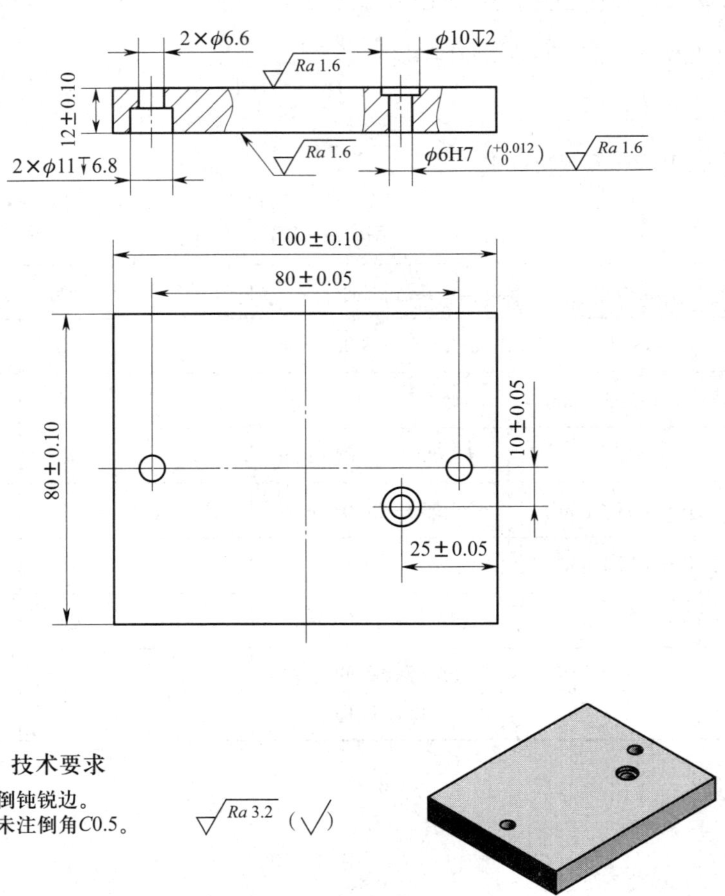

图 5-12　底板零件图

1. 加工前准备工作

刀具：面铣刀、立铣刀、钻头、中心钻、铰刀等。

工具：锤子、机用虎钳、活扳手、油壶、寻边器等。

量具：外径千分尺、游标卡尺、百分表、直角尺等。

2. 零件加工

（1）检查毛坯尺寸为 105 mm × 85 mm × 15 mm，材料为 Q235 钢。

（2）安装并校正机用虎钳。

（3）铣外形。

1）粗加工图样上（80 ± 0.10）mm 尺寸至 81 mm。

2）半精加工图样上（80 ± 0.10）mm 尺寸至 80.5 mm，翻转工件，精加工至（80 ± 0.10）mm。

3）夹持工件 81 mm 宽度方向，粗加工图样上（12 ± 0.10）mm 尺寸至 13 mm。

4）半精加工图样上（12 ± 0.10）mm 尺寸至 12.5 mm，翻转工件，精加工至（12 ± 0.10）mm。

5）夹持工件（80 ± 0.10）mm 宽度方向，工件略伸出机用虎钳，粗加工图样上（100 ± 0.10）mm 尺寸至 101 mm。

6）半精加工图样上（100 ± 0.10）mm 尺寸至 100.5 mm，翻转工件，精加工至（100 ± 0.10）mm。

（4）钻孔。

1）用寻边器寻边，定位两孔中心距为（80 ± 0.05）mm，用中心钻钻定位孔。

2）钻两个 ϕ6.6 mm 通孔，锪 ϕ11 mm 深 6.8 mm 孔。

3）翻转工件，寻边，用中心钻定位，保证孔中心线到工件侧面的距离为（25 ± 0.05）mm，孔中心线到 ϕ6.6 mm 孔中心线的距离为（10 ± 0.05）mm。

4）钻 ϕ6H7 通孔（底孔钻头直径为 5.8 mm，留 0.2 mm 铰孔余量），锪 ϕ10 mm 深 2 mm 孔。

3. 加工评价

底板加工评价见表 5-5。

表 5-5　底板加工评价表

序号	项目	项目要求	实测结果	配分	得分	备注
1	（80 ± 0.10）mm	79.90 ~ 80.10 mm		15		
2	（100 ± 0.10）mm	99.90 ~ 100.10 mm		15		
3	（12 ± 0.10）mm	11.90 ~ 12.10 mm		15		
4	（80 ± 0.05）mm	79.95 ~ 80.05 mm		15		
5	ϕ6.6 mm（2 处）	ϕ6.60 ~ 6.70 mm		10		
6	*Ra*1.6 μm（3 处）	*Ra* ≤ 1.6 μm		15		
7	ϕ6H7	ϕ6.000 ~ 6.012 mm		10		
8	安全文明生产	是否遵守车间安全操作规程	是 / 否	5		

二、立板加工

图 5-13 所示为立板零件图。

1. 加工前准备工作

刀具：面铣刀、立铣刀、钻头、铰刀、丝锥、中心钻等。

工具：锤子、机用虎钳、活扳手、寻边器、油壶、铰杠等。

量具：外径千分尺、游标卡尺、百分表、直角尺等。

2. 零件加工

（1）检查毛坯尺寸为 105 mm × 90 mm × 15 mm，材料为 Q235 钢。

（2）安装并校正机用虎钳。

（3）铣外形。

1）粗加工图样上 12 mm 尺寸至 13 mm。

2）半精加工图样上（100 ± 0.10）mm 尺寸至 100.5 mm，翻转工件，精加工至（100 ± 0.10）mm。

3）半精加工图样上（84 ± 0.10）mm 尺寸至 84.5 mm，翻转工件，精加工至（84 ± 0.10）mm。

4）半精加工图样上 12 mm 尺寸至 12.5 mm，翻转工件，精加工至 12 mm。

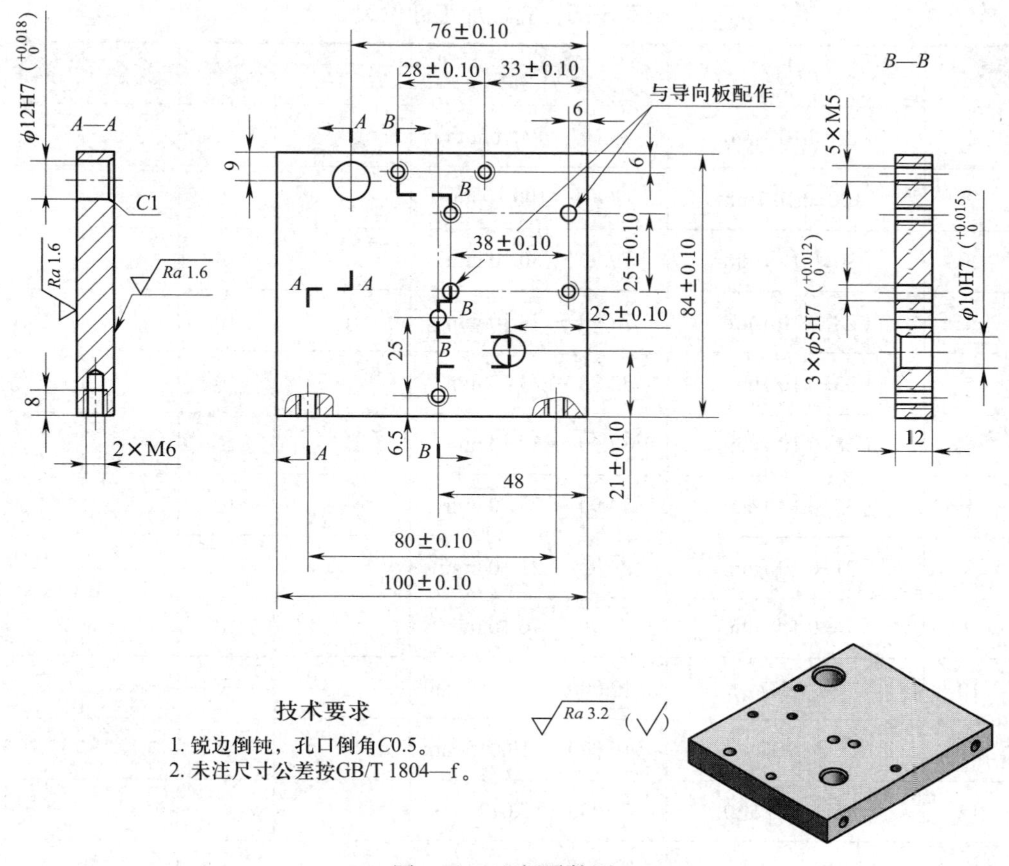

图 5-13　立板零件图

（4）钻孔。

1）用寻边器寻边，用中心钻定位。

2）根据图样要求钻出各孔，ϕ5H7 孔用 ϕ4.8 mm 钻头钻底孔；ϕ10H7 孔用 ϕ9.8 mm 钻头钻底孔；ϕ12H7 孔用 ϕ11.8 mm 钻头钻底孔。M5 螺纹孔用 ϕ4.2 mm 钻头钻底孔；M6 螺纹孔用 ϕ5 mm 钻头钻底孔。

（5）铰孔、攻螺纹。

用 ϕ5H7、ϕ10H7、ϕ12H7 圆柱铰刀分别铰出相应的孔；手动攻 M5、M6 螺纹孔，达到螺纹深度要求。

（6）孔口倒角 C0.5 mm。

3. 加工评价

立板加工评价见表 5-6。

表 5-6　立板加工评价表

序号	项目	项目要求	实测结果	配分	得分	备注
1	(84±0.10) mm	83.90 ~ 84.10 mm		10		
2	(100±0.10) mm	99.90 ~ 100.10 mm		10		
3	(80±0.10) mm	79.90 ~ 80.10 mm		5		
4	(28±0.10) mm	27.90 ~ 28.10 mm		10		
5	(33±0.10) mm	32.90 ~ 33.10 mm		10		
6	(38±0.10) mm	37.90 ~ 38.10 mm		5		
7	(25±0.10) mm	24.90 ~ 25.10 mm		10		
8	(21±0.10) mm	20.90 ~ 21.10 mm		5		
9	(76±0.10) mm	75.90 ~ 76.10 mm		10		
10	ϕ12H7	ϕ12.000 ~ 12.018 mm		5		
11	ϕ10H7	ϕ10.000 ~ 10.015 mm		5		
12	ϕ5H7（3 处）	ϕ5.000 ~ 5.012 mm		5		
13	安全文明生产	是否遵守车间安全操作规程	是 / 否	10		

三、导向板加工

图 5-14 所示为导向板零件图。

1. 加工前准备工作

刀具：面铣刀、立铣刀、钻头、丝锥、中心钻等。

工具：锤子、机用虎钳、活扳手、寻边器、油壶、铰杠等。

量具：外径千分尺、内测千分尺、游标卡尺、百分表、直角尺等。

2. 零件加工

（1）检查毛坯尺寸为 55 mm × 45 mm × 15 mm，材料为 Q235 钢。

（2）安装并校正机用虎钳。

（3）铣外形。

1）粗加工图样上 $12^{+0.10}_{0}$ mm 尺寸至 12.5 mm，翻转工件，精加工至 $12^{+0.10}_{0}$ mm。

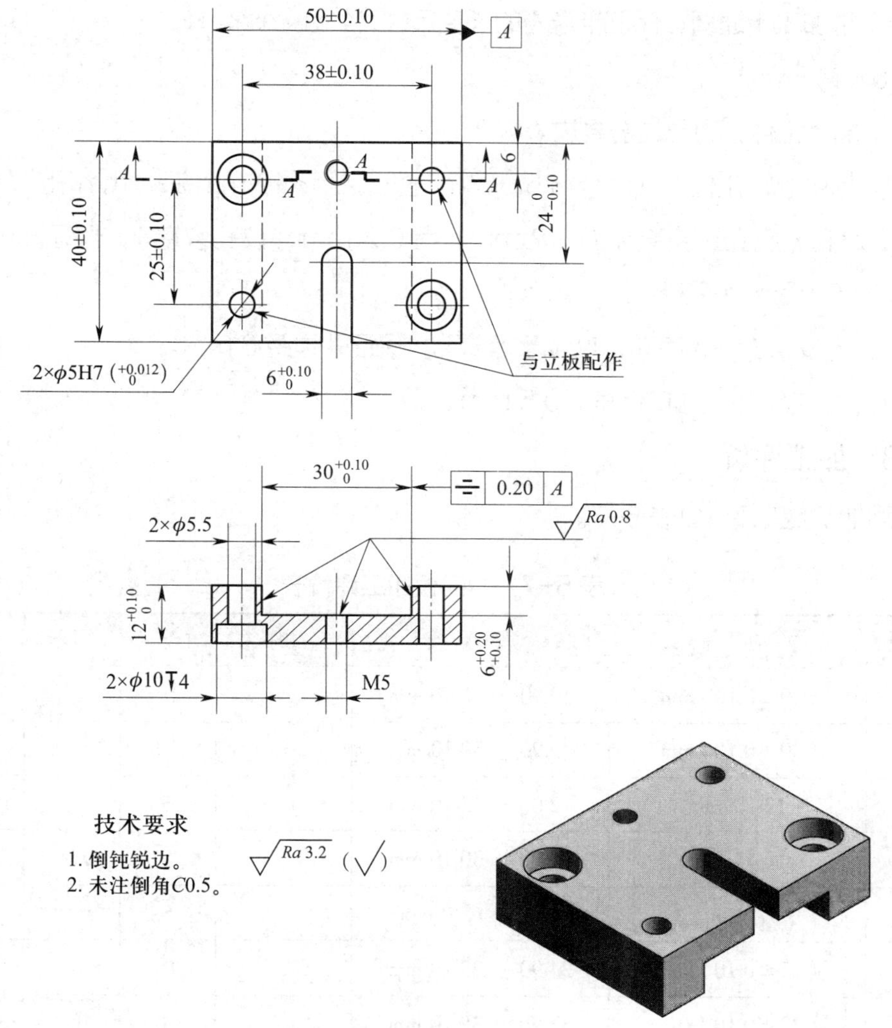

图 5-14　导向板零件图

2）粗加工图样上（40 ± 0.10）mm 尺寸至 40.5 mm，翻转工件，精加工至（40 ± 0.10）mm。

3）夹持工件（40 ± 0.10）mm 宽度方向，工件伸出机用虎钳，半精加工图样上（50 ± 0.10）mm 尺寸至 50.5 mm，翻转工件，精加工至（50 ± 0.10）mm。

（4）铣通槽、半通槽。

1）夹持工件（50 ± 0.10）mm 长度方向，用寻边器寻边定位。

2）用立铣刀加工，半精加工图样上 $6^{+0.10}_{0}$ mm 尺寸至 5.5 mm，宽度 $30^{+0.10}_{0}$ mm 尺寸至 29 mm，通槽与半通槽两侧面与工件轴线的对称度 0.20 mm；精加工半通槽宽度至 $6^{+0.10}_{0}$ mm，通槽宽度至 $30^{+0.10}_{0}$ mm。

3）精加工半通槽，保证半通槽的长度尺寸 $24_{-0.10}^{0}$ mm。

（5）钻孔。

1）翻转工件，用寻边器寻边。

2）用中心钻定位，钻两个 ϕ5.5 mm 通孔，锪 ϕ10 mm 深 4 mm 孔，钻两个 ϕ5H7 通孔（底孔钻头直径为 4.8 mm，留 0.2 mmm 铰孔余量），保证孔中心距（38±0.10）mm、（25±0.10）mm。

3）钻 ϕ4.2 mm 底孔，攻 M5 螺纹孔，保证孔边距 6 mm。

（6）倒钝锐边，孔口倒角 *C*0.5 mm。

3. 加工评价

导向板加工评价见表 5-7。

表 5-7 导向板加工评价表

序号	项目	项目要求	实测结果	配分	得分	备注
1	（40±0.10）mm	39.90 ~ 40.10 mm		10		
2	（50±0.10）mm	49.90 ~ 50.10 mm		10		
3	$12_{0}^{+0.10}$ mm	12.00 ~ 12.10 mm		5		
4	$30_{0}^{+0.10}$ mm	30.00 ~ 30.10 mm		5		
5	$6_{+0.10}^{+0.20}$ mm	6.10 ~ 6.20 mm		5		
6	（25±0.10）mm	24.90 ~ 25.10 mm		10		
7	（38±0.10）mm	37.90 ~ 38.10 mm		10		
8	$24_{-0.10}^{0}$ mm	23.90 ~ 24.00 mm		5		
9	⌯ 0.20 *A*			10		
10	ϕ5.5 mm， ϕ10 mm，深 4 mm （2 处）	ϕ5.50 ~ 5.60 mm， ϕ10.00 ~ 10.10 mm， 4.00 ~ 4.10 mm		10		
11	ϕ5H7（2 处）	ϕ5.000 ~ 5.012 mm		10		
12	安全文明生产	是否遵守车间安全操作规程	是 / 否	10		

四、滑动板加工

图 5-15 所示为滑动板零件图。

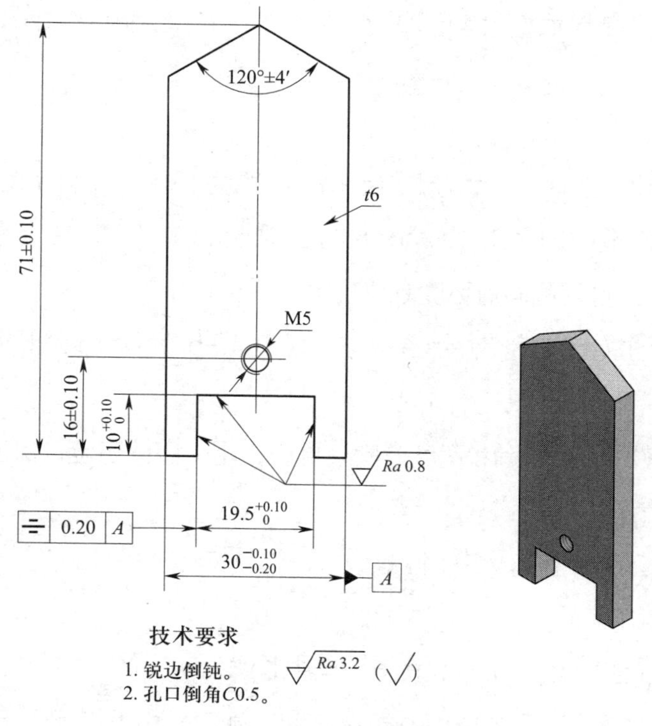

图 5-15　滑动板零件图

1. 加工前准备工作

刀具：面铣刀、立铣刀、钻头、丝锥、中心钻等。

工具：锤子、机用虎钳、活扳手、寻边器、油壶、铰杠等。

量具：外径千分尺、内测千分尺、游标卡尺、游标高度卡尺、百分表、游标万能角度尺、直角尺等。

2. 零件加工

（1）检查毛坯尺寸为 76 mm × 35 mm × 10 mm，材料为 Q235 钢。

（2）安装并校正机用虎钳。

（3）铣外形。

1）粗加工图样上 $30^{-0.10}_{-0.20}$ mm 尺寸至 31 mm。

2）粗加工图样上 6 mm 尺寸至 7 mm。

3）半精加工图样上 6 mm 尺寸至 6.5 mm，翻转工件，精加工至 6 mm。

4）半精加工图样上 $30^{-0.10}_{-0.20}$ mm 尺寸至 30.5 mm，翻转工件，精加工至 $30^{-0.10}_{-0.20}$ mm。

5）夹持工件 $30^{-0.10}_{-0.20}$ mm宽度方向，粗加工图样上（71 ± 0.10）mm 尺寸至72 mm。

6）半精加工图样上（71±0.10）mm 尺寸至 71.5 mm，翻转工件，精加工至（71±0.10）mm。

（4）铣凹槽。

1）粗加工图样上 $10^{+0.10}_{0}$ mm 尺寸至 9 mm，宽度 $19.5^{+0.10}_{0}$ mm 尺寸至 17.5 mm。

2）半精加工图样上 $10^{+0.10}_{0}$ mm 尺寸至 9.5 mm，宽度 $19.5^{+0.10}_{0}$ mm 尺寸至 18.5 mm，保证工件两侧面对称度 0.20 mm。

3）精加工图样上 $10^{+0.10}_{0}$ mm 至要求，宽度 $19.5^{+0.10}_{0}$ mm 至要求。

（5）钻孔。

1）夹持工件 $30^{-0.10}_{-0.20}$ mm 宽度方向，寻边，用中心钻定位，保证图样上孔边距（16±0.10）mm。

2）钻 ϕ4.2 mm 底孔，攻 M5 螺纹。

（6）加工斜角。

1）划工件（30±0.10）mm 宽度方向中心线。

2）夹持工件（30±0.10）mm 宽度方向，旋转机用虎钳加工（120° ±4′）至中心线。

3）翻转工件，加工（120° ±4′）至中心线。

（7）孔口倒角 *C*0.5 mm，倒钝锐边。

3. 加工评价

滑动板加工评价见表 5-8。

表 5-8 滑动板加工评价表

序号	项目	项目要求	实测结果	配分	得分	备注
1	$30^{-0.10}_{-0.20}$ mm	29.80 ~ 29.90 mm		10		
2	（71±0.10）mm	70.90 ~ 71.10 mm		15		
3	$19.5^{+0.10}_{0}$ mm	19.50 ~ 19.60 mm		15		
4	$10^{+0.10}_{0}$ mm	10.00 ~ 10.10 mm		10		
5	（16±0.10）mm	15.90 ~ 16.10 mm		15		
6	120°±4′	119°56′ ~ 120°04′		10		
7	⌯ 0.20 *A*			15		
8	安全文明生产	是否遵守车间安全操作规程	是 / 否	10		

五、手轮架加工

图 5-16 所示为手轮架零件图。

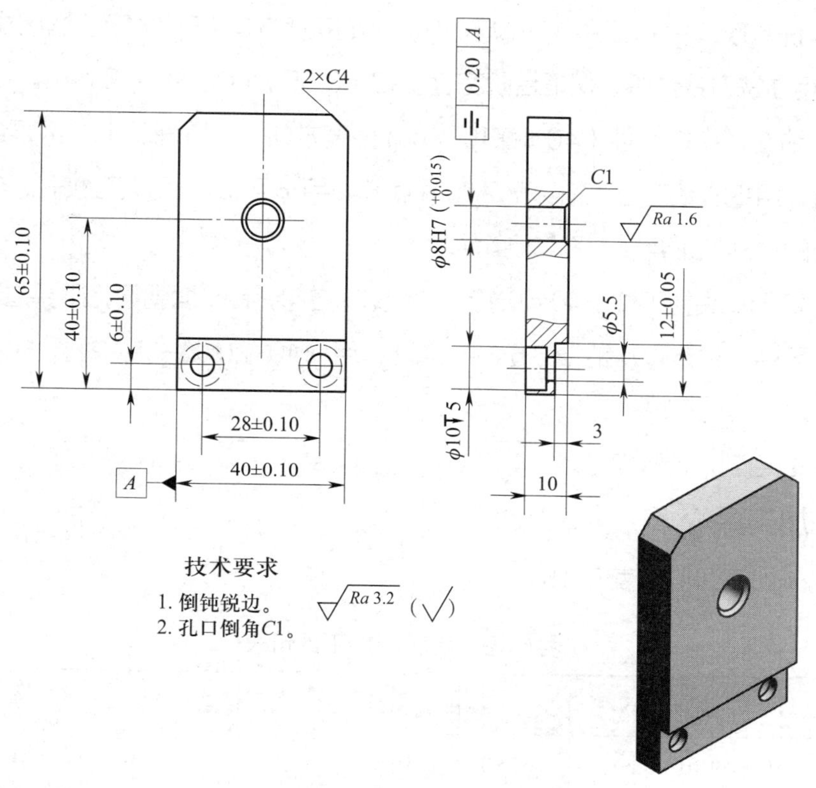

图 5-16　手轮架零件图

1. 加工前准备工作

刀具：面铣刀、立铣刀、钻头、中心钻、铰刀等。

工具：锤子、机用虎钳、活扳手、油壶、寻边器等。

量具：外径千分尺、内测千分尺、游标卡尺、游标高度卡尺、百分表、游标万能角度尺、直角尺等。

2. 零件加工

（1）检查毛坯尺寸为 70 mm × 45 mm × 12 mm，材料为 Q235 钢。

（2）安装并校正机用虎钳。

（3）铣外形。

首先用机用虎钳将毛坯夹紧，用面铣刀铣出两相互垂直的基准侧面，翻转装夹工件，铣出工件（65 ± 0.10）mm 和（40 ± 0.10）mm 外形尺寸。然后铣工件上、下两表面至工件高度为 10 mm，装夹时要注意工件表面高于机用虎钳钳口 3 ~ 5 mm。

（4）铣倒角。用 V 形铁夹持工件，加工两个 *C*4 mm 倒角。

（5）铣台阶。夹持工件（40±0.10）mm 宽度方向，工件高于机用虎钳钳口 5 mm，用立铣刀铣台阶，保证台阶宽度（12±0.05）mm、深度 3 mm。

（6）钻孔。夹持工件（40±0.10）mm 宽度方向，台阶面朝上，用寻边器确定孔的位置，用中心钻定位，钻 ϕ7.7 mm 底孔，用 ϕ8H7 机用铰刀铰孔，保证孔边距及孔径的尺寸加工精度，孔口倒角 *C*1 mm。

（7）锪孔。夹持工件（40±0.10）mm 宽度方向，台阶面朝下，用寻边器确定孔的位置，用中心钻定位，钻 ϕ5.5 mm 通孔，用 ϕ10 mm 锪孔钻锪孔，保证沉孔深度 5 mm。

（8）去毛刺，检验尺寸。

3. 加工评价

手轮架加工评价见表 5-9。

表 5-9　手轮架加工评价表

序号	项目	项目要求	实测结果	配分	得分	备注
1	（65±0.10）mm	64.90 ~ 65.10 mm		10		
2	（40±0.10）mm	39.90 ~ 40.10 mm		10		
3	（6±0.10）mm	5.90 ~ 6.10 mm		10		
4	（28±0.10）mm	27.90 ~ 28.10 mm		10		
5	(40±0.10) mm（孔边距）	39.90 ~ 40.10 mm		10		
6	（12±0.05）mm	11.95 ~ 12.05 mm		10		
7	ϕ8H7	ϕ8.000 ~ 8.015 mm		10		
8	⌯ 0.20 A			10		
9	*C*4 mm（2 处）			5		
10	*Ra* 1.6 μm	*Ra* ≤ 1.6 μm		5		
11	安全文明生产	是否遵守车间安全操作规程	是 / 否	10		

六、摇杆加工

图 5-17 所示为摇杆零件图。

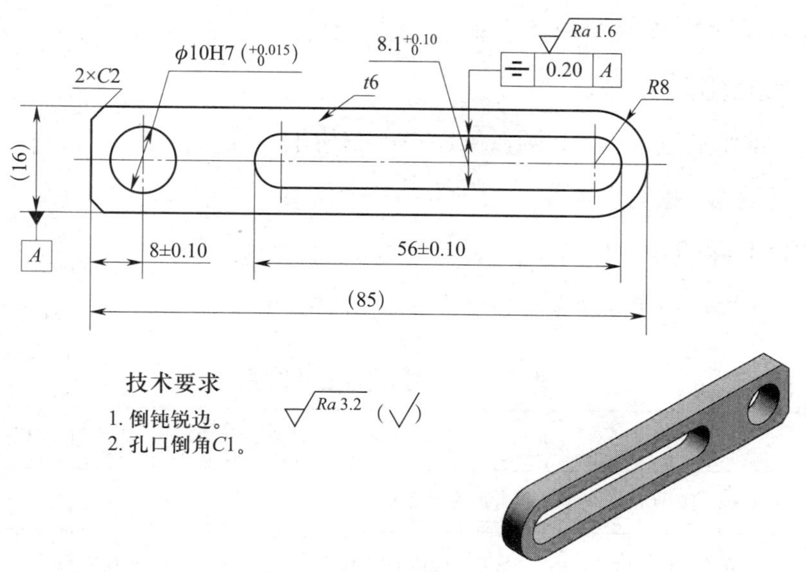

图 5-17　摇杆零件图

1. 加工前准备工作

刀具：面铣刀、立铣刀、钻头、锉刀、中心钻、铰刀等。

工具：锤子、机用虎钳、活扳手、油壶、寻边器等。

量具：外径千分尺、内测千分尺、游标卡尺、游标高度卡尺、百分表、游标万能角度尺、直角尺等。

2. 零件加工

（1）检查毛坯尺寸为 90 mm × 20 mm × 8 mm，材料为 Q235 钢。

（2）安装并校正机用虎钳。

（3）铣外形。

夹紧工件，用面铣刀铣出两相互垂直的基准侧面，翻转装夹工件，铣出 85 mm 和 16 mm 外形尺寸，然后夹持工件 16 mm 宽度方向，铣工件上、下两平面至高度尺寸为 6 mm，装夹时要注意工件表面高于机用虎钳钳口约 3 mm。

（4）钻铰孔。

夹持工件 16 mm 宽度方向，用寻边器确定孔的位置，用中心钻定位，钻 ϕ 9.7 mm 底孔，用 ϕ 10H7 机用铰刀铰孔，保证孔径的加工精度要求。

（5）加工长通槽。

用寻边器确定槽的位置，先用 ϕ6 mm 铣刀铣去余量，再用 ϕ8 mm 铣刀精加工槽，用游标卡尺测量槽到工件侧面的距离，保证对称度 0.20 mm，同时控制槽宽度尺寸 $8.1^{+0.10}_{0}$ mm 和长度尺寸（56±0.10）mm。

（6）加工圆弧、倒角。

用锉刀锉削加工 R8 mm 圆弧及 C2 mm 倒角。

（7）去毛刺，检验尺寸。

3. 加工评价

摇杆加工评价见表 5-10。

表 5-10　摇杆加工评价表

序号	项目	项目要求	实测结果	配分	得分	备注
1	（8±0.10）mm	7.90 ~ 8.10 mm		10		
2	（56±0.10）mm	55.90 ~ 56.10 mm		10		
3	ϕ10H7	ϕ10.000 ~ 10.015 mm		10		
4	$8.1^{+0.10}_{0}$ mm	8.10 ~ 8.20 mm		10		
5	R8 mm			10		
6	Ra 1.6 μm	$Ra \leqslant 1.6$ μm		10		
7	C2 mm（2 处）			10		
8	⌯ 0.20 A			20		
9	安全文明生产	是否遵守车间安全操作规程	是 / 否	10		

课题三
方块等零件的制作

一、方块加工

图 5-18 所示为方块零件图。

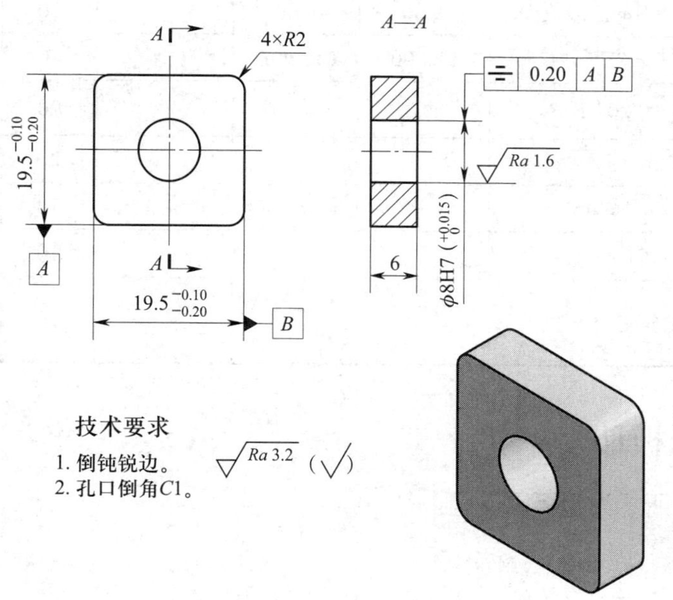

图 5-18　方块零件图

1. 加工前准备工作

刀具：锉刀、钻头、铰刀等。

工具：锤子、机用虎钳、活扳手、油壶、样冲等。

量具：外径千分尺、游标卡尺、直角尺等。

2. 零件加工

（1）检查毛坯尺寸为 25 mm × 25 mm × 6 mm，材料为 Q235 钢。

（2）精加工一个垂直基准面。

（3）根据图样划 ϕ8H7 孔的加工线，钻 ϕ7.8 mm 底孔，铰 ϕ8H7 通孔（划线时留出 ϕ8H7 孔到工件侧面的加工余量）。

（4）锉削工件四个侧面，检测孔中心到侧面的距离，精加工基准面，保证孔中心到工件侧面的距离为 9.75 mm。

（5）保证孔到工件侧面的距离对称度 0.20 mm，保证工件外形尺寸 $19.5^{-0.10}_{-0.20}$ mm。

（6）锉削 4 个 R2 mm 圆角。

3. 加工评价

方块加工评价见表 5–11。

表 5–11　方块加工评价表

序号	项目	项目要求	实测结果	配分	得分	备注
1	$19.5^{-0.10}_{-0.20}$ mm（2 处）	19.30 ~ 19.40 mm		20		
2	ϕ8H7	ϕ8.000 ~ 8.015 mm		10		
3	⌯ 0.20 A B			20		
4	R2 mm（4 处）			20		
5	Ra 1.6 μm	Ra ≤ 1.6 μm		10		
6	C1 mm			10		
7	安全文明生产	是否遵守车间安全操作规程	是 / 否	10		

二、压板加工

图 5–19 所示为压板零件图。

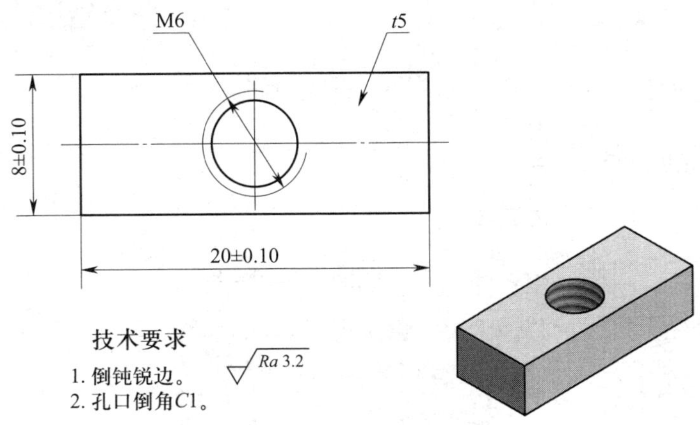

图 5–19　压板零件图

1. 加工前准备工作

刀具：锉刀、钻头、丝锥等。

工具：锤子、机用虎钳、活扳手、油壶、铰杠、样冲等。

量具：外径千分尺、游标卡尺、直角尺等。

2. 零件加工

（1）检查毛坯尺寸为 25 mm × 13 mm × 5 mm，材料为 Q235 钢。

（2）锉削垂直基准面，加工外形尺寸（20 ± 0.10）mm、（8 ± 0.10）mm。

（3）根据图样划螺纹孔加工线（留出精加工余量），钻 ϕ5 mm 通孔，保证孔到工件侧面对称度。

（4）攻 M6 螺纹，保证螺纹孔中心线与工件上、下表面的垂直度 0.20 mm。

3. 加工评价

压板加工评价见表 5-12。

表 5-12　压板加工评价表

序号	项目	项目要求	实测结果	配分	得分	备注
1	（20±0.10）mm	19.90 ~ 20.10 mm		35		
2	（8±0.10）mm	7.90 ~ 8.10 mm		35		
3	M6			20		
4	安全文明生产	是否遵守车间安全操作规程	是 / 否	10		

三、连杆加工

图 5-20 所示为连杆零件图。

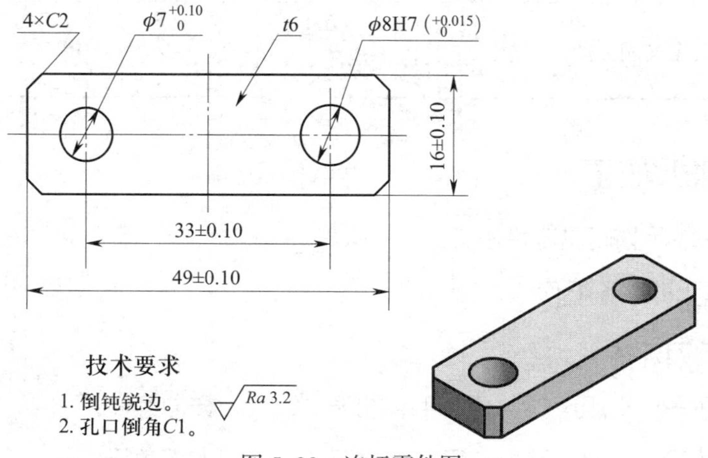

图 5-20　连杆零件图

1. 加工前准备工作

刀具：锉刀、钻头、铰刀等。

工具：锤子、机用虎钳、活扳手、油壶、样冲等。

量具：外径千分尺、游标卡尺、直角尺等。

2. 零件加工

（1）检查毛坯尺寸为 55 mm × 20 mm × 6 mm，材料为 Q235 钢。

（2）精加工一个垂直面作为基准面。

（3）根据图样划线，加工外形尺寸（49 ± 0.10）mm、（16 ± 0.10）mm。

（4）钻两个 ϕ7.8 mm 通孔，保证两孔的中心距为（33 ± 0.10）mm，铰 ϕ8H7 孔。

（5）倒角 C2 mm。

3. 加工评价

连杆加工评价见表 5-13。

表 5-13　连杆加工评价表

序号	项目	项目要求	实测结果	配分	得分	备注
1	（16±0.10）mm	15.90 ~ 16.10 mm		20		
2	（49±0.10）mm	48.90 ~ 49.10 mm		20		
3	（33±0.10）mm	32.90 ~ 33.10 mm		20		
4	$\phi 7^{+0.10}_{0}$ mm	ϕ7.00 ~ 7.10 mm		15		
5	ϕ8H7	ϕ8.000 ~ 8.015 mm		15		
6	安全文明生产	是否遵守车间安全操作规程	是 / 否	10		

四、棘爪加工

图 5-21 所示为棘爪零件图。

1. 加工前准备工作

刀具：锉刀、钻头、丝锥、铰刀等。

工具：锤子、机用虎钳、活扳手、油壶、铰杠、样冲等。

量具：外径千分尺、游标卡尺、游标万能角度尺、直角尺等。

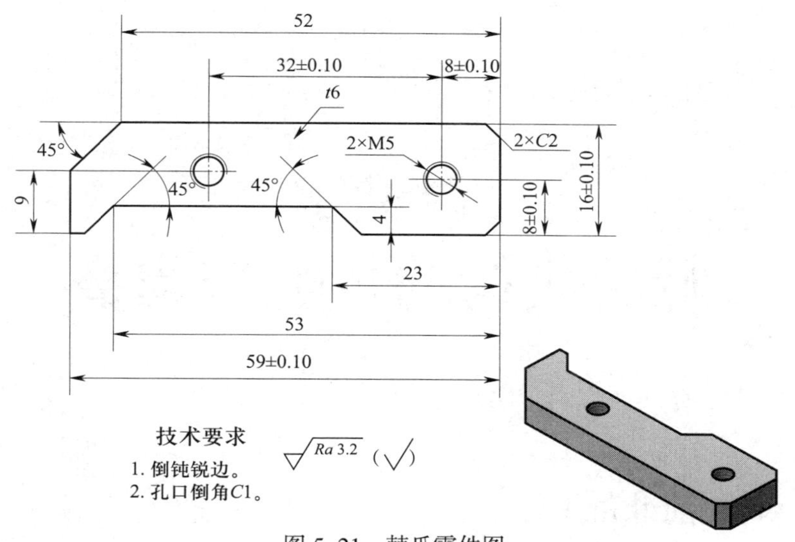

图 5-21　棘爪零件图

2. 零件加工

（1）检查毛坯尺寸为 65 mm × 20 mm × 6 mm，材料为 Q235 钢。

（2）精加工外形尺寸（59 ± 0.10）mm、（16 ± 0.10）mm。

（3）根据图样划线钻孔，保证孔边距（8 ± 0.10）mm、9 mm，两孔中心距（32 ± 0.10）mm，钻 ϕ5.1 mm 通孔；攻两个 M5 螺纹。

（4）根据图样划 45°斜面与凹槽加工线。

1）用游标万能角度尺保证 45°，控制斜面棱边到工件一侧面的距离为 52 mm。

2）保证槽底棱边到工件一侧面的距离分别为 23 mm、53 mm，用游标万能角度尺检测 45°。

（5）倒角 *C*2 mm。

3. 加工评价

棘爪加工评价见表 5-14。

表 5-14　棘爪加工评价表

序号	项目	项目要求	实测结果	配分	得分	备注
1	（16±0.10）mm	15.90 ~ 16.10 mm		20		
2	（59±0.10）mm	58.90 ~ 59.10 mm		20		
3	(8±0.10)mm (2 处)	7.90 ~ 8.10 mm		20		
4	（32±0.10）mm	31.90 ~ 32.10 mm		20		
5	45°（3 处）	44°56′ ~ 45°04′		10		
6	安全文明生产	是否遵守车间安全操作规程	是 / 否	10		

课题四
棘轮机构的装配与调整

一、装配前准备工作

棘轮机构装配前准备工作包括清点零件（表 5–15）、标准件（表 5–16），准备工具、量具（表 5–17）等。装配过程中要认真检查零件和标准件的品种、数量、质量和规格是否符合要求，以免在装配过程中发现零件质量不合格或发生安全事故。

表 5–15　棘轮机构零件的准备

序号	零件名称	材料	数量
1	底板	Q235 钢	1
2	立板	Q235 钢	1
3	导向板	Q235 钢	1
4	滑动板	Q235 钢	1
5	方块	Q235 钢	1
6	压板	Q235 钢	1
7	手轮架	Q235 钢	1
8	摇杆	Q235 钢	1
9	连杆	Q235 钢	1
10	棘爪	Q235 钢	1
11	棘轮	45 钢	1
12	动力销	45 钢	1
13	手轮	45 钢	1
14	偏心轮	45 钢	1

表 5-16　棘轮机构标准件的准备

序号	名称	规格 /mm	数量
1	圆柱销	ϕ8×18	1
2	圆柱销	ϕ5×20	3
3	开槽无头螺钉	M6×20	1
4	开槽销钉	M5×10	1
5	开槽无头螺钉	M5×12	2
6	开槽无头螺钉	M5×20	1
7	开槽无头螺钉	M5×16	1
8	内六角螺钉	M5×12	2
9	内六角螺钉	M5×16	2
10	内六角螺钉	M6×12	2
11	尖头紧定螺钉	M5×8	1
12	螺母	M8	3
13	强力弹簧	0.6×6×20	1
14	强力弹簧	0.6×6×35	1
15	强力弹簧	0.5×9×10	1

表 5-17　工具、量具的准备

序号	名称	规格	数量
1	游标卡尺	150 mm	1
2	杠杆百分表	0.8 mm	1
3	磁性表座		1
4	塞尺	0.02 ~ 1 mm	1
5	直角尺	125 mm	1
6	橡胶锤		1
7	内六角扳手		1
8	铜棒		1
9	旋具		1
10	零件盒		1

二、棘轮机构的装配

1. 零件的修整、清理和摆放

（1）零件的修整。对零件上未去除的毛刺、锐边及运输中因碰撞产生的印痕或凸点进行锉修。

（2）零件的清理。清除零件上残存的型砂、铁锈、切屑和油污等，特别是要仔细清除小孔、沟槽等易存杂物的角落。

（3）合理摆放。将所有待装配的零件按装配图上的编号分别进行清点和放置。

2. 配合件试装

根据棘轮机构装配图（图 5-7）对棘轮机构各配合件进行试装。

（1）偏心轮与手轮架进行试装。

（2）手轮与偏心轮进行试装。

（3）动力销与立板、摇杆、连杆进行试装。

（4）滑动块与导向板、方块进行试装。

（5）棘轮与立板、方块进行试装。

3. 总装

根据棘轮机构装配图（图 5-7）对棘轮机构进行总装配。

（1）用内六角螺钉（M6×12）将底板与立板连接，用直角尺检测两板的垂直度。

（2）将开槽无头螺钉（M6×20）安装到压板上，装入强力弹簧，放入底板中。

（3）将棘轮装入立板中，将方块安装到棘轮上，用六角螺母（M8）锁紧。

（4）将导向板用内六角螺钉（M5×16）安装到立板上，再安装开槽无头螺钉（M5×12）。

（5）将滑动板装入导向板上，安装开槽无头螺钉（M5×16），安装强力弹簧。

（6）将棘爪用开槽销钉（M5×10）安装到连杆上。

（7）将圆柱销（ϕ5 mm×20 mm）安装到立板上。

（8）将动力销安装到立板上，并装入连杆、摇杆，用六角螺母（M8）拧紧。

（9）将开槽无头螺钉（M5×12）装入棘爪上，将开槽无头螺钉（M5×20）安装到立板上，安装强力弹簧。

（10）将手轮架用内六角螺钉（M5×12）安装到立板上，用直角尺检测手轮架与立板的垂直度。

（11）将偏心轮装入手轮架中，将手轮装到偏心轮上，手电钻锪孔 ϕ5 mm，装入尖头紧定螺钉（M5×8）。

（12）用圆柱销（ϕ8 mm×18 mm）将摇杆装到偏心轮上。转动手轮，检测滑动板的滑动是否顺畅，配作 ϕ5 mm 销孔，安装圆柱销（ϕ5 mm×20 mm）。

4. 装配后清理

清除在装配时产生的金属切屑，如配钻孔、铰孔、攻螺纹等加工后残存的切屑和油污等。

5. 试运行

转动手轮，检查各传动件是否运行正常，能否实现冲压、分度功能。

三、装配评价

在装配时，常常通过装配过程中的选配、调整或修配等手段，来达到较高的装配精度要求。棘轮机构装配评价见表 5-18。

表 5-18　棘轮机构装配评价表

序号	评价内容	装配要求	实测结果	配分	得分
1	零件清理	对棘轮等配合件及零件安装表面进行清理、擦拭		5	
2	零件试装配	对各零件进行试装配及布局		3	
		滑动板与导向板配合间隙≤ 0.05 mm		4	
		方块与滑动板转位配合间隙≤ 0.03 mm		4	
3	底板与立板安装	安装螺钉锁紧力矩正确		3	
		底板与立板安装位置居中，错位量≤ 0.05 mm		4	
		底板与立板垂直度≤ 0.05 mm		4	
4	压板与开槽无头螺钉安装	开槽无头螺钉锁紧可靠		3	
		压板与开槽无头螺钉垂直度≤ 0.03 mm		4	
		开槽无头螺钉与底板安装孔滑动自如		4	

续表

序号	评价内容	装配要求	实测结果	配分	得分
5	方块与棘轮安装	安装螺母锁紧可靠		3	
		方块上侧面与底板平行度误差≤ 0.03 mm		5	
		棘轮上侧面与底板平行度误差≤ 0.03 mm		5	
6	导向板安装	安装螺钉锁紧力矩正确		3	
		滑动板凹槽能插入方块，且在导向板内滑动自如		4	
		圆柱销与导向板表面平齐，只许圆柱销略低于导向板表面 2 mm		4	
7	手轮架安装	安装螺钉锁紧力矩正确		3	
		手轮架安装后与立板平行度误差≤ 0.03 mm		3	
8	偏心轮与手轮安装	配钻定位孔正确，紧定螺钉锁紧可靠		5	
		手轮转动自如		3	
9	动力销与摇杆安装	螺母锁紧可靠		3	
		转动手轮，摇杆摆动自如		5	
10	连杆与棘爪安装	螺母锁紧可靠		3	
		转动手轮，连杆摆动自如		5	
11	安装弹簧	根据弹簧实际位置在开槽无头螺钉上锯出弹簧安装槽		3	
12	试运行	转动手轮，棘轮机构系统运转平稳，无阻滞，无异响（若零件未装全，此项不得分）		5	

任务六

精密机用虎钳制作

学习目标

1. 能熟悉螺旋传动的类型与特点。
2. 能掌握螺旋传动的装配技术要求及精度测量方法。
3. 能根据精密机用虎钳零件图，选择正确的加工方法和合理的加工工艺。
4. 能独立操作机床完成机用虎钳零件的加工和检测。
5. 能读懂精密机用虎钳装配图并分析装配工艺及测量精度。
6. 能根据精密机用虎钳装配图完成精密机用虎钳的装配。

相关知识

一、螺旋传动

螺旋传动机构是利用丝杠和螺母的啮合来传递运动和动力的，它可将旋转运动转换为直线运动。螺旋传动具有传动精度高、工作平稳、无噪声、易于自锁、能传递较大的扭矩等特点，因此在机械设备中得到广泛应用。图 6-1 所示为三种螺旋传动机构的应用。

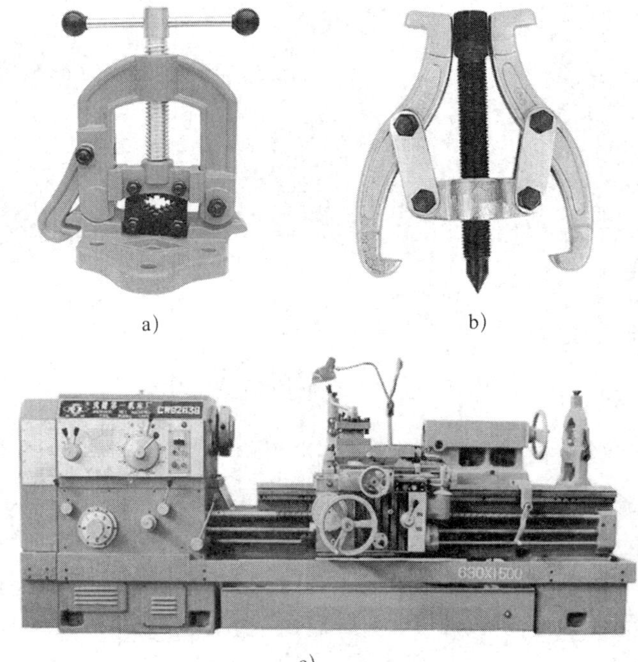

a)　b)　c)

图 6-1　螺旋传动机构的应用

a）夹管器　b）顶拔器　c）普通车床

1. 螺旋传动的类型与特点

螺旋传动由螺杆、螺母和机架组成，可将旋转运动转变为直线运动，同时传递运动和动力。根据用途，螺旋传动可分为传力螺旋传动、传导螺旋传动和调整螺旋传动三种类型。传力螺旋传动以传递动力为主，要求用较小的力矩转动螺杆（或螺母）而使螺母（或螺杆）产生轴向运动和较大的轴向力，这个力可以用来完成起重和加压等工作，如螺旋千斤顶和螺旋压力机等。传导螺旋传动以传递运动为主，并要求有较高的运动精度和较高的速度且能较长时间连续工作，如机床的进给螺旋机构。调整螺旋传动用于调整并固定零件、部件之间的相互位置，如机床卡盘和压力机的调整螺旋。调整螺旋传动不经常转动。

根据螺旋副的摩擦情况，螺旋传动又可分为滑动螺旋传动、滚动螺旋传动和静压螺旋传动。滑动螺旋传动结构简单、加工方便、易于自锁、运转平稳且无噪声，因此应用最广，它的缺点是工作时滑动摩擦阻力大，传动效率低（一般为30% ~ 40%），螺纹表面磨损快，传动精度低，低速时有爬行现象。滚动螺旋传动和静压螺旋传动的摩擦阻力小，传动效率高，但结构较复杂，制造困难，成本高，加工不方便，只有在高精度、高效率的机械中才采用。本任务主要介绍滑动螺旋传动的装配技术。

2. 螺旋传动机构的装配

（1）螺旋传动的装配技术要求。

为了保证丝杠的传动精度和定位精度，螺旋机构装配应满足以下要求。

1）螺旋副应有较高的配合精度和准确的配合间隙。

2）螺旋副轴线的同轴度及丝杠轴线与基准面的平行度应符合要求。

3）螺旋副转动应灵活。

4）丝杠的回转精度应在规定范围内。

（2）螺旋传动机构的装配方法。

1）螺旋副配合间隙的测量。螺旋副的配合间隙是保证其传动精度的主要因素，分径向间隙和轴向间隙两种。

①径向间隙的测量。径向间隙直接反映丝杠螺母的配合精度，其测量方法如图 6-2 所示。将百分表触头抵在螺母上，用稍大于螺母重量的力 F 压下或抬起螺母，百分表指针的摆动量即为螺旋副的径向间隙值。

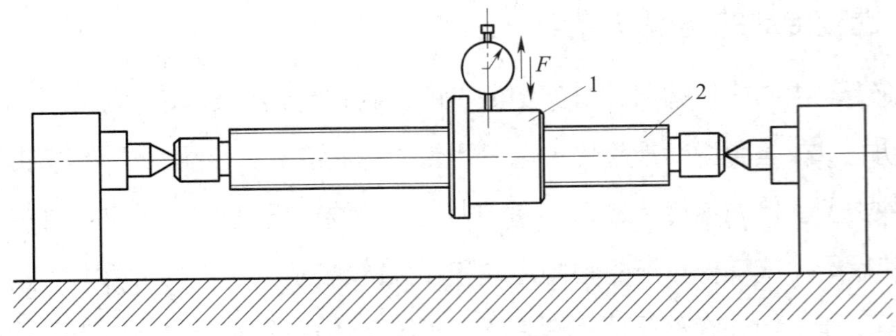

图 6–2　螺旋副径向间隙的测量

1—螺母　2—丝杠

②轴向间隙的测量。螺旋副应用时大多受轴向力，易磨损产生轴向间隙，影响传动精度，其轴向间隙的测量方法如图 6–3 所示。将百分表触头抵在螺母端面上，用 1 定力 F 轴向移动螺母，在螺旋副无转动状态下，百分表指针的摆动量即为螺旋副的轴向间隙值。

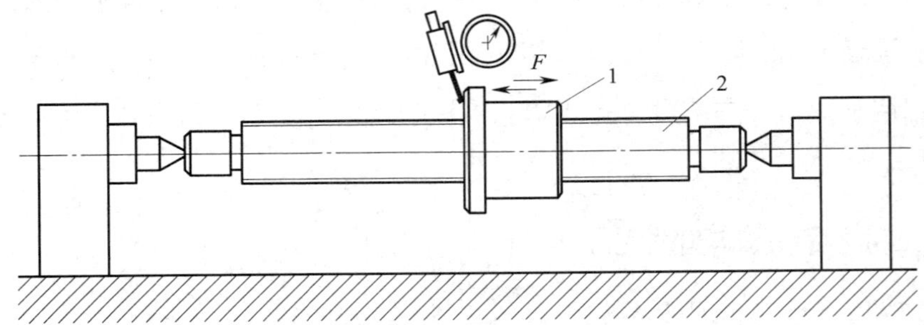

图 6–3　螺旋副轴向间隙的测量

1—螺母　2—丝杠

2）校正丝杠螺母的同轴度及丝杠中心线与基准面的平行度。为了能准确、顺利地将旋转运动转换为直线运动，螺旋副必须同轴，丝杠中心线必须与基准面平行，因此安装丝杠螺母时应按以下步骤进行。

①先正确安装丝杠两端轴承支座，用专用检验心棒和百分表校正，使两轴承孔中心线在同一直线上，且与螺母移动时的基准导轨面平行，如图 6–4 所示。校正时，可以根据误差情况修整轴承座结合面，并调整前、后轴承的水平位置，使其达到要求。

检验心轴上母线 a 校正垂直平面，侧母线 b 校正水平平面。

②再以平行于基准导轨面的丝杠两轴承孔的中心连线为基准，校正螺母与丝杠

轴承孔的同轴度，如图 6-5 所示。校正时，将检验心轴 4 装在螺母座 6 的孔中，移动工作台 2，如检验心轴 4 能顺利插入 1、5 孔中，即符合要求；否则应按 h 尺寸修磨垫片 3 的厚度。

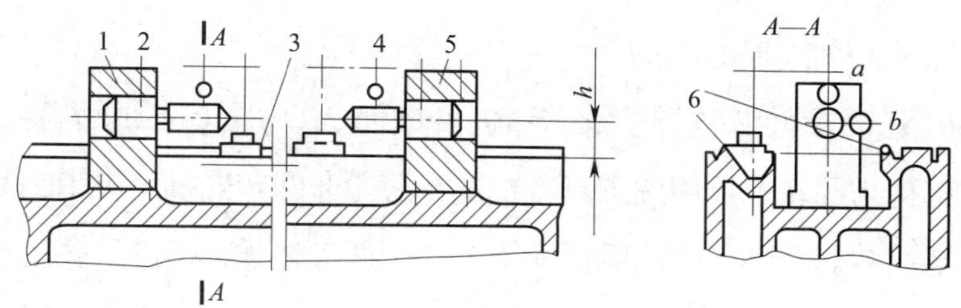

图 6-4 安装丝杠两端轴承支座

1、5—前、后轴承支座 2—检验心轴 3—磁性表座滑板 4—百分表 6—螺母移动基准导轨

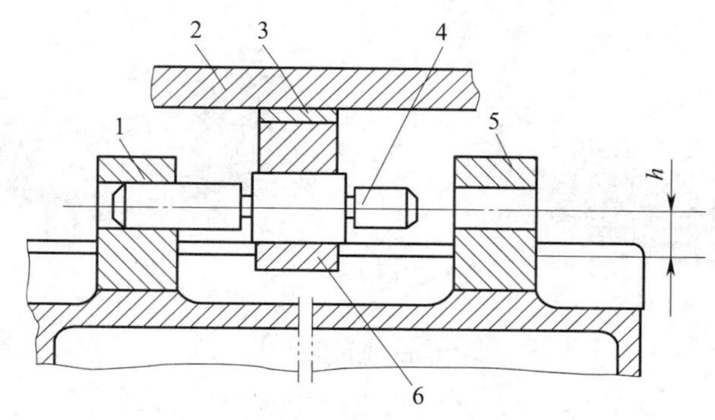

图 6-5 校正螺母与丝杠轴承孔的同轴度

1、5—前、后轴承支座 2—工作台 3—垫片 4—检验心轴 6—螺母座

3）调整丝杠的回转精度。丝杠的回转精度是指丝杠的径向跳动和轴向窜动的大小。装配时，主要通过正确安装丝杠两端的轴承支座来保证。

4）螺旋传动机构装配时应注意以下几点。

①在装配前应检验丝杠和螺母孔的锥度、圆度、直线度及螺距，避免出现传动时松时紧等现象。

②丝杠螺母副应有较高的配合精度和准确的配合间隙。

③丝杠与螺母中心线的同轴度及丝杠中心线与基准面的平行度应符合要求。

④装配后丝杠的径向圆跳动和轴向窜动应符合要求。

⑤丝杠与螺母相对转动应灵活。

⑥具有中间支承的丝杠螺母副，考虑到丝杠有自重，中间支承孔的中心位置校正时应略低于两端。

二、机用虎钳

机用虎钳是一种通用夹具，主要用于铣床、钻床和磨床等，是一种用来夹持工件的机床附件。机用虎钳的工作原理是用扳手转动丝杆，通过丝杆螺母带动活动钳身移动，形成对工件的夹紧或松开。

常用的机用虎钳有回转式（图 6-6a）和非回转式（图 6-6b）两种。非回转式机用虎钳的结构与回转式机用虎钳基本相同，只是非回转式机用虎钳的底座没有转盘，钳体不能扳转。回转式机用虎钳使用方便，适应性强，但由于多了一层转盘结构，高度增加，刚性和精度相对较差，因此在加工较高精度的平面、垂直面和平行面时，一般都采用非回转式机用虎钳。

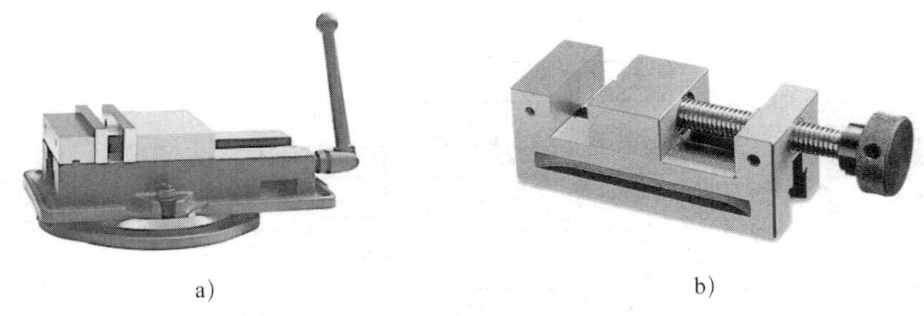

a) b)

图 6-6 机用虎钳

a）回转式 b）非回转式

普通机用虎钳的规格按钳口宽度有 100 mm、125 mm、136 mm、160 mm、200 mm、250 mm、280 mm 等。本任务要求加工的精密机用虎钳钳口宽度为 120 mm，可满足的最大夹持长度为 95 mm。

任务布置

图 6-7 所示为精密机用虎钳装配图。本任务中的精密机用虎钳由钳体、固定件（固定钳身）、移动件（活动钳身）、滑块、滑块固定板、丝杆、扁螺母、丝杆支座、铜垫圈、固定套和钳口 11 个零件组成。精密机用虎钳零件加工主要涉及车削和铣削，铣削加工零件要求精度比较高，尤其是精密机用虎钳钳体，钳体的精度要求直接影响机用虎钳的装配精度和工作精度，其次是固定件（固定钳身）、移动件（活动钳身）、滑块和滑块固定板等零件也有较高的形状和位置精度要求。

本任务使用的主要设备是普通车床、普通铣床及台式钻床等，普通铣床配精密机用虎钳和压板，普通车床配三爪自定心卡盘等附件。

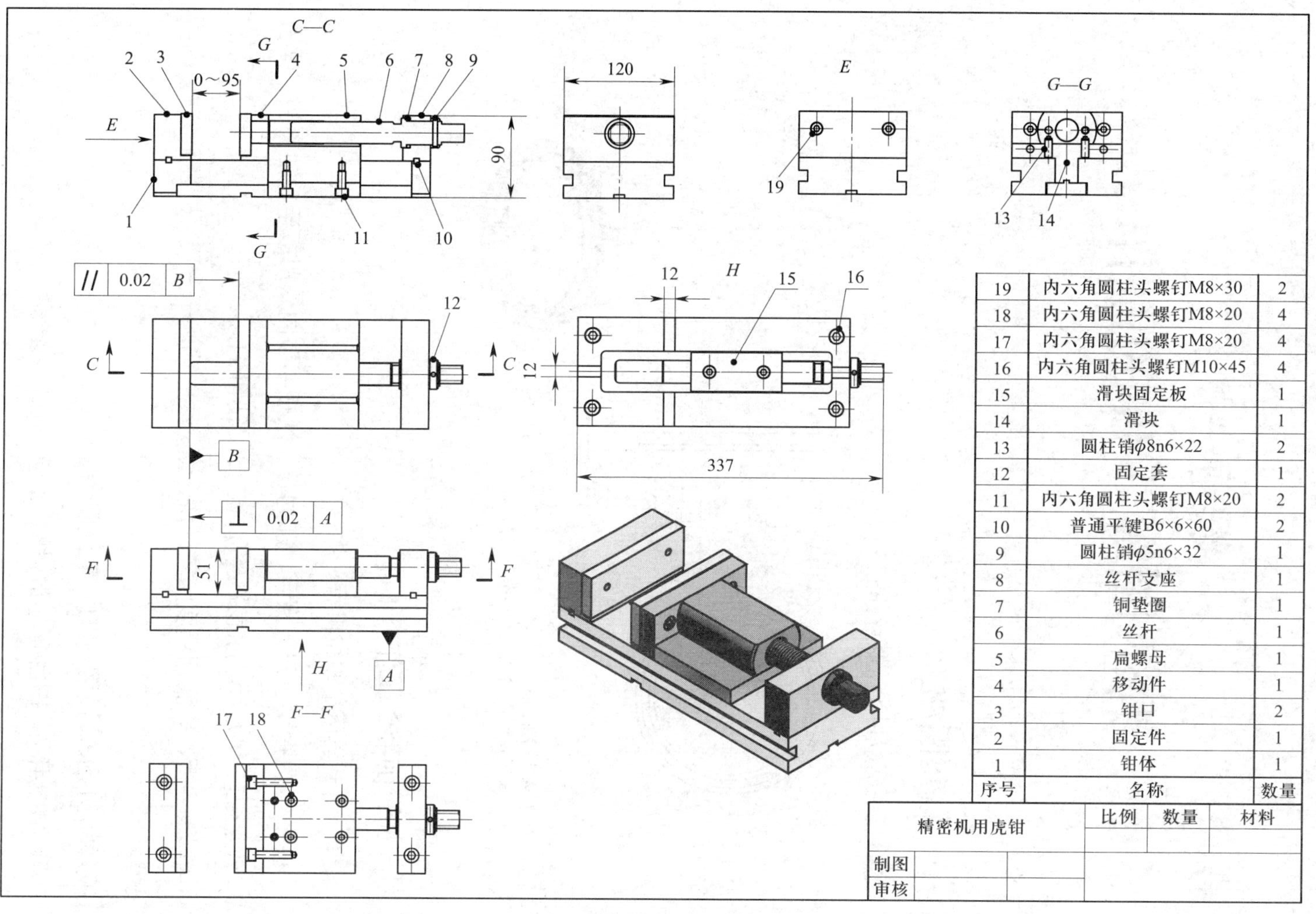

序号	名称	数量
19	内六角圆柱头螺钉M8×30	2
18	内六角圆柱头螺钉M8×20	4
17	内六角圆柱头螺钉M8×20	4
16	内六角圆柱头螺钉M10×45	4
15	滑块固定板	1
14	滑块	1
13	圆柱销φ8n6×22	2
12	固定套	1
11	内六角圆柱头螺钉M8×20	2
10	普通平键B6×6×60	2
9	圆柱销φ5n6×32	1
8	丝杆支座	1
7	铜垫圈	1
6	丝杆	1
5	扁螺母	1
4	移动件	1
3	钳口	2
2	固定件	1
1	钳体	1

精密机用虎钳		比例	数量	材料
制图				
审核				

图 6-7　精密机用虎钳装配图

课题一
铜垫圈等零件的制作

一、铜垫圈加工

图 6-8 所示为铜垫圈零件图。

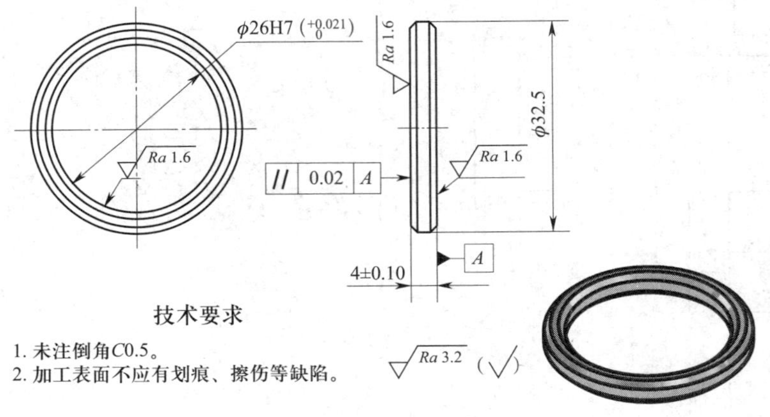

图 6–8 铜垫圈零件图

1. 加工前准备工作

设备：卧式车床、砂轮机等。

辅具：卡盘扳手、刀架扳手、加力杆、活扳手、内六角扳手、钻夹头、锤子、毛刷、钢丝钳、垫刀片、油壶、锉刀、油石、倒角器等。

量具：平板、表面粗糙度比较样块、百分表、内测千分尺、外径千分尺、游标卡尺等。

刀具：外圆车刀、倒角刀、车断刀、镗孔刀、钻头等。

劳动防护用品：护目镜、工作服、工作鞋、工作帽等。

2. 零件加工

（1）检查毛坯尺寸为 ϕ35 mm×15 mm，材料为黄铜。

（2）夹持工件，毛坯外径伸出三爪自定心卡盘 6 mm，车 ϕ33 mm × 5 mm 台阶。

（3）掉头夹持工件 ϕ33 mm × 5 mm 台阶。

1）粗加工图样上 ϕ32.5 mm 尺寸至 ϕ33.5 mm，长 9 mm。

2）车端面，钻 ϕ20 mm 通孔。

3）粗镗图样上 ϕ26H7 孔至 ϕ25 mm。

4）半精镗图样上 ϕ26H7 孔至 ϕ26.5 mm。

5）精镗图样上 ϕ26H7 孔。

6）孔口倒角 C0.5 mm。

7）半精加工图样上 ϕ32.5 mm 尺寸至 ϕ33 mm。

8）精加工外圆至 ϕ32.5 mm。

9）外圆倒角 C0.5 mm。

10）切断，控制长度（4 ± 0.10）mm。

（4）翻转工件，垫铜皮轻夹工件，找正，孔口倒角 C0.5 mm。

3. 加工评价

铜垫圈加工评价见表 6-1。

表 6-1　铜垫圈加工评价表

序号	项目	项目要求	实测结果	配分	得分	备注
1	ϕ32.5 mm	ϕ32.35 ~ 32.65 mm		10		
2	ϕ26H7	ϕ26.000 ~ 26.021 mm		20		
3	（4±0.10）mm	3.90 ~ 4.10 mm		20		
4	相对基准 A 的平行度 0.02 mm			20		
5	Ra 1.6 μm（2 处）	$Ra \leqslant 1.6$ μm		20		
6	安全文明生产	是否遵守车间安全操作规程	是 / 否	10		

二、固定套加工

如图 6-9 所示为固定套零件图。固定套的作用是固定丝杆的轴向位置，防止丝杆轴向窜动，其外形尺寸为 ϕ32.5 mm，内孔为 ϕ26H7，轴向尺寸为（10 ± 0.10）mm，径向有 ϕ5H7 配作孔，与丝杆装配时配钻定位销。固定套的侧面与丝杆支座端面有转动摩擦，因此其侧面的表面质量要求较高。

固定套也是薄壁零件，相比铜垫圈其长度尺寸略长些，若装夹不当容易变形，因此在加工时要注意装夹方法和夹紧力，防止产生变形影响配合精度。

固定套加工工艺包括车外圆、镗孔、车端面、车倒角等。

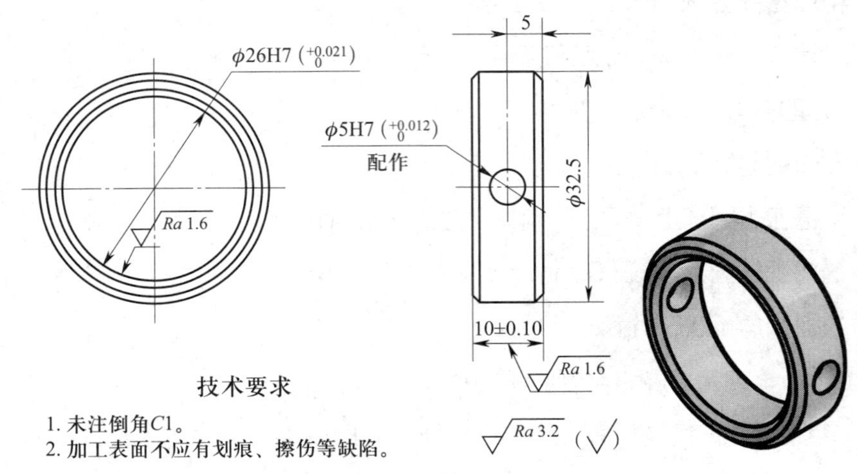

图 6–9　固定套零件图

1. 加工前准备工作

设备：卧式车床、砂轮机等。

辅具：卡盘扳手、刀架扳手、加力杆、活扳手、内六角扳手、钻夹头、锤子、毛刷、钢丝钳、垫刀片、油壶、锉刀、油石、倒角器等。

量具：平板、表面粗糙度比较样块、百分表、内测千分尺、外径千分尺、游标卡尺等。

刀具：外圆车刀、倒角刀、内孔车刀、钻头等。

劳动防护用品：护目镜、工作服、工作鞋、工作帽等。

2. 零件加工

（1）检查毛坯尺寸为 ϕ35 mm × 20 mm，材料为 45 钢。

（2）夹持工件，毛坯伸出三爪自定心卡盘 10 mm，车 ϕ33 mm × 5 mm 台阶。

（3）掉头夹持工件 ϕ33 mm × 5 mm 台阶。

1）粗加工图样上 ϕ32.5 mm 尺寸至 ϕ33.5 mm，长 14 mm。

2）车端面，钻 ϕ20 mm 通孔。

3）粗镗 ϕ26H7 孔至 ϕ25 mm。

4）半精镗 ϕ26H7 孔至 ϕ25.5 mm。

5）精镗 ϕ26H7 孔至 $\phi 26^{+0.021}_{0}$ mm。

6）孔口倒角 C1 mm。

7）半精加工图样上 ϕ32.5 mm 尺寸至 ϕ33 mm。

8）精加工外圆至 ϕ32.5 mm。

9）外圆倒角 C1 mm。

（4）反向垫铜皮装夹工件，找正。

1）粗、精加工，保证工件轴向尺寸为（10±0.10）mm。

2）孔口、外圆倒角 C1 mm。

3. 加工评价

固定套加工评价见表 6-2。

表 6-2　固定套加工评价表

序号	项目	项目要求	实测结果	配分	得分	备注
1	ϕ32.5 mm	ϕ32.35 ~ 32.65 mm		20		
2	ϕ26H7	ϕ26.000 ~ 26.021 mm		20		
3	（10±0.10）mm	9.90 ~ 10.10 mm		20		
4	Ra 1.6 μm（2 处）	Ra ≤ 1.6 μm		30		
5	安全文明生产	是否遵守车间安全操作规程	是 / 否	10		

三、丝杆加工

丝杆的作用是通过扁螺母带动移动件移动，完成工件的夹紧与松开。图 6-10 所示为丝杆零件图，其结构主要有外圆面、螺纹退刀槽、长螺纹、四方等，径向有 ϕ5H7 配作孔，装配时与固定套配钻定位销。丝杆 $\phi 26^{-0.02}_{-0.04}$ mm 外径与丝杆支座孔配合并相对转动，配合间隙和表面质量都有一定的要求，丝杆 $\phi 26^{-0.02}_{-0.04}$ mm 外径与 M24 螺纹杆要保证同轴，同轴度超差会影响装配精度，使丝杆转动产生偏摆，出现转动不灵活，松紧不一致等现象。

丝杆加工工艺包括车外圆、车端面、车台阶面、车槽、车螺纹、铣平面等。

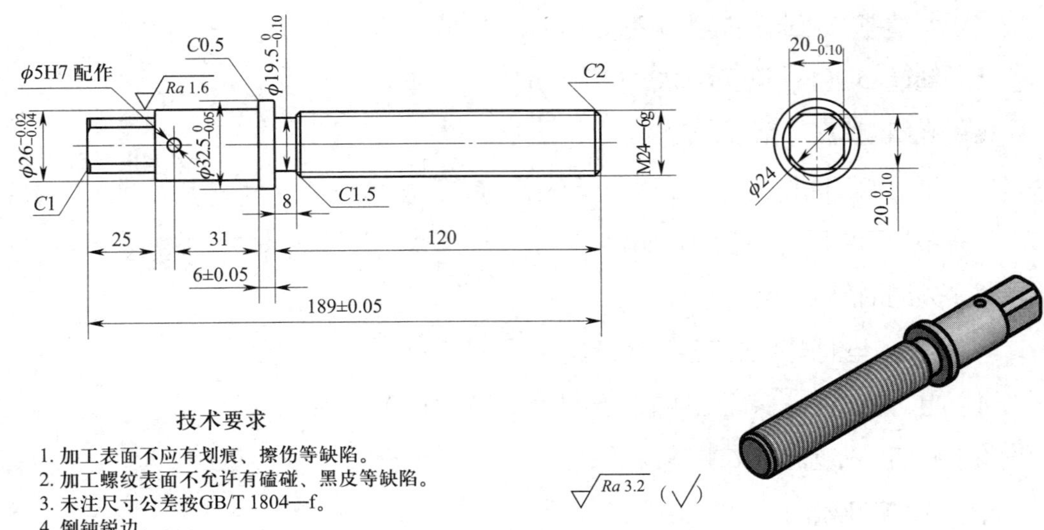

图 6-10　丝杆零件图

1. 加工前准备工作

设备：卧式车床、立式铣床、砂轮机等。

辅具：卡盘扳手、刀架扳手、加力杆、活扳手、内六角扳手、铣夹头、钻夹头、锤子、机用虎钳、平行垫铁、毛刷、钢丝钳、垫刀片、油壶、锉刀、倒角器、油石等。

量具：平板、表面粗糙度比较样块、百分表、外径千分尺、游标卡尺、螺纹环规等。

刀具：外圆车刀、车槽刀、螺纹车刀、倒角刀、立铣刀等。

劳动防护用品：护目镜、工作服、工作鞋、工作帽等。

2. 零件加工

（1）车削加工工序。

1）检查毛坯尺寸为 ϕ35 mm×194 mm，材料为 45 钢。

2）夹持毛坯外圆，工件伸出三爪自定心卡盘 20 mm，车 ϕ30 mm×10 mm 台阶。

3）反向夹持毛坯外圆，工件伸出三爪自定心卡盘 20 mm，车端面，钻中心孔。

4）夹持工件 ϕ30 mm×10 mm 台阶，一夹一顶装夹，粗加工图样上 $\phi 32.5_{-0.05}^{\ 0}$ mm 外圆及右端尺寸。

①粗加工图样上 $\phi 32.5_{-0.05}^{0}$ mm 尺寸至 $\phi 33.5$ mm，长 127 mm。

②粗加工图样上 M24—6g 螺纹外径尺寸至 $\phi 25$ mm，长 119.5 mm。

5）掉头夹持工件 $\phi 25$ mm 外圆，找正。

①车端面，控制长度（189 ± 0.05）mm。

②粗加工图样上 $\phi 26_{-0.04}^{-0.02}$ mm 尺寸至 $\phi 27$ mm，长 62 mm。

③粗加工图样上 $\phi 24$ mm 尺寸至 $\phi 25$ mm，长 24 mm。

④半精加工、精加工图样上 $\phi 26_{-0.04}^{-0.02}$ mm 外圆，长 63 mm。

⑤半精加工、精加工 $\phi 24$ mm 外圆，长 25 mm。

⑥外圆倒角 $C1$ mm。

6）掉头夹持工件 $\phi 24$ mm 外圆，一夹一顶装夹，精加工图样上 $\phi 32.5_{-0.05}^{0}$ mm 外圆及右端尺寸。

①半精加工、精加工图样上 $\phi 32.5_{-0.05}^{0}$ mm。

②半精加工、精加工图样上M24至 $\phi 24_{-0.30}^{-0.20}$ mm，控制轴肩宽度为（6±0.05）mm。

③以轴肩面为基准加工 $\phi 19.5_{-0.10}^{0}$ mm，宽 8 mm 槽。

④外圆倒角 $C1.5$ mm、$C2$ mm。

⑤车 M24—6g 螺纹。

（2）铣削加工工序。

1）安装机用虎钳并找正。

2）夹持工件 $\phi 26_{-0.04}^{-0.02}$ mm 外圆，平行垫铁垫实外圆下母线，粗、精加工丝杆方头中的一个扁面至 $\phi 24$ mm 外圆面 22 mm 下母线。

3）工件翻转 180°，夹持工件 $\phi 26_{-0.04}^{-0.02}$ mm 外圆，平行垫铁垫实下扁面，粗、精加工另一扁面至图样上 $20_{-0.10}^{0}$ mm 尺寸。

4）工件翻转 90°，夹持工件 $20_{-0.10}^{0}$ mm 扁面，平行垫铁垫实外圆面下母线，粗、精加工一个扁面至 $\phi 24$ mm 外圆面 22 mm 下母线。

5）工件翻转 180°，夹持工件 $20_{-0.10}^{0}$ mm 扁面，平行垫铁垫实下扁面，粗、精加工另一扁面至图样上 $20_{-0.10}^{0}$ mm 尺寸。

6）锐边去毛刺。

3. 加工评价

丝杆加工评价见表 6-3。

表 6-3　丝杆加工评价表

序号	项目	项目要求	实测结果	配分	得分	备注
1	$\phi26^{-0.02}_{-0.04}$ mm	ϕ25.96 ~ 25.98 mm		15		
2	$\phi32.5^{0}_{-0.05}$ mm	ϕ32.45 ~ 32.50 mm		10		
3	$\phi19.5^{0}_{-0.10}$ mm	ϕ19.40 ~ 19.50 mm		10		
4	(189±0.05)mm	188.95 ~ 189.05 mm		10		
5	(6±0.05)mm	5.95 ~ 6.05 mm		10		
6	$20^{0}_{-0.10}$ mm（2 处）	19.90 ~ 20.00 mm		10		
7	M24—6g			20		
8	*Ra* 1.6 μm	*Ra* ≤ 1.6 μm		5		
9	安全文明生产	是否遵守车间安全操作规程	是 / 否	10		

四、扁螺母加工

扁螺母是精密机用虎钳重要的连接零件，它与丝杆、滑块及移动件（活动钳口）连接，当丝杆转动时，带动扁螺母直线移动，从而带动滑块和移动件（活动钳口）实现机用虎钳的夹紧与松开。图 6-11 所示为扁螺母零件图，其外形尺寸为 ϕ64 mm、长（100±0.10）mm，有两个扁平面，与丝杆配合的螺纹孔旋长 40 mm，两个 ϕ8H7 销孔在装配时与滑块定位配作，加工零件时不需要钻销孔。扁螺母孔深（100±0.10）mm，螺纹孔深 40 mm，孔较深，加工有难度，螺纹孔与扁面（滑块安装面）有平行度要求，铣扁面时是以外圆面为基准定位找正，因此加工螺纹时要尽量保证与外圆面的平行度或同轴度要求。

扁螺母加工工艺包括车外圆、钻孔、镗孔、车内螺纹、铣平面、钻孔、攻螺纹等。

1. 加工前准备工作

设备：卧式车床、立式铣床、砂轮机等。

辅具：卡盘扳手、刀架扳手、加力杆、活扳手、内六角扳手、钻夹头、锤子、机用虎钳、平行垫铁、毛刷、钢丝钳、垫刀片、油壶、寻边器、倒角器、铰杠、油石等。

量具：平板、表面粗糙度比较样块、百分表、外径千分尺、游标卡尺、螺纹塞规等。

刀具：外圆车刀、镗孔刀、螺纹车刀、倒角刀、面铣刀、钻头、锉刀、丝锥等。

劳动防护用品：护目镜、工作鞋、工作帽、工作服等。

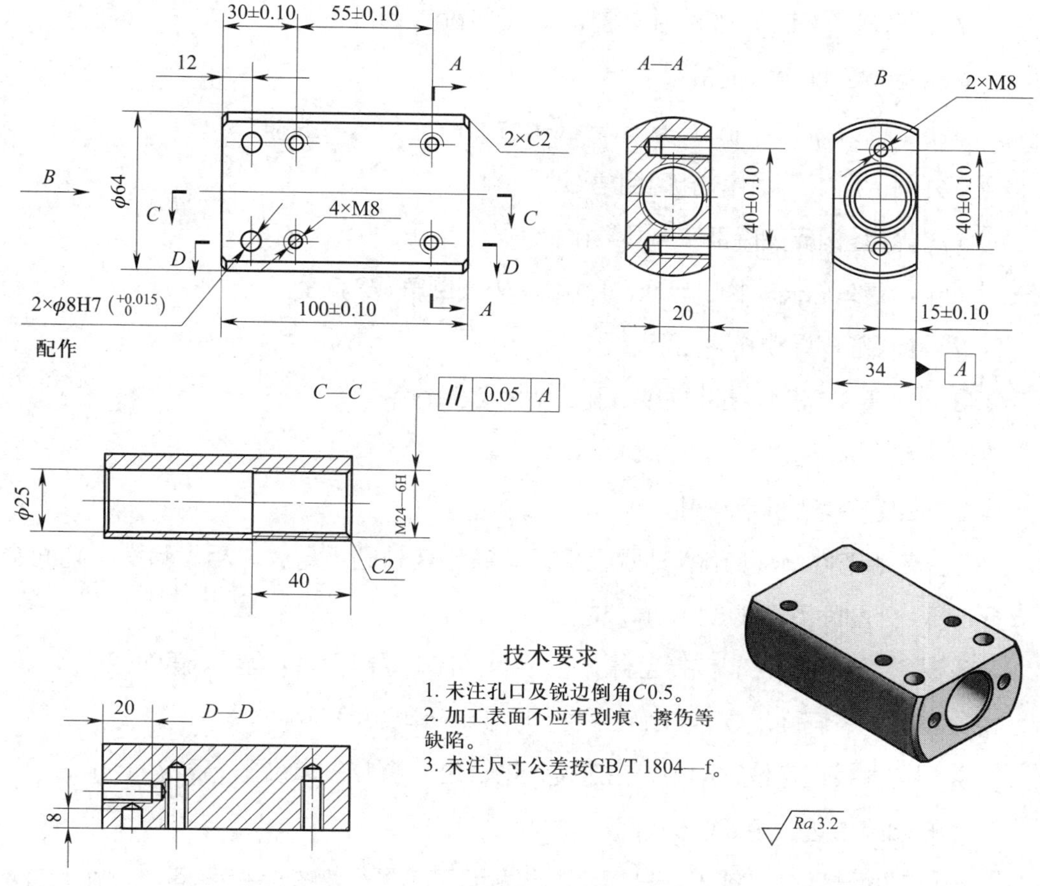

图 6–11　扁螺母零件图

2. 零件加工

（1）车削加工工序。

1）检查毛坯尺寸为 φ70 mm × 112 mm，材料为 45 钢。

2）夹持毛坯外圆，工件伸出三爪自定心卡盘 20 mm，找正并夹紧，车 φ65 mm × 15 mm 台阶。

3）掉头夹持毛坯外圆，工件伸出三爪自定心卡盘 20 mm，车端面，钻中心孔。

4）夹持工件 φ65 mm × 15 mm 台阶，一夹一顶装夹加工外圆，粗加工图样上 φ64 mm 外圆至 φ65 mm，长 102 mm。

5）夹持工件 φ65 mm × 15 mm 台阶，卸下顶尖。

①钻 φ18 mm 通孔。

②精车端面。

③半精车、精车 ϕ 64 mm 外圆，长 101 mm。

④粗镗 ϕ 20 mm 通孔。

⑤粗、精镗 ϕ 25 mm 通孔，长 60 mm。

⑥外圆倒角 C2 mm，孔口倒角 C0.5 mm。

6）掉头垫铜皮夹持工件 ϕ 64 mm 外圆，找正。

①粗、精车总长（100 ± 0.10）mm，外圆倒角 C2 mm。

②精镗 M24 螺纹孔底孔至 $\phi 21^{+0.20}_{+0.10}$ mm。

③粗、精车 M24—6H 螺纹，孔口倒角 C2 mm。

（2）铣削加工工序。

1）安装并找正机用虎钳。

2）夹持工件 ϕ 64 mm 外圆，平行垫铁垫实外圆下母线，粗、精铣小扁面至 ϕ 64 mm 外圆面下母线 51 mm 尺寸。

3）工件翻转 180°，夹持工件 ϕ 64 mm 外圆，平行垫铁垫实小扁面。

①粗、精铣扁面尺寸 34 mm，控制尺寸（15 ± 0.10）mm。

②寻边器找正定位，用中心钻定位，钻、攻 4 个 M8 螺纹孔，深 20 mm。

③孔口及锐边倒角 C0.5 mm。

4）工件翻转 90°，M24—6H 螺纹孔端面朝下靠实平行垫铁，夹持扁面 34 mm 尺寸。

①寻边器找正定位，用中心钻定位，钻、攻 2 个 M8 螺纹孔，深 20 mm。

②孔口倒角 C0.5 mm。

3. 加工评价

扁螺母加工评价见表 6-4。

表 6-4　扁螺母加工评价表

序号	项目	项目要求	实测结果	配分	得分	备注
1	ϕ64 mm	ϕ63.85 ～ 64.15 mm		5		
2	（100±0.10）mm	99.90 ～ 100.10 mm		10		
3	34 mm	33.85 ～ 34.15 mm		5		
4	（55±0.10）mm	54.90 ～ 55.10 mm		10		
5	（40±0.10）mm	39.90 ～ 40.10 mm		15		
6	（30±0.10）mm	29.90 ～ 30.10 mm		10		

续表

序号	项目	项目要求	实测结果	配分	得分	备注
7	（15±0.10）mm	14.90 ~ 15.10 mm		5		
8	M24—6H			10		
9	M8 深 20 mm（4 处）			12		
10	相对基准 *A* 平行度 0.05 mm			5		
11	*Ra* 3.2 μm	*Ra* ≤ 3.2 μm		5		
12	安全文明生产	是否遵守车间安全操作规程	是 / 否	8		

课题二
钳口等零件的制作

一、钳口加工

如图 6-12 所示为钳口零件图。钳口在精密机用虎钳中与工件直接接触，并对工件施加夹紧力，由于被夹紧工件的外形不规则、材料的硬度不同、装夹方法不得当等因素都会给钳口带来一定的磨损或损坏，因此机用虎钳的钳口要有一定硬度，钳口按要求应淬火热处理，钳口淬火后需要磨削加工外形面。本任务加工的精密机用虎钳钳口材料为 45 钢，其结构为六面体，无热处理要求。

钳口加工工艺包括铣外形、钻孔、攻螺纹等。

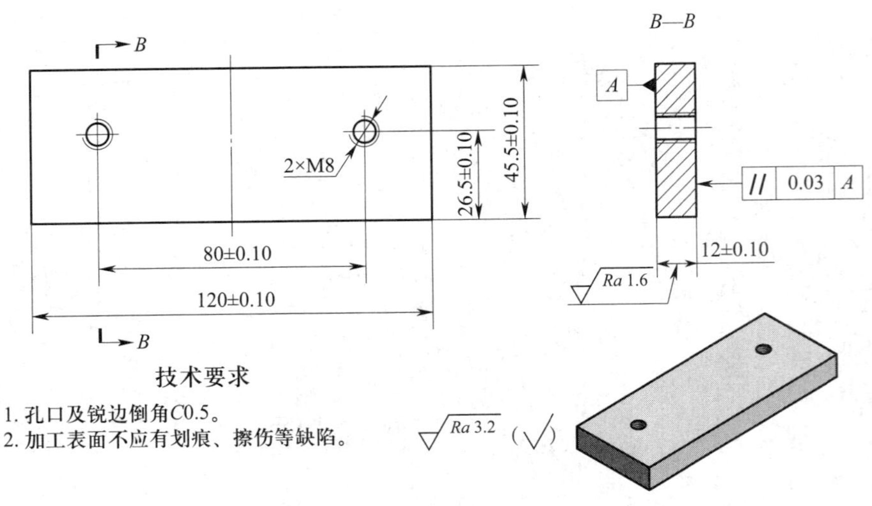

图 6-12　钳口零件图

1. 加工前准备工作

设备：立式铣床、砂轮机等。

辅具：机用虎钳、平行垫铁、铣夹头、钻夹头、锤子、活扳手、铰杠、毛刷、钢丝钳、油壶、寻边器、倒角器、油石等。

量具：平板、表面粗糙度比较样块、直角尺、百分表、外径千分尺、游标卡尺等。

刀具：面铣刀、立铣刀、钻头、锉刀、丝锥等。

劳动防护用品：护目镜、工作服、工作鞋、工作帽等。

2. 零件加工

（1）检查毛坯尺寸为 125 mm × 50 mm × 15 mm，材料为 45 钢。

（2）检查铣床，安装并找正机用虎钳。

（3）铣外形。

1）用机用虎钳夹持工件 15 mm 高度方向，铣两侧面，粗加工图样上（45.5 ± 0.10）mm 尺寸至 47 mm。

2）用机用虎钳夹持工件 47 mm 宽度方向，垫平行垫铁，粗、精加工图样上（12 ± 0.10）mm 尺寸至 13 mm。

3）工件翻转 180°，用机用虎钳夹持工件 47 mm 宽度，垫平行垫铁，精加工图样上（12 ± 0.10）mm，保证工件上、下两平面平行度为 0.03 mm。

4）用机用虎钳夹持工件（12 ± 0.10）mm，精加工图样上（45.5 ± 0.10）mm 尺寸至 46 mm。

5）工件翻转 180°，用机用虎钳夹持工件（12 ± 0.10）mm 高度方向，精加工图样上（45.5 ± 0.10）mm。

6）用机用虎钳夹持工件（45.5 ± 0.10）mm 宽度方向，垫平行垫铁，工件伸出机用虎钳左、右两侧面，用立铣刀精加工图样上（120 ± 0.10）mm。

（4）孔加工。

1）机用虎钳夹持工件（45.5 ± 0.10）mm 宽度方向，垫平行垫铁，用寻边器找正定位，用中心钻定心，钻、攻两个 M8 螺纹通孔，保证孔边距（26.5 ± 0.10）mm，两孔中心距（80 ± 0.10）mm。

2）孔口及锐边倒角 *C*0.5 mm。

3. 加工评价

钳口加工评价见表 6–5。

表 6-5　钳口加工评价表

序号	项目	项目要求	实测结果	配分	得分	备注
1	（120±0.10）mm	119.90 ～ 120.10 mm		15		
2	（45.5±0.10）mm	45.40 ～ 45.60 mm		15		
3	（12±0.10）mm	11.90 ～ 12.10 mm		15		
4	（80±0.10）mm	79.90 ～ 80.10 mm		10		
5	（26.5±0.10）mm	26.40 ～ 26.60 mm		10		
6	M8（2 处）			10		
7	相对基准 *A* 平行度 0.03 mm			10		
8	*Ra* 1.6 μm	*Ra* ≤ 1.6 μm		5		
9	安全文明生产	是否遵守车间安全操作规程	是 / 否	10		

二、固定件加工

固定件即为机用虎钳的固定钳身，是安装在钳体上的固定零件，与移动件（活动钳身）共同夹紧工件。固定件靠底面直槽与钳体直槽通过键定位，用螺钉紧固安装在钳体的前端，固定件侧台阶面安装钳口并通过螺钉紧固。图 6-13 所示为固定件零件图，其结构呈台阶形，外形尺寸为 120 mm × 40 mm × 50 mm，在固定件底面有一个 6 mm 直通槽，直通槽上有两个与钳体连接的 M10 螺纹孔深 20 mm，固定件上还有两个与钳口连接的台阶孔。由图样分析可得，安装钳口的两个台阶面分别与安装钳体的底面有 0.03 mm 的平行度和垂直度要求，固定件底面 6 mm 直通槽的定位面与安装钳口侧面平行。

固定件加工工艺包括铣外形、铣台阶、钻孔、锪孔、攻螺纹、铣槽等。

1. 加工前准备工作

设备：立式铣床、砂轮机等。

辅具：机用虎钳、平行垫铁、铣夹头、钻夹头、锤子、活扳手、毛刷、钢丝钳、铰杠、油壶、寻边器、倒角器、油石等。

量具：平板、表面粗糙度比较样块、直角尺、百分表、外径千分尺、游标深度卡尺、游标卡尺、塞规等。

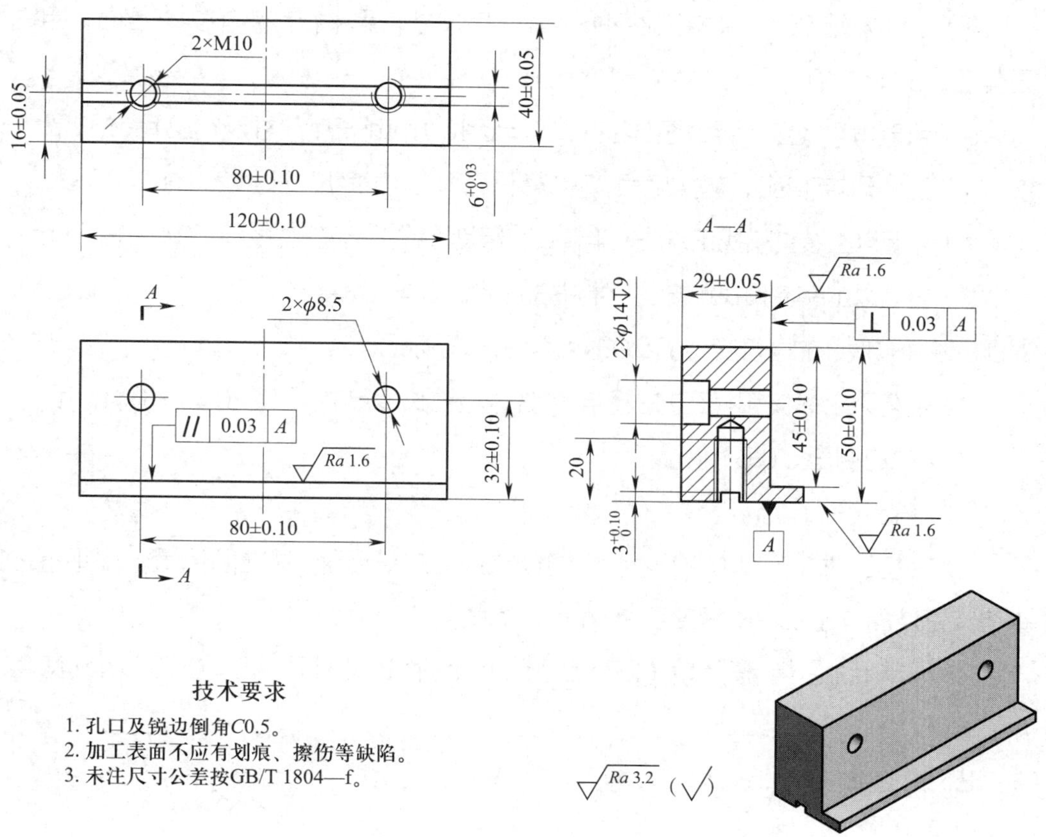

图 6-13　固定件零件图

刀具：面铣刀、立铣刀、钻头、锉刀、丝锥等。

劳动防护用品：护目镜、工作服、工作鞋、工作帽等。

2. 零件加工

（1）检查毛坯尺寸为 125 mm × 55 mm × 45 mm，材料为 45 钢。

（2）检查铣床，安装并找正机用虎钳。

（3）铣外形。

1）夹持工件 45 mm 尺寸方向，粗、精铣 50 mm 尺寸方向上一基准面至 52 mm。

2）将基准面靠向机用虎钳固定钳口，活动钳口处放置圆棒装夹工件，粗铣图样上（40 ± 0.05）mm 尺寸至 42 mm，用直角尺检测侧面与基准面的垂直度，公差范围控制在 0.03 mm 之内。

3）工件翻转 180°，用以上装夹方法，用平行垫铁垫实，粗铣图样上（40 ± 0.05）mm 尺寸至 41 mm。

4）工件翻转 90°，夹持工件 41 mm 宽度尺寸，用平行垫铁垫实基准面，粗铣图样上（50±0.10）mm 尺寸至 51 mm。

5）用直角尺找正，粗铣图样上（120±0.10）mm 长度尺寸至 122 mm。

6）工件翻转 180°，垫实底面，粗铣另一面，至长度尺寸为 121 mm。

7）重复以上装夹和找正方法，半精铣、精铣图样上高度尺寸至（50±0.10）mm。

8）重复以上装夹和找正方法，半精铣、精铣图样上宽度尺寸至（40±0.05）mm，保证台阶面与底面的垂直度小于 0.03 mm，并做好标记。

9）重复以上装夹和找正方法，半精铣、精铣长度尺寸至（120±0.10）mm。

10）锐边倒角 *C*0.5 mm。

（4）铣台阶。

1）夹持工件（50±0.10）mm 高度尺寸，注意标记的基准面位置，用平行垫铁垫实基准面，粗铣台阶深度至 10 mm，宽度至 44 mm。

2）半精铣、精铣台阶（29±0.05）mm 深度尺寸、（45±0.10）mm 宽度尺寸。

3）锐边倒角 *C*0.5 mm。

（5）孔加工。

1）夹持工件（50±0.10）mm 高度方向，平行垫铁垫实台阶，寻边器定位，中心钻定心，钻两个 ϕ8.5 mm 通孔，锪两个 ϕ14 mm 深 9 mm 孔，保证两孔中心距（80±0.10）mm，孔边距（32±0.10）mm。

2）夹持工件（29±0.05）mm 宽度方向，平行垫铁垫实顶面，寻边器定位，中心钻定心，钻、攻两个 M10 深 20 mm 螺纹孔，保证两螺纹孔中心距（80±0.10）mm，孔边距（16±0.05）mm。

3）孔口倒角 *C*0.5 mm。

（6）铣通槽。

1）夹持工件（29±0.05）mm 宽度方向，平行垫铁垫实，寻边器定位，粗铣槽宽至 5 mm，深 2 mm。

2）半精铣、精铣槽至槽宽 $6^{+0.03}_{0}$ mm，深 $3^{+0.10}_{0}$ mm，保证槽中心线到工件一侧的距离为（16±0.05）mm，槽侧面与宽度基准面平行。

3）锐边倒角 *C*0.5 mm。

3. 加工评价

固定件加工评价见表 6-6。

表 6-6　固定件加工评价表

序号	项目	项目要求	实测结果	配分	得分	备注
1	（120±0.10）mm	119.90 ~ 120.10 mm		5		
2	（50±0.10）mm	49.90 ~ 50.10 mm		5		
3	（40±0.05）mm	39.95 ~ 40.05 mm		5		
4	（45±0.10）mm	44.90 ~ 45.10 mm		5		
5	（29±0.05）mm	28.95 ~ 29.05 mm		5		
6	$6^{+0.03}_{0}$ mm	6.00 ~ 6.03 mm		10		
7	$3^{+0.10}_{0}$ mm	3.00 ~ 3.10 mm		5		
8	（16±0.05）mm	15.95 ~ 16.05 mm		5		
9	（80±0.10）mm	79.90 ~ 80.10 mm		6		
10	（32±0.10）mm	31.90 ~ 32.10 mm		6		
11	M10 深 20 mm（2 处）			4		
12	ϕ8.5 mm，锪 ϕ14 mm 深 9 mm（2 处）			4		
13	相对基准 *A* 垂直度 0.03 mm			10		
14	相对基准 *A* 平行度 0.03 mm			10		
15	*Ra* 1.6 μm（2 处）	*Ra* ≤ 1.6 μm		10		
16	安全文明生产	是否遵守车间安全操作规程	是 / 否	5		

三、丝杆支座加工

丝杆支座是用来支承丝杆的零件，丝杆支座安装时，是底面直槽与钳体直槽对齐后通过键定位，再用螺钉紧固安装在钳体的尾端，丝杆轴颈与丝杆支座孔间隙配合并相对转动，也是丝杆的滑动轴承座。图 6-14 所示为丝杆支座零件图，其外形尺寸为

120 mm × 50 mm × 30 mm，$\phi 26^{+0.021}_{0}$ mm 丝杆支座孔中心线与（30 ± 0.10）mm 宽度尺寸平面有 0.03 mm 垂直度要求，$6^{+0.03}_{0}$ mm 底面直槽中心平面与（30 ± 0.10）mm 宽度尺寸平面有对称度要求 0.03 mm，$\phi 26^{+0.021}_{0}$ mm 丝杆支座孔位置精度要求也较高。

丝杆支座加工工艺包括铣外形、钻孔、镗孔、攻螺纹、铣槽等。

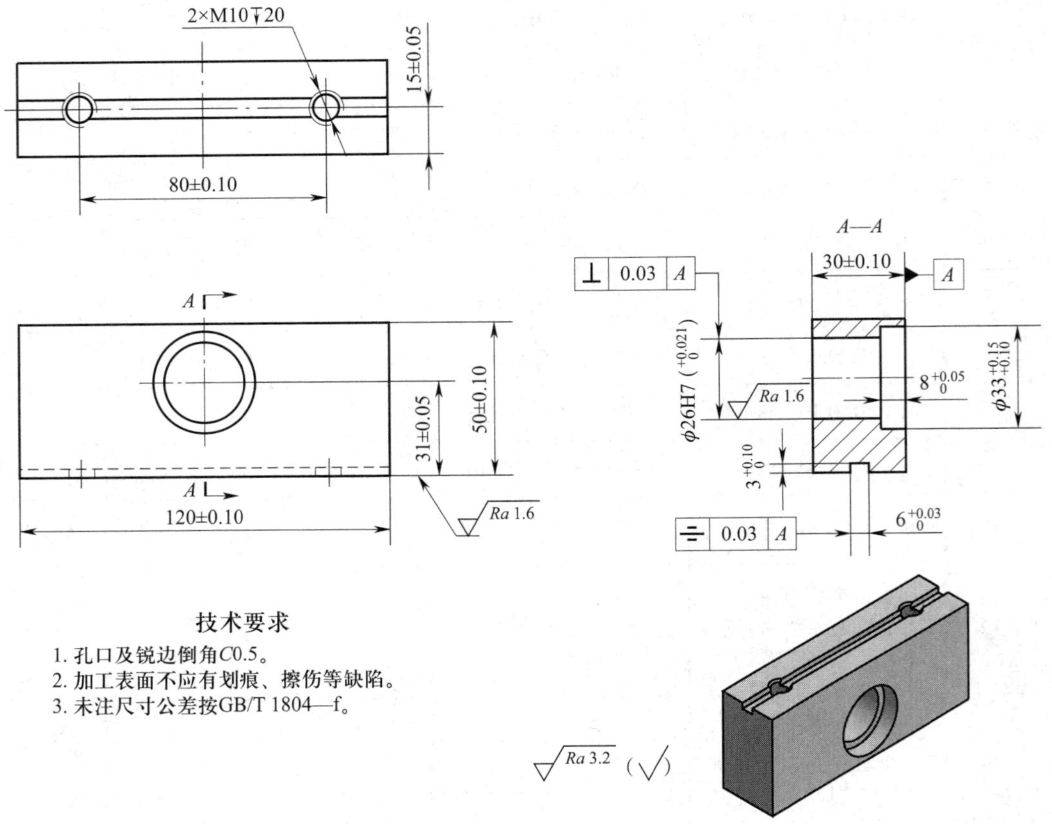

技术要求

1. 孔口及锐边倒角C0.5。
2. 加工表面不应有划痕、擦伤等缺陷。
3. 未注尺寸公差按GB/T 1804—f。

图 6–14　丝杆支座零件图

1. 加工前准备工作

设备：立式铣床、砂轮机等。

辅具：机用虎钳、平行垫铁、铣夹头、钻夹头、锤子、活扳手、毛刷、钢丝钳、铰杠、油壶、寻边器、倒角器、油石等。

量具：平板、表面粗糙度比较样块、直角尺、百分表、外径千分尺、内测千分尺、游标深度卡尺、游标卡尺、塞规等。

刀具：面铣刀、立铣刀、镗孔刀、钻头、锉刀、丝锥等。

劳动防护用品：护目镜、工作服、工作鞋、工作帽等。

2. 零件加工

（1）检查毛坯尺寸为 125 mm × 35 mm × 55 mm，材料为 45 钢。

（2）检查铣床，安装并找正机用虎钳。

（3）铣外形。

1）夹持工件 35 mm 宽度尺寸，粗铣图样上（50 ± 0.10）mm 尺寸至 51 mm。

2）工件翻转 90°，夹持工件 51 mm 高度尺寸，粗铣图样上（30 ± 0.10）mm 尺寸至 31 mm，用直角尺测量找正，保证与高度方向垂直。

3）用直角尺找正，粗铣图样上（120 ± 0.10）mm 尺寸至 121 mm。

4）重复以上装夹，平行垫铁垫实底面，半精铣、精铣图样上高度尺寸至（50 ± 0.10）mm。

5）重复以上装夹，平行垫铁垫实底面，半精铣、精铣图样上宽度尺寸至（30 ± 0.10）mm。

6）重复以上装夹找正方法，半精铣、精铣图样上长度尺寸至（120 ± 0.10）mm。

7）锐边倒角 C0.5 mm。

（4）镗台阶孔。

1）夹持工件（50 ± 0.10）mm 高度尺寸，平行垫铁垫实底面，百分表找正工件上表面与主轴轴线垂直，寻边器找正定位，中心钻定心，保证孔在工件（120 ± 0.10）mm 长度尺寸上居中，孔边距（31 ± 0.05）mm。

2）钻扩 ϕ20 mm 通孔。

3）粗镗图样上 $\phi 26^{+0.021}_{0}$ mm 孔至 ϕ25 mm，并随时测量调整孔边距（31 ± 0.05）mm 在尺寸公差范围内。

4）半精镗、精镗 $\phi 26^{+0.021}_{0}$ mm 孔至尺寸精度要求。

5）粗、精镗 $\phi 33^{+0.15}_{+0.10}$ mm 台阶孔至尺寸精度要求，保证孔深 $8^{+0.05}_{0}$ mm。

6）孔口倒角 C0.5 mm。

（5）加工螺纹孔。

1）夹持工件（30 ± 0.10）mm 宽度尺寸，用平行垫铁垫实，寻边器找正定位，中心钻定心，钻、攻两个 M10 深 20 mm 螺纹孔，保证两螺纹孔中心距（80 ± 0.10）mm，孔边距（15 ± 0.05）mm。

2）孔口倒角 C0.5 mm。

（6）铣通槽。

1）夹持工件（30 ± 0.10）mm 宽度尺寸，平行垫铁垫实，寻边器找正定位，粗铣槽宽至 5 mm，深至 2 mm。

2）半精铣、精铣槽至槽宽 $6^{+0.03}_{0}$ mm，深 $3^{+0.10}_{0}$ mm，保证槽中心平面与宽度尺寸中心平面的对称度要求为 0.03 mm。

3）锐边倒角 *C*0.5 mm。

3. 加工评价

丝杆支座加工评价见表 6-7。

表 6-7　丝杆支座加工评价表

序号	项目	项目要求	实测结果	配分	得分	备注
1	（120±0.10）mm	119.90 ~ 120.10 mm		5		
2	（50±0.10）mm	49.90 ~ 50.10 mm		5		
3	（30±0.10）mm	29.90 ~ 30.10 mm		5		
4	$6^{+0.03}_{0}$ mm	6.00 ~ 6.03 mm		10		
5	$3^{+0.10}_{0}$ mm	3.00 ~ 3.10 mm		5		
6	ϕ26H7	ϕ26.000 ~ 26.021 mm		10		
7	$\phi33^{+0.15}_{+0.10}$ mm	ϕ33.10 ~ 33.15 mm		10		
8	$8^{+0.05}_{0}$ mm	8.00 ~ 8.05 mm		5		
9	（80±0.10）mm	79.90 ~ 80.10 mm		5		
10	（31±0.05）mm	30.95 ~ 31.05 mm		5		
11	M10 深 20 mm（2 处）			4		
12	（15±0.05）mm	14.95 ~ 15.05 mm		6		
13	相对基准 *A* 对称度 0.03 mm			5		
14	相对基准 *A* 垂直度 0.03 mm			5		
15	*Ra* 1.6 μm（2 处）	*Ra* ≤ 1.6 μm		10		
16	安全文明生产	是否遵守车间安全操作规程	是 / 否	5		

四、移动件加工

移动件即活动钳身，是通过丝杆的转动在钳体导轨上实现直线运动，并连同钳口完成夹紧或松开工件。移动件是一个主要连接件，与扁螺母连接来传递运动，与滑块连接实现导向运动，与钳口连接来夹紧工件。图 6-15 所示为移动件零件图，其结构呈台阶形，外形尺寸为 120 mm × 30 mm × 50 mm，有三组安装螺钉的连接孔。根据图样分析可得，安装钳口的两个台阶面分别与安装钳体的底面有小于 0.03 mm 的平行度和垂直度要求。

移动件加工工艺包括铣外形、钻孔、锪孔、镗孔、铣台阶等。

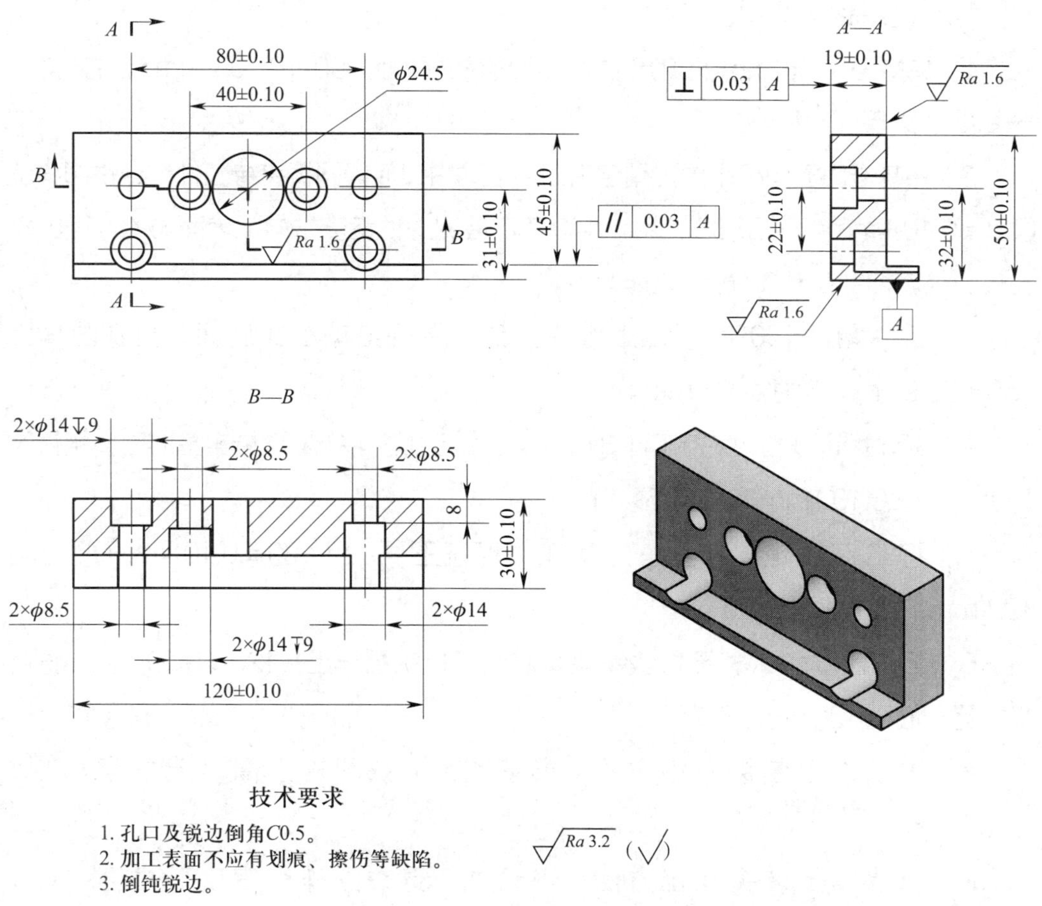

图 6-15　移动件零件图

1. 加工前准备工作

设备：立式铣床、砂轮机等。

辅具：机用虎钳、平行垫铁、铣夹头、钻夹头、锤子、活扳手、毛刷、钢丝钳、油壶、寻边器、倒角器、油石等。

量具：平板、表面粗糙度比较样块、直角尺、百分表、外径千分尺、游标深度卡尺、游标卡尺等。

刀具：面铣刀、立铣刀、镗孔刀、锉刀、钻头等。

劳动防护用品：护目镜、工作服、工作鞋、工作帽等。

2. 零件加工

（1）检查毛坯尺寸为 125 mm × 35 mm × 55 mm，材料为 45 钢。

（2）检查铣床，安装并找正机用虎钳。

（3）铣外形。

1）夹持工件 35 mm 宽度尺寸，粗、精铣图样上（50 ± 0.10）mm 尺寸方向上一基准面至 52 mm 尺寸。

2）将基准面靠向机用虎钳固定钳口，活动钳口放置圆棒夹持工件，粗铣图样上（30 ± 0.10）mm 尺寸至 32 mm，用直角尺检测工件宽度方向上表面与基准面的垂直度，公差控制在 0.03 mm 之内。

3）工件翻转 180°，用以上装夹方法，平行垫铁垫实底面，粗铣图样上（30 ± 0.10）mm 尺寸至 31 mm。

4）工件翻转 90°，夹持工件 31 mm 宽度尺寸，平行垫铁垫实基准面，粗铣图样上（50 ± 0.10）mm 尺寸至 51 mm。

5）将工件立起，用直角尺找正，粗铣图样上（120 ± 0.10）mm 尺寸至 122 mm。

6）工件翻转 180°，平行垫铁垫实底面，粗铣图样上（120 ± 0.10）mm 长度尺寸另一面至 121 mm。

7）重复以上装夹找正方法。半精铣、精铣图样上高度尺寸至（50 ± 0.10）mm。

8）重复以上装夹找正方法。半精铣、精铣图样上宽度尺寸至（30 ± 0.10）mm，保证宽度方向上的面与高度方向上的面垂直度小于 0.03 mm，并做好标记。

9）重复以上装夹找正方法，半精铣、精铣长度尺寸至（120 ± 0.10）mm。

10）锐边倒角 *C*0.5 mm。

（4）孔加工。

1）夹持工件（50±0.10）mm 高度尺寸，注意标记的基准面位置，平行垫铁垫实基准面对面，寻边器找正定位，中心钻定心，钻两个 ϕ8.5 mm 通孔，锪两个 ϕ14 mm 深 9 mm 孔，保证两孔中心距（80±0.10）mm，孔边距（32±0.10）mm。

2）工件翻转 180°，平行垫铁垫实基准面，寻边器找正定位，中心钻定心，中部钻两个 ϕ8.5 mm 通孔，锪两个 ϕ14 mm 深 20 mm 孔，保证两孔中心距（40±0.10）mm，孔边距（31±0.10）mm；底部钻两个 ϕ8.5 mm 通孔，锪两个 ϕ14 mm 深 22 mm 孔，保证两孔中心距（80±0.10）mm、（22±0.10）mm；中部钻 ϕ20 mm 通孔，粗、精镗底孔至 ϕ24.5 mm，保证位置精度要求。

3）孔口倒角 C0.5 mm。

（5）铣台阶。

1）重复上述工序夹持方法，平行垫铁垫实基准面，粗铣台阶深度至 10 mm，宽度至 44 mm。

2）半精铣、精铣台阶深度尺寸（19±0.10）mm，宽度尺寸（45±0.10）mm。

3）锐边倒角 C0.5 mm。

3. 加工评价

移动件加工评价见表 6-8。

表 6-8　移动件加工评价表

序号	项目	项目要求	实测结果	配分	得分	备注
1	（120±0.10）mm	119.90 ~ 120.10 mm		5		
2	（50±0.10）mm	49.90 ~ 50.10 mm		5		
3	（30±0.10）mm	29.90 ~ 30.10 mm		5		
4	（45±0.10）mm	44.90 ~ 45.10 mm		5		
5	（19±0.10）mm	18.90 ~ 19.10 mm		5		
6	（80±0.10）mm	79.90 ~ 80.10 mm		8		
7	（40±0.10）mm	39.90 ~ 40.10 mm		4		
8	（22±0.10）mm	21.90 ~ 22.10 mm		8		
9	（31±0.10）mm	30.90 ~ 31.10 mm		8		
10	（32±0.10）mm	31.90 ~ 32.10 mm		8		
11	ϕ8.5 mm， ϕ14 mm 深 9 mm			8		

续表

序号	项目	项目要求	实测结果	配分	得分	备注
12	ϕ8.5 mm，ϕ14 mm 深 22 mm			4		
13	相对基准 *A* 垂直度 0.03 mm			6		
14	相对基准 *A* 平行度 0.03 mm			6		
15	*Ra* 1.6 μm（2 处）	*Ra* ≤ 1.6 μm		10		
16	安全文明生产	是否遵守车间安全操作规程	是 / 否	5		

五、滑块固定板加工

图 6-16 所示为滑块固定板零件图。滑块固定板与滑块连接成矩形导轨，与钳体槽配合起导向定位作用。滑块固定板凸台与滑块槽配合定位，凸台两侧底面与钳体凹槽底面相对滑动，因此凸台和两侧底面有表面质量要求。

滑块固定板加工工艺包括铣外形、铣台阶、钻孔等。

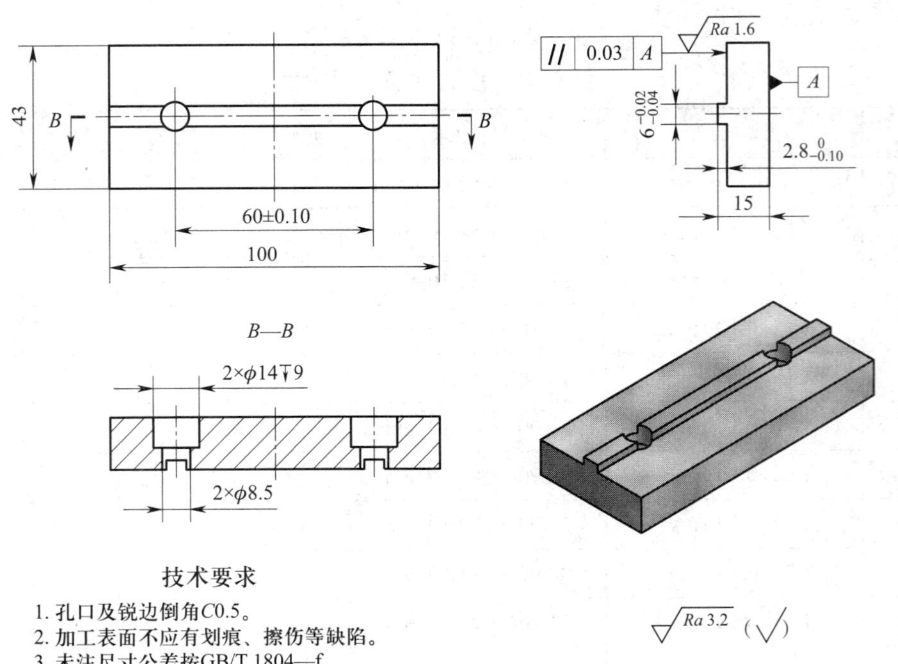

图 6-16 滑块固定板零件图

1. 加工前准备工作

设备：立式铣床、砂轮机等。

辅具：机用虎钳、平行垫铁、铣夹头、钻夹头、锤子、活扳手、毛刷、钢丝钳、油壶、寻边器、倒角器、油石等。

量具：平板、表面粗糙度比较样块、直角尺、百分表、外径千分尺、公法线千分尺、游标卡尺等。

刀具：面铣刀、立铣刀、锉刀、钻头等。

劳动防护用品：护目镜、工作服、工作鞋、工作帽等。

2. 零件加工

（1）检查毛坯尺寸为 105 mm × 48 mm × 18 mm，材料为 45 钢。

（2）检查铣床，安装并找正机用虎钳。

（3）铣外形。

1）机用虎钳夹持工件 18 mm 高度方向，铣两侧面，粗加工图样上 43 mm 尺寸至 45 mm。

2）机用虎钳夹持工件 45 mm 宽度方向，垫平行垫铁，粗、精铣图样上 15 mm 高度方向一基准面 A 至高度大于 16 mm，对基准面 A 做好标记。

3）工件翻转 180°，机用虎钳夹持工件 45 mm 宽度方向，平行垫铁垫实基准面 A，精加工图样上 15 mm。

4）机用虎钳夹持工件 15 mm 高度方向，精加工图样上 43 mm 尺寸至 44 mm。

5）工件翻转 180°，机用虎钳夹持工件 15 mm 高度方向，精铣宽度尺寸 43 mm。

6）将工件立起，用直角尺找正，粗、精铣图样上 100 mm 长度尺寸一面至 102 mm。

7）工件翻转 180°，垫平行垫铁，粗、精铣图样上长度尺寸另一面至 100 mm。

8）锐边倒角 $C0.5$ mm。

（4）铣台阶。

1）机用虎钳夹持工件 43 mm 宽度方向，平行垫铁垫实基准面 A，粗、精铣台阶面，保证凸台宽 $6^{-0.02}_{-0.04}$ mm，高 $2.8^{0}_{-0.10}$ mm，控制两台阶面与基准面 A 平行度小于 0.03 mm，目的是保证两台阶面在同一个平面上。

2）锐边倒角 $C0.5$ mm。

（5）孔加工。

1）机用虎钳夹持工件 43 mm 宽度方向，平行垫铁垫实两台阶面，寻边器找正定位，中心钻定心，钻两个 ϕ8.5 mm 通孔，锪两个 ϕ14 mm 深 9 mm 孔，保证两孔中心距（60 ± 0.10）mm 及宽度居中要求。

2）孔口倒角 $C0.5$ mm。

3. 加工评价

滑块固定板加工评价见表 6-9。

表 6-9　滑块固定板加工评价表

序号	项目	项目要求	实测结果	配分	得分	备注
1	100 mm	99.85 ~ 100.15 mm		10		
2	43 mm	42.85 ~ 43.15 mm		10		
3	15 mm	14.90 ~ 15.10 mm		10		
4	$6^{-0.02}_{-0.04}$ mm	5.96 ~ 5.98 mm		20		
5	$2.8^{0}_{-0.10}$ mm	2.70 ~ 2.80 mm		5		
6	（60±0.10）mm	59.90 ~ 60.10 mm		10		
7	ϕ8.5 mm， ϕ14 mm 深 9 mm（2 处）			10		
8	相对基准 A 平行度 0.03 mm			15		
9	Ra 1.6 μm	$Ra \leqslant 1.6$ μm		5		
10	安全文明生产	是否遵守车间安全操作规程	是 / 否	5		

六、滑块加工

滑块是精密机用虎钳的重要连接件，其与扁螺母连接传递运动，与移动件（活动钳身）连接对工件施加夹紧力，和滑块固定板连接成矩形导轨与钳体槽配合实现导向作用。图 6-17 所示为滑块零件图，其结构呈凸台形，两台阶面与钳体槽有配合的尺寸精度要求，两台阶面与钳体顶面相对滑动，两台阶面有表面质量要求。

滑块加工工艺包括铣外形、攻螺纹、铣台阶、铣槽、钻孔等。

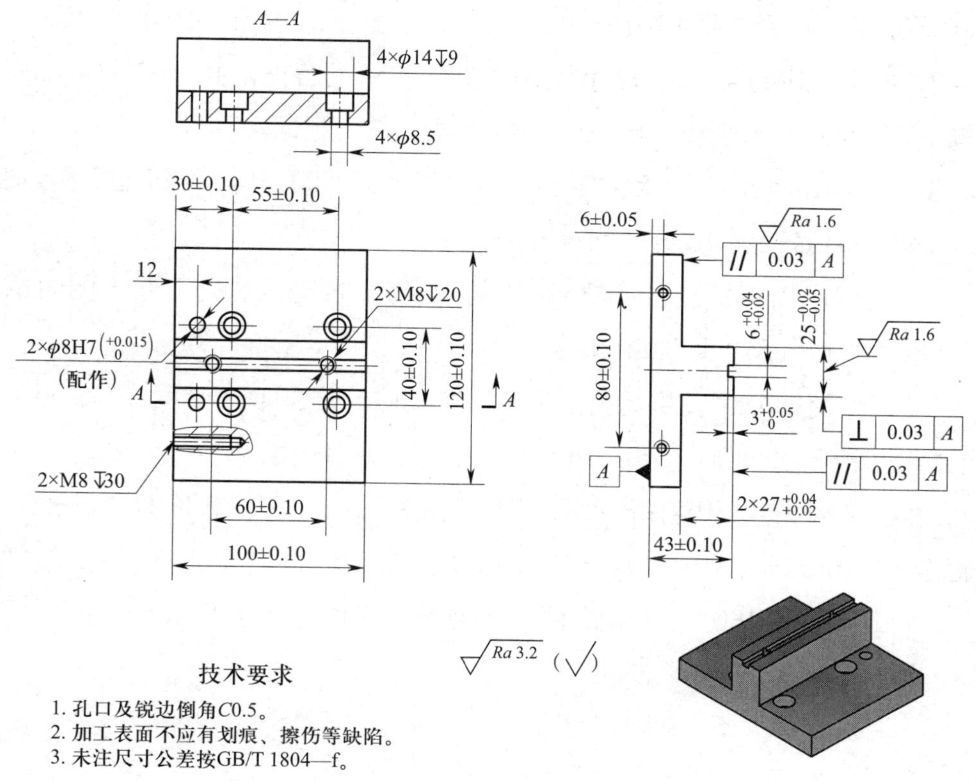

图 6–17　滑块零件图

1. 加工前准备工作

设备：立式铣床、砂轮机等。

辅具：机用虎钳、平行垫铁、铣夹头、钻夹头、锤子、活扳手、毛刷、钢丝钳、铰杠、油壶、寻边器、倒角器、油石等。

量具：平板、表面粗糙度比较样块、直角尺、百分表、外径千分尺、深度千分尺、游标卡尺、塞规等。

刀具：面铣刀、立铣刀、钻头、锉刀、丝锥等。

劳动防护用品：护目镜、工作服、工作鞋、工作帽等。

2. 零件加工

（1）检查毛坯尺寸为 125 mm × 105 mm × 48 mm，材料为 45 钢。

（2）检查铣床，安装并找正机用虎钳。

（3）铣外形。

1）机用虎钳夹持工件 48 mm 高度方向，粗铣宽度方向两侧面，粗加工图样上

（100±0.10）mm 尺寸至 102 mm。

2）机用虎钳夹持工件 102 mm 宽度方向，垫平行垫铁，粗、精铣图样上高度方向一基准面 A 至尺寸大于 44 mm，对基准面 A 做好标记。

3）工件翻转 180°，机用虎钳夹持工件 102 mm 宽度方向，平行垫铁垫实基准面 A，粗、精铣高度（43±0.10）mm。

4）机用虎钳夹持工件（43±0.10）mm 高度方向，精铣工件一侧面宽度（100±0.10）mm 尺寸至 101 mm。

5）工件翻转 180°，机用虎钳夹持工件（43±0.10）mm 高度方向，靠实底面，精铣宽度尺寸（100±0.10）mm。

6）将工件立起，用直角尺找正，粗、精铣图样上（120±0.10）mm 长度尺寸一面至 122 mm。

7）工件翻转 180°，靠实底面，半精铣、精铣图样上长度尺寸另一面至（120±0.10）mm。

8）锐边倒角 C0.5 mm。

（4）钻、攻螺纹。

1）机用虎钳夹持工件（100±0.10）mm 宽度方向，平行垫铁垫实基准面 A，寻边器找正定位，中心钻定心，钻、攻两个 M8 深 20 mm 螺纹孔，保证两孔中心距（60±0.10）mm 且长度、宽度方向同时居中。

2）机用虎钳夹持工件（43±0.10）mm 高度方向，靠实底面，注意侧面两个 M8 螺纹孔与基准面 A 位置关系，寻边器找正定位，中心钻定心，钻、攻两个 M8 深 30 mm 螺纹孔，保证两孔中心距（80±0.10）mm，孔中心到基准面 A 的距离为（6±0.05）mm。

3）孔口倒角 C0.5 mm。

（5）铣台阶。

1）机用虎钳夹持工件（100±0.10）mm 宽度方向，平行垫铁垫实基准面 A，粗铣台阶面宽 26 mm、高 26 mm。

2）重复以上装夹，平行垫铁垫实基准面 A，半精铣、精铣台阶面，保证凸台宽 $25^{-0.02}_{-0.05}$ mm，两端高 $27^{+0.04}_{+0.02}$ mm，控制两台阶面与基准面 A 平行度小于 0.03 mm，两台阶面与基准面 A 垂直度小于 0.03 mm。

3）锐边倒角 C0.5 mm。

（6）铣槽。

1）重复以上工序装夹，寻边器找正定位，粗铣槽宽至 5 mm，深 2 mm。

2）半精、精铣槽宽至 $6^{+0.04}_{+0.02}$ mm，深 $3^{+0.05}_{0}$ mm，尽量保证槽宽中心平面与凸台宽度尺寸中心平面共面。

3）锐边倒角 $C0.5$ mm。

（7）钻孔。

1）重复以上工序装夹，寻边器找正定位，中心钻定心，钻 4 个 ϕ8.5 mm 通孔，锪 4 个 ϕ14 mm 深 9 mm 孔，保证孔边距（30±0.10）mm，保证孔中心距（55±0.10）mm、（40±0.10）mm。

2）孔口倒角 $C0.5$ mm。

3. 加工评价

滑块加工评价见表 6-10。

表 6-10　滑块加工评价表

序号	项目	项目要求	实测结果	配分	得分	备注
1	（100±0.10）mm	99.90 ~ 100.10 mm		5		
2	（120±0.10）mm	119.90 ~ 120.10 mm		5		
3	（43±0.10）mm	42.90 ~ 43.10 mm		5		
4	$25^{-0.02}_{-0.05}$ mm	24.95 ~ 24.98 mm		5		
5	$27^{+0.04}_{+0.02}$ mm（2 处）	27.02 ~ 27.04 mm		5		
6	$6^{+0.04}_{+0.02}$ mm	6.02 ~ 6.04 mm		5		
7	$3^{+0.05}_{0}$ mm	3.00 ~ 3.05 mm		5		
8	（60±0.10）mm	59.90 ~ 60.10 mm		2		
9	（80±0.10）mm	79.90 ~ 80.10 mm		2		
10	（40±0.10）mm	39.90 ~ 40.10 mm		5		
11	（55±0.10）mm	54.90 ~ 55.10 mm		5		
12	（30±0.10）mm	29.90 ~ 30.10 mm		5		
13	（6±0.05）mm	5.95 ~ 6.05 mm		5		
14	M8 深 30 mm（2 处）			4		
15	M8 深 20 mm（2 处）			4		
16	ϕ8.5 mm，ϕ14 mm，深 9 mm（4 处）			8		

续表

序号	项目	项目要求	实测结果	配分	得分	备注
17	相对基准 *A* 平行度 0.03 mm			5		
18	相对基准 *A* 垂直度 0.03 mm			5		
19	相对基准 *A* 平行度 0.03 mm			5		
20	*Ra* 1.6 μm	*Ra* ≤ 1.6 μm		5		
21	安全文明生产	是否遵守车间安全 操作规程	是 / 否	5		

七、钳体加工

钳体是精密机用虎钳的一个重要零件，也是机用虎钳装配的基准件，大部分零件都与钳体连接配合来确定位置关系，因此钳体尺寸精度和几何精度要求都较高。图 6-18 所示为钳体零件图，钳体是一个长方体零件，外形尺寸 300 mm × 120 mm × 40 mm，中部有封闭凹槽，与滑块、滑块固定板配合形成导向导轨，尺寸和配合精度较高，表面粗糙度也有较高要求；钳体底面有十字槽，作用是安装定位键在铣床工作台上定位，且钳体顶面两端均有与固定钳身和丝杆支座配合的定位槽，以上这些槽之间都有相互位置关系，加工时要注意基准面的选择和工艺顺序，确保装配时减少累积误差。钳体两侧面槽用于放入压板来固定机用虎钳，精度要求不高，无几何精度要求。

钳体加工工艺包括铣外形、铣封闭槽、钻孔、铣通槽等。

1. 加工前准备工作

设备：立式铣床、砂轮机等。

辅具：机用虎钳、平行垫铁、铣夹头、钻夹头、锤子、活扳手、毛刷、钢丝钳、油壶、寻边器、倒角器、油石等。

量具：平板、表面粗糙度比较样块、直角尺、百分表、外径千分尺、内测千分尺、深度千分尺、游标卡尺、塞规等。

刀具：面铣刀、立铣刀、锉刀、钻头等。

劳动防护用品：护目镜、工作服、工作鞋、工作帽等。

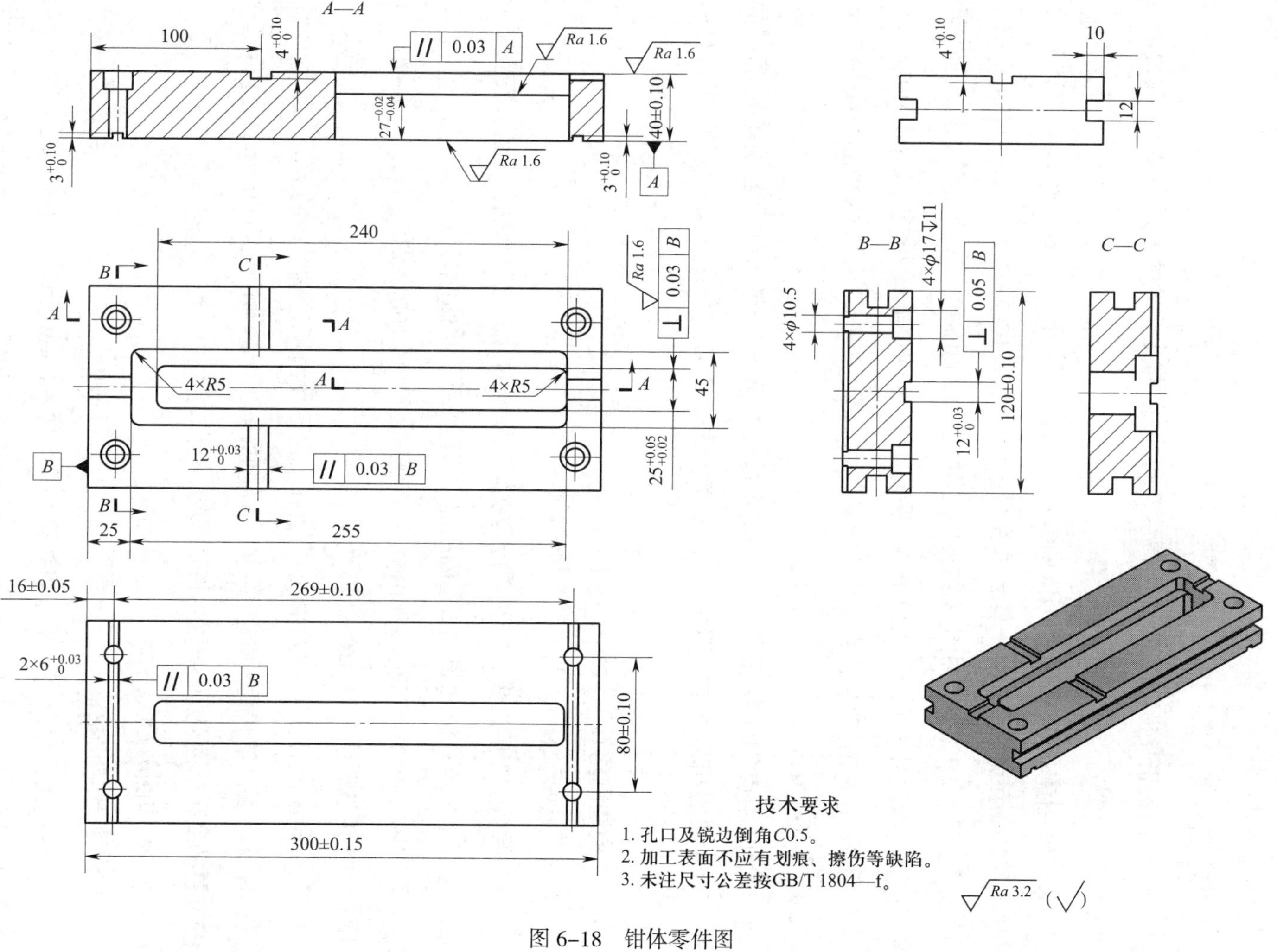
A—A
B—B
C—C
技术要求
1. 孔口及锐边倒角C0.5。
2. 加工表面不应有划痕、擦伤等缺陷。
3. 未注尺寸公差按GB/T 1804—f。
Ra 3.2 (√)

图 6-18　钳体零件图

2. 零件加工

（1）检查毛坯尺寸为 305 mm × 125 mm × 45 mm，材料为 45 钢。

（2）检查铣床，安装并找正机用虎钳。

（3）铣外形。

1）机用虎钳夹持工件 45 mm 高度方向，铣图样上宽度两侧面（120 ± 0.10）mm 尺寸至 121 mm。

2）机用虎钳夹持工件 121 mm 宽度方向，垫平行垫铁，粗、精铣图样上（40 ± 0.10）mm 高度方向一基准面 *A* 至尺寸大于 41 mm。

3）工件翻转 180°，机用虎钳夹持工件 121 mm 宽度方向，平行垫铁垫实基准面 *A*，精铣高度尺寸（40 ± 0.10）mm，保证工件上、下表面平行度为 0.03 mm。

4）机用虎钳夹持工件（40 ± 0.10）mm 高度方向，精铣两侧面宽度尺寸至（120 ± 0.10）mm。

5）机用虎钳夹持工件（120 ± 0.10）mm 宽度方向，平行垫铁垫实基准面 *A*，工件伸出机用虎钳，圆周精铣长度尺寸（300 ± 0.15）mm，对基准面 *B* 做标记。

6）锐边倒角 *C*0.5 mm。

（4）铣封闭槽。

1）保持上工序装夹，校对平行垫铁垫实基准面 *A*，寻边器找正定位，在图样上 $25^{+0.05}_{+0.02}$ mm × 240 mm 封闭长槽内钻 ϕ16 mm 工艺通孔。

2）用 ϕ16 mm 或 ϕ20 mm 立铣刀粗铣 44 mm × 253 mm 不通槽，深 12 mm，粗铣通槽 24 mm × 238 mm。

3）用 ϕ10 mm 立铣刀精铣 45 mm × 255 mm 不通槽，控制槽深 $27^{-0.02}_{-0.04}$ mm，注意保证槽底面的表面粗糙度要求；精铣通槽 $25^{+0.05}_{+0.02}$ mm × 240 mm，注意保证槽的位置精度和槽两侧面的表面粗糙度要求。

4）锐边倒角 *C*0.5 mm。

（5）铣十字通槽。

1）保持上工序装夹，平行垫铁垫实基准面 *A*，寻边器找正定位，粗、精铣十字通槽 $12^{+0.03}_{0}$ mm、深 $4^{+0.10}_{0}$ mm，控制槽的位置精度，重点保证槽两侧面与基准面 *B* 的平行度和垂直度要求。

2）锐边倒角 *C*0.5 mm。

（6）钻孔。

1）保持上工序装夹，平行垫铁垫实基准面 A，寻边器找正定位，中心钻定心，钻 4 个 ϕ10.5 mm 通孔，锪 4 个 ϕ17 mm 深 11 mm 孔，保证孔边距为（16 ± 0.05）mm，中心距为（269 ± 0.10）mm、（80 ± 0.10）mm。

2）孔口倒角 C0.5 mm。

（7）铣通槽。

1）工件翻转 180°，机用虎钳夹持工件（120 ± 0.10）mm 宽度方向，平行垫铁垫实基准面 A 对面，百分表找正基准面 B 与工作台纵向移动方向平行，粗、精铣两平行通槽 $6^{+0.03}_{0}$ mm、深度 $3^{+0.10}_{0}$ mm，保证位置尺寸（16 ± 0.05）mm、（269 ± 0.10）mm，重点保证通槽与基准面 B 的平行度要求 0.03 mm。

2）锐边倒角 C0.5 mm。

（8）铣两侧面通槽。

1）机用虎钳夹持工件（40 ± 0.10）mm 高度方向，一侧面垫实机用虎钳钳底，粗、精铣槽宽至 12 mm、深 10 mm。

2）工件翻转 180°，机用虎钳夹持工件（40 ± 0.10）mm 高度方向，另一侧面垫实机用虎钳钳底，粗、精铣槽宽至 12 mm、深度 10 mm。

3）锐边倒角 C0.5 mm。

3. 加工评价

钳体加工评价见表 6-11。

表 6-11　钳体加工评价表

序号	项目	项目要求	实测结果	配分	得分	备注
1	（300±0.15）mm	299.85 ～ 300.15 mm		4		
2	（120±0.10）mm	119.90 ～ 120.10 mm		4		
3	（40±0.10）mm	39.90 ～ 40.10 mm		4		
4	$25^{+0.05}_{+0.02}$ mm	25.02 ～ 25.05 mm		5		
5	$12^{+0.03}_{0}$ mm	12.00 ～ 12.03 mm		8		
6	$4^{+0.10}_{0}$ mm	4.00 ～ 4.10 mm		8		
7	$6^{+0.03}_{0}$ mm（2 处）	6.00 ～ 6.03 mm		8		
8	$3^{+0.10}_{0}$ mm	3.00 ～ 3.10 mm		8		

续表

序号	项目	项目要求	实测结果	配分	得分	备注
9	(269±0.10)mm	268.90 ~ 269.10 mm		4		
10	(80±0.10)mm	79.90 ~ 80.10 mm		4		
11	(16±0.05)mm	15.95 ~ 16.05 mm		4		
12	ϕ10.5 mm, ϕ17 mm 深 11 mm(4 处)			4		
13	相对基准 *A* 平行度 0.03 mm			5		
14	相对基准 *B* 平行度 0.03 mm(3 处)			5		
15	相对基准 *B* 垂直度 0.05 mm			5		
16	相对基准 *B* 垂直度 0.03 mm			5		
17	$Ra \leqslant 1.6$ μm(3 处)	$Ra \leqslant 1.6$ μm		9		
18	安全文明生产	是否遵守车间安全 操作规程	是 / 否	6		

课题三
精密机用虎钳的装配与调整

一、装配前准备工作

精密机用虎钳装配前准备工作包括清点零件（表 6–12）、标准件（表 6–13），准备工具、刃具和量具（表 6–14）等。装配过程中要认真检查零件和标准件的品种、数量、质量和规格是否符合要求，以免在装配过程中发现零件质量不合格或发生安全事故。

表 6–12　精密机用虎钳零件的准备

序号	零件名称	材料	数量
1	钳体	45 钢	1
2	固定件	45 钢	1
3	钳口	45 钢	2
4	移动件	45 钢	1
5	扁螺母	45 钢	1
6	丝杆	45 钢	1
7	铜垫圈	黄铜	1
8	丝杆支座	45 钢	1
9	固定套	45 钢	1
10	滑块	45 钢	1
11	滑块固定板	45 钢	1

表 6-13　精密机用虎钳标准件的准备

序号	名称	规格 /mm	数量
1	圆柱销	ϕ5n6×32	1
2	圆柱销	ϕ8n6×22	2
3	普通平键	B6×6×60	2
4	内六角圆柱头螺钉	M8×20	10
5	内六角圆柱头螺钉	M8×30	2
6	内六角圆柱头螺钉	M10×45	4

表 6-14　工具、刃具和量具的准备

序号	名称	规格	数量
1	手电钻		1
2	活扳手	12 in	1
3	内六角扳手	3 ~ 12 mm	1 套
4	锤子（或铜棒）	0.5 ~ 1 kg	1
5	锉刀		1
6	铰杠		1
7	C 形夹头	100 mm	1
8	防锈清洗剂		1
9	油枪		1
10	油石		1
11	毛刷		1
12	钻头	ϕ4.8 mm，ϕ7.8 mm	各 1
13	铰刀	ϕ5H7，ϕ8H7	各 1
14	刀口形直角尺	200 mm，1 级	1
15	杠杆百分表及表座	0 ~ 0.8 mm，精度 0.01 mm	1
16	数显卡尺	0 ~ 200 mm，精度 0.01 mm	1
17	数显深度卡尺	0 ~ 200 mm，精度 0.01 mm	1
18	钢直尺	0 ~ 300 mm	1
19	塞规	ϕ5H7，ϕ8H7	各 1
20	塞尺	0.02 ~ 0.5 mm	1

二、精密机用虎钳的装配

1. 装配工艺分析

如图 6-7 所示为精密机用虎钳装配图，该精密机用虎钳采用螺旋传动，丝杆固定，回转螺母做直线运动，机用虎钳由钳体、固定件（固定钳身）、移动件（活动钳身）、滑块、滑块固定板、丝杆、扁螺母、丝杆支座、铜垫圈、固定套及钳口共 11 个零件组成。钳体为精密机用虎钳的基准件，钳体自身的精度直接影响机用虎钳的装配精度，因此在装配前要对钳体进行精度测量并做好误差记录。固定件和丝杆支座分别固定在钳体两端，通过键定位，螺钉紧固，各定位槽位置精度也直接影响装配精度。钳体中部封闭槽为活动钳身的移动导轨面，滑块与钳体封闭槽配合形成导向精度直接影响机用虎钳夹紧灵活性及精度，因此精密机用虎钳装配时要注意测量并记录误差方向，必要时采用定向装配法，以调整和消除积累误差，获得更高的装配精度。

2. 装配与调整

（1）零件清理、清洗及擦拭。

（2）检测零件精度，并做好测量记录。

（3）装配前试装。

1）丝杆旋入扁螺母，要求在全长上转动灵活、无阻滞，测量螺旋副配合径向间隙和轴向间隙，并做好记录。

2）丝杆轴颈与孔试配合，要求转动灵活，间隙配合精度 H7/f7。

3）丝杆轴分别与铜垫圈、固定套试装。

4）钳体、固定件及丝杆支座通槽配键合格。

5）钳体中部封闭槽与滑块和滑块固定板试装，要求滑块在钳体中部封闭槽内滑动灵活、无阻滞，导轨侧面单边间隙小于 0.1 mm，上、下导轨面单边间隙小于 0.08 mm。

6）钳口分别与固定件（固定钳身）、移动件（活动钳身）试装，要求钳口与固定件、移动件贴合紧密无间隙。分别测量钳口工作面与固定件、移动件安装底面垂直度，垂直度应小于等于 0.01 mm，因该精度要求较高，装配时根据测量零件误差记录，可采用选配法和定向装配法消除加工误差，并做好位置标记，然后将移动件钳口拆下。

（4）精密机用虎钳部件装配与精度测量。

1）丝杆支座部件装配。将丝杆、铜垫圈、丝杆支座及固定套依次连接，钻铰配圆柱销（ϕ5n6 × 32 mm），要求圆柱销为过盈配合，两端与固定套外圆平齐，丝杆转动灵活、无阻滞。

2）固定件部件装配。检查钳口与固定件（固定钳身）装配，确认螺钉锁紧，再次检测钳口工作面与固定件底面垂直度小于等于 0.01 mm。

3）滑块部件装配。将滑块放入钳体封闭槽内，与钳体上表面紧密贴合，移动件（活动钳身）底面与钳体上表面也紧密贴合，用内六角圆柱头螺钉（M8 × 20）将滑块和移动件紧固，检测并确认滑块和移动件底面与钳体上表面紧密贴合且无间隙。按试装标记装上钳口，检测钳口工作面与钳体上表面垂直度小于等于 0.01 mm，然后再将移动件钳口拆下。

4）扁螺母部件装配。将扁螺母与滑块和移动件用内六角圆柱头螺钉（M8 × 20）分别连接，注意螺钉的拧紧顺序，先拧紧扁螺母与滑块的连接螺钉，再拧扁螺母与移动件的连接螺钉且不要拧得过紧，过紧会使移动件倾斜从而影响钳口工作面与钳体上表面的垂直度。

（5）精密机用虎钳总装配。

1）以钳体为装配基准件，将固定件部件通过普通平键（B6 mm × 6 mm × 60 mm）定位，用内六角圆柱头螺钉（M10 × 45）装于钳体前端，钳体上表面与固定件底面紧密贴合且无间隙，固定件两侧面与钳体两侧面齐平，检测钳体上表面与钳口工作面垂直度是否小于等于 0.01 mm，钳口工作面与钳体底面的垂直度（小于等于 0.01 mm）是通过钳体上、下面的平行度间接获得的，因此装配前必须检查钳体零件精度要求是否合格，若不合格应进行修复。

2）将丝杆支座部件装入钳体后端，与扁螺母部件旋合，也是通过普通平键（B6 mm × 6 mm × 60 mm）定位，用内六角圆柱头螺钉（M10 × 45）固定在钳体后端，要求钳体上表面与丝杆支座底面紧密贴合且无间隙，丝杆支座两侧面与钳体两侧面齐平，转动丝杆，扁螺母部件移动灵活、无阻滞。

3）滑块固定板通过定位槽定位，用内六角圆柱头螺钉（M8 × 20）紧固在滑块上，均匀转动丝杆，扁螺母部件在钳体全长上移动灵活、无阻滞，滑块与钳体紧密贴合，在移动灵活的前提下，配合间隙越小，夹紧精度越高。

4）再次安装移动件钳口，检测移动件钳口在导轨全长上移动时与固定件钳口的平行度（小于等于 0.02 mm），若超差则调整滑块与移动件的接合面，直至检测精度合格为止。

5）再次检测精密机用虎钳的装配精度和灵活性，合格后将滑块固定板和丝杆支座部件拆下，取出滑块部件，钻铰配滑块与扁螺母定位销（ϕ8n6×22 mm）。

6）按以上方法重新装入滑块部件和丝杆支座部件，再次进行机用虎钳装配精度检测和丝杆转动灵活性检测。

7）清洁机用虎钳，各运动部位加注润滑油。

8）试运行。

（6）精密机用虎钳最终检验。

1）夹紧力检验。用精密机用虎钳夹持工件，铣削不同尺寸零件，工件铣削安全无松动。

2）工作精度检验。用精密机用虎钳夹持工件，铣六面体 50 mm×50 mm×100 mm，六面体的平行度、垂直度均小于等于 0.02 mm。

三、装配评价

精密机用虎钳装配评价见表 6-15。

表 6-15　精密机用虎钳装配评价表

序号	评价内容	装配要求	实测结果	配分	得分
1	零件清理	零件的清洗、清理、去毛刺		5	
2	零件精度检测	根据装配图和零件图要求检查装配零件的主要尺寸精度，并做好记录		10	
3	试装	（1）丝杆与扁螺母试装，要求全长上转动灵活、无阻滞，测量螺旋副配合径向间隙和轴向间隙 （2）丝杆轴颈与孔试配合，要求转动灵活，测量并计算配合间隙 （3）丝杆轴分别与铜垫圈、固定套试装，测量并计算配合间隙 （4）钳体、固定件及丝杆支座通槽配键，测量并计算配合精度 （5）钳体中部封闭槽与滑块和滑块固定板试装，要求滑块在钳体中部封闭槽内滑动灵活、无阻滞，测量导轨侧面单边间隙和上、下导轨面单边间隙 （6）钳口分别与固定件（固定钳身）、移动件（活动钳身）试装，要求钳口与固定件、移动件贴合紧密无间隙，分别测量钳口工作面与固定件、移动件安装底面的垂直度		15	

续表

序号	评价内容	装配要求	实测结果	配分	得分
4	部件装配	（1）丝杆支座部件装配。将丝杆、铜垫圈、丝杆支座及固定套依次连接，钻铰配圆柱销（ϕ5n6 × 32 mm），要求测量并计算圆柱销配合过盈量，测量丝杆旋转轴向窜动量 （2）固定件部件装配。检查钳口与固定件（固定钳身）装配，确认螺钉锁紧，再次检测钳口工作面与固定件底面垂直度 （3）滑块部件装配。将滑块放入钳体封闭槽内，与钳体上表面紧密贴合，移动件（活动钳身）底面与钳体上表面也紧密贴合，将滑块和移动件用螺钉紧固，检测滑块和移动件底面与钳体上表面是否紧密贴合（有无间隙），检测钳口工作面与钳体上表面垂直度 （4）扁螺母部件装配。将扁螺母与滑块和移动件用螺钉分别连接，连接后再次测量钳口工作面与钳体上表面垂直度		30	
5	总装配	（1）以钳体为装配基准件，将固定件部件装于钳体前端，检测钳体上表面与固定件底面是否紧密贴合（有无间隙），检测固定件两侧面与钳体两侧面是否齐平（两端平面度），检测钳体上表面与钳口工作面垂直度，间接测量并计算钳口工作面与钳体底面垂直度 （2）将丝杆支座部件固定在钳体后端，检测钳体上表面与丝杆支座底面是否紧密贴合（有无间隙），检测丝杆支座两侧面与钳体两侧面是否齐平（两端平面度），丝杆转动均匀、灵活 （3）将滑块固定板通过定位槽定位，用螺钉紧固在滑块上，检测各导轨配合面的单面间隙，丝杆转动均匀、灵活 （4）再次安装移动件钳口，检测移动件钳口在导轨全长上移动时与固定件钳口的平行度，若超差则调整滑块与移动件的接合面，直至检测精度合格为止 （5）钻铰配滑块与扁螺母定位销 ϕ8n6 × 22 mm，检测并计算扁螺母定位销的配合过盈量 （6）按以上方法重新装入滑块部件和丝杆支座部件，再次进行机用虎钳装配精度检测和丝杆转动灵活性检测		25	

续表

序号	评价内容	装配要求	实测结果	配分	得分
6	试运行	（1）检查各零件安装是否正确，各螺钉拧紧是否牢固，定位销安装是否牢靠 （2）清洁机用虎钳，各运动部位加注润滑油 （3）用方头扳手转动丝杆，要求用力均匀且无阻滞现象，钳口夹紧、松开工件灵活可靠 （4）连续夹紧、松开工件 3 min，各零件运行正常，无卡死，零件无脱落，螺钉无松动		5	
7	最终检验	（1）夹紧力检验。用精密机用虎钳夹持工件，铣削不同尺寸零件，记录铣削尺寸和切削用量 （2）工作精度检验。用精密机用虎钳夹持工件，铣六面体 50 mm×50 mm×100 mm，检测六面体各面之间的平行度和垂直度误差		5	
8	安全文明生产	是否遵守车间安全操作规程	是 / 否	5	